バイオバンクの展開

Challenges Evoked by Biobanks in Japan: Through Medical Research on Human Dignity

人間の尊厳と医科学研究

奥田純一郎／深尾　立［共編］
Eds. Junichiro Okuda and Katashi Fukao

Sophia University Press
上智大学出版

はしがき

臓器移植法の改正と「人試料委員会」の展開

2009年12月、本書に先駆けて『バイオバンク構想の法的・倫理的検討―その実践と人間の尊厳―』（町野朔／雨宮浩〔共編〕、上智大学出版）が出版された。これはNPO法人HAB研究機構の活動の一環である人試料委員会検討委員会（第１次）の成果を成書としたもので、心停止後の腎提供にあわせて研究用組織の提供を受け、これを研究者に配分するシステムについて、法的、倫理的、さらに薬学的、医学的の各面から検討したものである。われわれが期待する研究用ヒト組織は、初代培養に耐えうる生活活性を必要とする。それには米国の前例が示すように、死後の移植臓器ドナーから移植対象外の組織を提供していただく必要がある。すなわち、研究用組織の提供は、臓器移植のシステムに従った作業でなければならず、その最も基盤となるのが臓器移植法である。

第１次人試料委員会が2005年に発足したとき、すでに1997年に「臓器の移植に関する法律」が公布され、脳死も人の死として定義づけていた。しかし委員会では脳死ドナーを除外し、あえて心停止後献腎ドナーに限って議論した。その第一の理由は、臓器移植法の中に「死体（脳死した者の身体を含む。）」とあるものの、「『脳死した者の身体』とは、その身体から移植術に使用されるための臓器が摘出されることとなる者……」と定義され、臓器提供のときにだけ脳死が死であり、それ以外では生であるかのような、脳死にダブルスタンダードがあることから、脳死に対する委員の意見の集約が困難であったこと、第二に法施行後も脳死臓器提供がほとんどなく心停止後の臓器提供が主体であったことから、研究用ヒト組織提供についての検討は心停止後の腎提供の場面に限定することとなった。第１次人試料委員会検討委員会は2005年から2007年にかけて11回開催された。

第１次人試料委員会終了後、2009年７月17日、「臓器の移植に関する法律」が改正され公布された。「脳死した者の身体」に対する定義から、上記の「その身体から移植術に使用されるための臓器が摘出されることとなる者……」が削除された上、法手順に従った脳死判定を受けること、そして脳死下で臓器を提供することの２大要件を本人の生前の意思が不明の場合でも家族あるいは遺族の意思で決めることができるようになった。このことは、脳死に対する一般の認識が進んだことを表している。さらに2010年７月17日に改正移植法が施行されてからの５年間の臓器提供のデータを見ると、脳死下臓器提供の比率が飛躍的に増加し、死後臓器提供の65％を占めるに至っている。この傾向は将来とも継続すると考えられ、研究用組織提供の機会も心停止後から脳死下へと移行する可能性を示唆している。

すなわち社会的に見て脳死に対する認識が広がったと推断しうること、また研究用組織採取の機会が心停止後ばかりではなく脳死下の場合も含めて考える必要が生じてきたことが、今回の研究用ヒト組織提供についての再検討の契機となった。

第２次人試料委員会は、このような社会の変遷を捉え、深尾立HAB研究機構理事長を人試料委員会委員長として、町野朔上智大学名誉教授を検討委員会の座長に、2014年から2016年にかけ、計10回公開下で開催された。

提供者が脳死者であるとはいえ、実際に研究用組織を採取するタイミングは、移植のための臓器摘出がすべて終了した後であるので、循環の無い状態、いいかえれば心停止後の状態と変わらない。わざわざ脳死と銘打って、第１次人試料委員会での検討を繰り返す必要があるのか、という意見もある。しかし、提供を承諾した家族の気持ちとしてはあくまでも脳死下での提供であったということのはずであり、また心停止後の腎提供の場合に比べ、脳死での臓器提供の場合には、臓器の種類が格段に多く、参加する医師も様々な専門分野から多数多方面の参加となり、また臓器提供のシステムも大きく変わった。

以上の理由から、第２次人試料委員会が設立され、第２次検討委員会が組織された。そして2005年の第１次人試料委員会以来10年間に新たに加わった倫理上の知見や法律上の問題点を明らかにし、脳死下ならびに心停止後の臓器提供の両者に即した研究用組織提供の新しいあり方をマニュアル化した。本書を諸家の参考としていただき、またご批判をいただければ幸甚である。最後に、日本人由来の研究用組織が一日も早く研究に登場する日を祈念するものである。

2016年11月　　　　**雨　宮　　浩**

序　　説

1　バイオバンクの理解・促進のために——本書の趣旨

奥　田　純一郎

バイオバンクとは、ヒト試料の提供を受けて保存し、病態の解明や疾患の治療のための研究に供給する機関である。このバイオバンクには様々なタイプのものがあり、諸外国では公的プロジェクトとして積極的に推進されているものもある。今日では医薬品・医療機器開発のためのヒト試料研究に不可欠といってよい存在になっているが、わが国日本ではこのバイオバンク事業が大きく立ち遅れている。その結果医薬品分野では、がんの画期的治療薬である分子標的薬開発で、欧米に大きく後れをとっている。アベノミクスにおいて医療分野の輸出振興が謳われており、そのための立法等の施策も為されているものの、現実には２兆円余りの貿易赤字を計上している。また国内的に見ても、日本人に特徴的な病理の解明・日本人の体質に適した治療法・治療薬の開発には、日本人のヒト試料を用いた研究が不可欠であるが、バイオバンクの未発達のために研究に支障が生じている。

日本においてバイオバンク事業が進展しない原因には種々の背景が指摘されているが、人々のバイオバンクに対する意識・感覚が中でも大きな意味を有すると思われる。特に「人間の臓器・組織・細胞を用いる研究は、人体を物として扱う営みであり、本質的に人間の尊厳を害するものだ」「そうした研究は研究者の功名心を満足させるため、または製薬会社の利益追求のために、行われるに過ぎないものだ」との感覚は、広く人々の間に行き渡っているように見える。しかし、がんや認知症をはじめとする、様々な難病に苦しむ人々を救うべく、医療技術や有効な医薬品を開発することは、それ自体が人間の尊厳を守るための戦いといえないか。この開発のための研究に寄与すべく、人々が自発的にヒト試料を提供することは、何ら人間の尊厳を害するとは思われない。ならばそのヒト試料を最大限有効活用することを促進するバイオバンク事業も同様ではないか。

こうした問題意識を踏まえ、特定非営利法人HAB研究機構のバイオバンク構想を検討する研究会（(第１次）人試料委員会）が組織された。そこでの議論の成果は、2009年に上智大学出版から町野朔／雨宮浩〔共編〕『バイオバンク構想の法的・倫理的検討―その実践と人間の尊厳―』、町野朔／辰井聡子〔共編〕『ヒト由来試料の研究利用―試料の採取からバイオバンクまで―』として公刊された。これは医科学研究者、法律・生命倫理研究者にはインパクトを与えたと思われる。

しかし日本のバイオバンク事業をめぐる状況には、目下のところ大きな変化が見られない。その一因としては、製薬会社の関与したデータ捏造（ノバルティス・ファーマ事件）や虚偽と思われる成果の公表という研究不正事件（STAP細胞問題）が明るみになったことが挙げられる。これらの事件は、上述した人々の「意識・感覚」を強化し、バイオバンク事業への理解が人々の間に浸透することを妨げる結果となったと思われる。しかし他方では、改正臓器移植法の施行、死体解剖保存法に関する議論の進展、ゲノム指針の全面改正、疫学指針と臨床研究指針を統合した「人を対象とする医学系研究指針」の成立、個人情報保護法の改正などの動きがあった。これらの動きは、人間の尊厳・ヒト由来試料の倫理的地位・医科学研究の価値に関する人々の理解に影響を与えるものであり、バイオバンク事業を促進する方向への道筋を示すものである。

本書は、上記第１次人試料委員会での議論を踏まえ、参加者を一部入れ替えて組織された第２次人試料委員会での議論を総括したものである。ここでの議論は、６年前の成果（前書）の副題でもあった「バイオバンクの実践と人間の尊厳」をさらに深化させている。前書と同様本書もまた、研究と倫理の最前線･生命倫理教育の現場に広く受け入れられることを願ってやまない。

2　臓器移植法の改正と「第２次人試料委員会」について

深　尾　　　立

2009年に上智大学出版から刊行された『バイオバンク構想の法的・倫理的検討―その実践と人間の尊厳―』と『ヒト由来試料の研究利用―試料の採取からバイオバンクまで―』は、日本人の研究用ヒト組織バンキングを可能とするために、臓器移植ドナーからの提供が可能か３年間倫理的、法的、医学的にHABの第１次人試料委員会において検討した結果であり、前者は「人試料委員会」の報告書・意見書を収録したものである。当時は1997年に脳死ドナーからの臓器提供を認める臓器移植法が施行されてはいたが、厳しい各種制限があるために脳死ドナーは極めて少なく、ほとんどのドナーは献腎移植のための心停止ドナーであった。そのため、この報告書では心停止ドナーから、研究用として組織の提供を受け、研究者に分配するシステムを策定したものであった。またこの報告書は、当時のHAB研究機構理事長・雨宮浩が述べているように、HAB研究機構はもちろん、他の機関がわが国内で新鮮ヒト組織を臓器移植の際に提供していただくときの実用書として画期的なものであり、広く活用されることを期待して各方面に販売あるいは配布されてきた。

またHABでは、移植用に提供された臓器が移植に用いられなかった場合は焼却処分とするという臓器移植法省令を改正して、研究用に使用できるようにすることも提言し、関係学術団体と共に厚生大臣にも陳情してきた。しかしこの要望は一顧だにされることなく月日が過ぎ、臓器移植ドナーからの研究のための組織提供はまったく行われることなく過ぎてきた。また2009年に改正臓器移植法が施行されると、多くはないが脳死ドナーが増加するのに反して心停止ドナーは極めて少なくなった。そのため心停止ドナーからのみの組織提供のあり方を見直す必要が出てきたとして、2013年から「第２次人試料委員会」を組織し、脳死ドナーからも研究用組織提供が可能か否かを検討してきた。これと区別するために、われわれは、2005～2007年の委員会を「第１次人試料委員会」と呼ぶことにしている。

先進国医療は無駄な医療を行わないために最適医療precision medicineに大

きく舵を切っている。そのためのヒト組織バンキングは各国や各企業が競って急速広範囲に実施されるようになっている。このような先進国が認めている臓器提供者を含むヒトからの研究用組織提供を国民が認めなければ、日本は日本人に最適な医学や創薬の研究で大きく立ち後れるだけでなく、人類への貢献という面でも他国の後塵を拝するだけの国となることは必至である。

今回の委員会では、国内外の研究のためのヒト組織提供とバンキングに関わる諸問題、解決が必要な日本の課題などを、倫理的、法的、制度的、医学的に審議し、あわせてその解決法を提案することになった。本書が医学薬学発展のために各方面で広く読まれ、国策策定にも生かされることを期待している。最後に、町野朔委員長をはじめ非常にご多忙な委員の方々が真摯な議論を展開し執筆して下さったことに、心から感謝申し上げたい。

目　　次

はしがき　臓器移植法の改正と「人試料委員会」の展開　雨宮　浩

序　説

1　バイオバンクの理解・促進のために——本書の趣旨　奥田純一郎

2　臓器移植法の改正と「第2次人試料委員会」について　深尾　立

I　移植用臓器提供の際の研究用組織の提供・分配システムの構想に関する準備委員会報告書——特定非営利活動法人HAB研究機構

移植用臓器提供の際の研究用組織の提供・分配システムの構想に関する準備委員会報告書　3

Appendix 1　研究用組織提供　作業マニュアル（リサーチ・リソース・コーディネーター編）　42

Appendix 2　研究用組織採取　作業マニュアル（医師編）　69

Appendix 3　研究用組織提供説明書等　72

Appendix 4　日　誌　81

II　意見書集

1　日本のバイオバンク

①わが国のヒト組織の研究利用の現状と経緯　鈴木　聡・深尾　立　87

②つくばヒト組織バイオバンクセンターの試み——ヒト試料の外部施設への分譲
竹内朋代・野口雅之・川上　康・大河内信弘　98

③日本における細胞リソース事業——理研細胞バンクの事業例
中村　幸夫　111

2　創薬研究に必要なヒト組織

①創薬研究とヒト組織利用——Precision Medicineへの展開
堀井　郁夫　123

②不可欠の創薬研究ツール
——製薬会社におけるヒト組織利用の現状とニーズⅠ　森脇　俊哉　137
③探索・開発ステージでの薬物動態研究
——製薬会社におけるヒト組織利用の現状とニーズⅡ　泉　高司　144
3　ヒト組織の提供と移植医療
①救急医療の歴史と現状　猪口　貞樹　151
②わが国における臓器移植・提供の現状　福嶌　教偉　162
③ヒト組織提供と移植医療　——組織移植の現状　明石　優美　172
④死体からの研究用組織の利用　福嶌　教偉　185
⑤HAB研究機構の役割と現状　——ヒト試料の有効活用
鈴木　聡・深尾　立　196
4　ヒト組織研究の法的・倫理的検討
①自己決定権は死後の身体利活用に及ぶか？　奥田純一郎　210
②死体からの研究用組織提供について、遺族の意思と死者の意思
——特に死体損壊罪、死体解剖保存法を支える思考の基盤から考える
野崎亜紀子　222
③死体の法的地位と所有権・人格権　米村　滋人　234
④「人を対象とする医学系研究に関する倫理指針」の策定を受けて
——ゲノム指針との関係など　佐藤雄一郎　248
⑤死体解剖保存法と「臨床医学の教育及び研究における死体解剖のガイドライン」　近藤　丘　255
⑥研究用組織提供におけるインフォームド・コンセント　手嶋　豊　265
5　生命倫理と医科学研究
①これからの医学研究を考える　塚田　敬義　285
②人間の尊厳、倫理、法　——ヒト胚研究をめぐって　町野　朔　298
③わが国における医科学研究発展のためのゲノム指針の運用
大西　正夫　311

Ⅲ 資　　料

1　研究用バイオバンク

①「手術等で摘出されたヒト組織を用いた研究開発の在り方について」“医薬品の研究開発を中心に”【黒川報告】　331

②ヒト組織を利用する医療行為の倫理的問題に関するガイドライン〈抄〉　338

③ブレインバンク倫理指針〈抄〉　340

2　死体解剖保存法

①死体解剖保存法〈抄〉　351

②医学及び歯学の教育のための献体に関する法律【献体法】〈抄〉　354

③疑義照会に対する回答　355

1）生体より分離した前膊部、下腿部及び臓器等保存に関する件

2）死体解剖保存法第18条及び第19条の規定に基く死体の全部又は一部の処理方法について

④臨床医学の教育及び研究における死体解剖のガイドライン〈抄〉　357

3　臓器移植法

①臓器の移植に関する法律【臓器移植法】〈抄〉　362

②臓器の移植に関する法律施行規則【施行規則】〈抄〉　365

③臓器の移植に関する法律の運用に関する指針（ガイドライン）の制定について【ガイドライン】〈抄〉　366

④脳死体からの移殖用臓器摘出の際の研究用組織等の提供について（国会審議）　367

1）第140回国会衆議院厚生委員会議事録第10号（平成９年４月１日）〈抜粋〉

2）第140回国会参議院臓器の移植に関する特別委員会議事録第４号（平成９年６月２日）〈抜粋〉

⑤公衆衛生審議会成人病難病対策部会（平成９年３月29日）議事録〈抜粋〉　369

あとがき　鈴木　聡

編著者一覧

I

移植用臓器提供の際の研究用組織の提供・分配システムの構想に関する準備委員会報告書

――特定非営利活動法人HAB研究機構

移植用臓器提供の際の研究用組織の提供・分配システムの構想に関する準備委員会報告書

平成27年12月20日

委員氏名・所属（五十音順、敬称略、肩書きは委員会開始時のもの）

雨宮　　浩　（HAB研究機構　理事）
泉　　高司　（第一三共株式会社　薬物動態研究所　所長）
磯部　　哲　（慶應義塾大学法科大学院　教授）
猪口　貞樹　（東海大学医学部付属病院　病院長）
大河内信弘　（筑波大学医学医療系消化器外科　教授）
大西　正夫　（元読売新聞）
奥田純一郎　（上智大学法学部　教授）
近藤　　丘　（東北大学加齢医学研究所　呼吸器外科学分野　教授）
佐藤雄一郎　（東京学芸大学教育学部　准教授）
手嶋　　豊　（神戸大学大学院法学研究科　教授）
寺岡　　慧　（国際福祉医療大学熱海病院　前病院長）
中村　幸夫　（理化学研究所　細胞材料開発室　室長）
野崎亜紀子　（京都薬科大学　准教授）
深尾　　立　（HAB研究機構　理事長）
福嶌　教偉　（大阪大学大学院医学研究科寄付講座重症臓器不全治療学　教授）
堀井　郁夫　（ファイザー株式会社）
町野　　朔　（上智大学　名誉教授）
森脇　俊哉　（武田薬品工業株式会社　薬物動態研究所）
米村　滋人　（東京大学大学院法学政治学研究科　准教授）

事務局　　鈴木　　聡

1　HAB第２次人試料委員会提案の概要

⑴　HAB第１次人試料委員会報告書について

HAB研究機構は、国内の研究者が必要とする正常なヒト組織の供給を目的として1994年にHAB協議会として発足し、2002年に特定非営利活動法人HAB研究機構となり現在に至っている。HAB研究機構は米国疾病相互研究所（National Disease Research Interchange：NDRI）と契約を結び、移植用臓器提供に際して提供された研究用組織を米国から輸入し、日本国内の研究者に供給し、研究の推進に貢献してきた。しかし、人種差の問題、あるいは他国の厚意にいつまでも頼り続けていてよいのかといった問題もあり、本法人元来の目標でもある日本人由来組織の研究利用を目指して、2005年に第１次人試料委員会（委員長：雨宮浩理事長）を立ち上げた。しかしながら、臓器提供の際に研究用の組織の提供を受けるに当たって、米国などとは異なり法律や国家的基準のない日本において、法制上、倫理上に瑕疵のない方法を論じ、指針を確定する必要があった。そのため、「移植用臓器提供の際の研究用組織の提供・分配システムの構想に関する準備委員会」（以下、準備委員会）を立ち上げ、座長に町野朔教授（上智大学法学研究科〔当時〕）をお願いした。準備委員会は、同年12月28日から2008年１月３日までの３年間に、計11回にわたる研究会を公開で開催した。準備委員会委員は、表に示すとおりである。

2007年10月に第１次人試料委員会報告書である「移植用臓器提供の際の研究用組織の提供・分配システムの構想に関する準備委員会報告書」をHAB研究機構に答申し、2009年12月には、『バイオバンク構想の法的・倫理的検討』（町野朔・雨宮浩〔共編〕、上智大学出版）を刊行して、その内容を一般に公開した。

第１次人試料委員会では、研究用組織を採取するに当たっての基本的条件として、①三徴候死ドナー（以下、心停止ドナー）に限る、②腎提供の際の研究用組織の採取を想定、③腎提供優先の遵守、④研究用であることを明示する、⑤研究用組織採取のための新たな切開を加えないこと、以上をドナーに関する基本的条件として法的問題と倫理的問題について議論した。

まず法的問題として、移植術用に心停止ドナーから腎摘出をした後に引き続き研究用組織の採取を行う場合、既存の関連法令あるいは行政的ガイドラインとして、臓器の移植に関する法律（以下、臓器移植法）、死体解剖保存法、刑法、さらには墓地法に至る多くの法令について検討された。なかでも臓器移植法と死体解剖保存法は、研究用ヒト組織の採取という行為に最も近い法律であり、最も多くの時間が割いて議論された。しかし臓器移植法が対象とするのは移植術のための臓器であって、研究のための組織を対象とする本事業は、臓器移植法の定める範囲外であること、また、死体解剖保存法については、行政解剖・病理解剖・系統解剖のような死体に対して極めて侵襲の高い行為に対して、死者の尊厳の維持、遺族への配慮を示したもので、本事業のように研究目的で行われ、遺族の同意を得た上での極めて小さい侵襲行為を対象としたものではないことから、心停止ドナーからの研究用組織の採取という行為に最も近い２つの法律、すなわち臓器移植法および死体解剖保存法は、心停止ドナーから腎提供後に研究用組織の採取という行為を直接規制するものではないとの結論を得た。また同様に、その他の法令についても、本事業を規制するものではないことが結論づけられた。

また、研究用組織提供についての承諾は、心停止ドナーからの腎提供の場合と同じく、生前の研究用組織提供についての反対意思表示がない限りにおいて、遺族の承諾で足りるとした。

一方、倫理的問題として、バンク事業者による研究の倫理的適性さの確保、提供病院が研究用組織提供の協力について予め倫理審査と了承をしていること、遺族へのインフォームド・コンセント（IC）の重要性、研究に必要な情報と個人情報の保護、特に遺伝子情報の取り扱い、について明文化した。

最後に研究用ヒト試料の採取・処理を行う事業とそれを保管・分配するシステムについても、特に試料情報と個人情報の保護と事業全体としての透明性の観点から、分離することを理想として、HAB研究機構内部でのシステム作りの必要性を挙げている。

これらの準備委員会の指摘に対してHAB研究機構側の委員から「移植用臓器提供の際の研究用組織の提供・分配システムの構想」ならびに「研究用

組織提供作業手順」が提案され了承された。

極めて簡略に述べるならば、「移植用臓器提供の際の研究用組織の提供・配分システムの構想」では、ドナー発生時にHAB研究機構内にResearch Resource Center（RRC）を設置して、これが中心となって本事業を遂行すること、提供現場の遂行にはResearch Resource Coordinator（RRCo）が担当すること、研究用組織の採取はHAB研究機構と提携したResearch Resource Doctor（RRDr）が行うこと、提供された組織は不特定多数の研究者が不特定研究に使用するために連結不可能匿名化を行うこと、RRCは個人情報管理者の管理下に置かれること、研究者への研究用組織の分配は公的組織バンクあるいはHAB研究機構から行われること、研究用組織提供病院は予め本事業について倫理審査の上、協力を承認した病院であること、などである。

「研究用組織提供作業手順」は、実際にRRCoとRRDrが提供病院で研究用組織の提供を受けるためのマニュアルである。最も重要なのは遺族からのICの受領であるので、遺族との面談のあり方、説明の内容、同意の内容等について詳細に記述した。また、遺族に対する礼儀と感謝の保持、移植術のための臓器の提供がすべてに優先することを、繰り返し強調した。

第１次人試料委員会

外部委員

宇都木　伸（東海大学専門職大学院実務法学研究科教授）、絵野沢　伸（国立成育医療センター研究所室長）、小幡裕一（理化学研究所筑波研究所バイオリソースセンター長）、木内政寛（千葉大学医学部名誉教授）、嶋津　格（千葉大学法経学部教授）、辰井聡子（横浜国立大学国際社会科学研究科准教授）、田中秀治（国士舘大学体育学部スポーツ医科学科教授）、中村幸夫（理化学研究所筑波研究所バイオリソースセンター室長）、◎町野　朔（上智大学法学研究科教授）、丸山英二（神戸大学大学院法学研究科教授）

内部委員

○雨宮　浩（HAB理事長）、池田敏彦（HAB副理事長）

（敬称略、第１次人試料委員会当時職名、◎座長、○委員長）

⑵　脳死体からの移植用臓器提供の機会における研究用組織の提供に関して

第１次人試料委員会発足の2005年当時の臓器移植の状況を見ると、1997年に臓器移植法が制定され、移植術に使用されるための臓器は「死者（脳死した者の身体を含む）」から摘出できることになった。しかし脳死判定ならびに臓器提供についての生前の本人の意思表示が必要であったことから、その後も家族の同意のみですむ心停止ドナーが主体であったことと、また心停止ドナーで移植術用に適応となるのが腎臓だけであることから、第１次人試料委員会では、心停止ドナーからの腎提供の場合に限って研究用組織を採取することを目的とした。

したがって第１次人試料委員会では、脳死下多臓器提供に際しての研究用ヒト組織採取については、まったく議論を行っていない。

2009年、「臓器の移植に関する法律」が改正され、脳死判定および臓器提供を、本人が反対の意思を表示していなかった場合には、家族のみで決定できるようになり、以後脳死下臓器提供の割合が増加するとともに、三徴候死での臓器提供の減少が加速されることとなった。すなわち、従来は臨床上脳死と判断された後での心停止（三徴候死）での腎提供が多かったが、改正移植法施行後、その内の多くが心停止を待たずに脳死での提供に移行したものとみられる。このようにわが国内での臓器提供が三徴候死から脳死へと移行するという大きな変化を受け、研究用組織提供についても脳死ドナーからの採取について検討する必要に迫られた。

脳死ドナーでは、一般的に多臓器が提供される。これに対し、心停止ドナーの場合には、移植目的で摘出される臓器は腎臓のみであり、腎臓以外のすべての臓器組織を研究用組織採取の対象とすることができたが、脳死ドナーの場合には本来の移植目的にほとんどの臓器が使用され、研究用として採取できる組織は大きく制限されることが予想される。また、いわゆる臨床的な脳死判定をせずに、旧来どおりに三徴候をもって死を判定する場合が増え、臨床的脳死判定があって初めて認められてきた、心停止後の死後変化を軽減する目的で心停止直後から行われる死体内灌流のための前準備である大腿動静脈へのカニューレ装着ができないことも従来とは異なってきた。また多臓器提供であるがために、多くの臓器摘出チームの医師との連携が必要であるし、最近の移植システムの中で設置され臓器提供に大きな役割を果たしている院内コーディネーターとの連携も新しい課題である。

臓器移植の分野における変化に加え、医療全体として、また世界的動向としてPrecision Medicineの時代の到来がある。Precision Medicineとは、Personalized MedicineあるいはTailored Medicineと称される患者個々人の条件にピタリと適した治療の開発を目指したものと理解されるが、その基盤となるのはヒト遺伝子情報と臨床経過をあわせたビッグデータといわれている。その中心となるヒト遺伝子情報は、当然のことながら人体からしか得られないし、またヒト組織にのみ情報として存在することから、ヒト組織を使った研究は不可避となってきた。さらに人種による特異性も考慮すると、日本人にとってのPrecision Medicineの完成には、日本人の情報、すなわちわれわれの事業目的である日本人からの研究用組織の提供がなくては成り立たない。

HAB研究機構としての「移植用臓器提供の際の研究用組織の提供・配分システム」の基本的構想については、研究用組織ドナーが、心停止ドナーであれ、脳死ドナーであれ、変わらないはずである。実際に第1次人試料委員会報告に則って2大学医学部病院と接触し、三徴候死での腎提供に際しての研究用組織採取について検討を行ってきたが、「移植用臓器提供の際の研究用組織の提供・分配システム」構想そのものへの新しい問題の提起はなかった。現在のところ、この2病院とも研究用組織提供の倫理審査と協力承認には至っていないが、一つの理由はこの事業に対する国のはっきりした承諾が条件とされたこと、もう一つは提供側病院と研究側施設との共同研究体制の構築が進捗しなかったこと、が原因であった。しかし、その経験から、これからHAB研究機構が担当する「移植用臓器提供の際の研究用組織の提供・分配システム」について、その基本的構想の変更の必要はなく、必要なのは臓器提供の現場の変化に即した対応であると考えられる。

今回第2次人試料委員会（委員長：深尾立理事長）を立ち上げ、検討委員会として再び町野朔上智大学名誉教授に座長をお願いした。

(3) 研究用組織提供の流れ

以下、脳死体を含む死体から移植用臓器・組織が提供される際に、研究用として組織の提供を受けるための手続きを図示した（次頁参照）。作業にあたり遵守すべき点は次のようである。

① 常に移植用臓器・組織の摘出が優先する。
② 研究用組織提供のための遺族の同意が不可欠である。
　ただし、遺族のICの手続きが、移植臓器提供のそれと重なり、遺族の負担にならないように留意すること。
③ 研究用組織採取のための皮膚の切開創拡大を行わない。
④ 常に礼意をもって処すること。
⑤ 提供病院は当事業を予め審査承認していること。
⑥ 個人情報の秘密保持が重要である。
⑦ 移植関連要員との調整など、事前の準備調整が重要である。

2 「提案」の背景 ――日本におけるバイオバンクとHAB研究機構

(1) 創薬研究とバイオバンク、創薬研究に必要なヒト組織

20世紀には様々なワクチンや抗生剤の開発が進み、多くの感染症や難治疾患が治療可能な疾患となった。しかしながら、多くのがんや認知症の治療薬はいまだ開発できていない。また、動脈硬化症や炎症性腸症候群等、患者数が増えている疾患もある。これらの疾患は、いいかえれば20世紀までの従来の創薬方法では治療薬の開発ができなかったものであり、治療薬の開発にはイノベーティブな研究開発が必要となると考える。

20世紀後半から分子生物学が飛躍的に発展し、研究を支える研究手法も爆発的に進歩している。次世代シークエンサーの登場によりDNAの塩基配列の決定能力が飛躍的に進んだ。自治医大の間野博行らは2007年に、肺がん患者から切除された組織からALK遺伝子のEML 4遺伝子との転移を発見した。直ちにこの変異した遺伝子の産物であるタンパクリン酸酵素は創薬ターゲッ

Ⅰ 報告書

第一報　記録　連絡本部立ち上げ

市川HAB事務所

連絡本部

① 連絡要員設置
② RRCo出向要請
③ RRDr出向要請

ドナー病院

病棟

① RRCo到着
② RRCo院内調整
・他のCoとの協議：JOTCoと面談(予定の立案)、組織Coと面談(予定の調整)
・病院への連絡：主治医、施設長、看護師長　他
③ IC拝受とRRCoの役割
・ICのための家族との面談
・研究用組織採取の承諾書受領と関係者への連絡
④ RRCo、RRDrドナー関連作業

	心停止ドナー	脳死ドナー
病棟	・腎摘グループ（RRDr）到着 ・腎摘医によるドナー評価 ・RRDrとRRCoの予定協議 ・死亡宣告（心停止） （・死体内灌流） ・手術室へ搬送	・各臓器摘出医によるドナー評価 ・RRDrとRRCoの予定協議 ・死亡宣告（法的脳死） ・手術室へ搬送
手術室	・開腹 ・腎摘出 ・研究用組織採取 ・閉腹	・開胸開腹 ・臓器摘出　心臓、小腸、肺、肝臓、膵臓、腎臓 ・心組織、膵組織採取 ・研究用組織採取 ・閉胸閉腹

病棟

⑤ RRCo研究用組織の保存・搬送
⑥ RRCo後片付け、遺族・病院への報告
⑦ お見送り

HABラボ

RRT：研究用組織の資料化操作、保存、発送
個人情報管理者：連結不可能匿名化の操作監督

組織バンク

HAB、公的バンク（理研BRCなど）
組織の保存、研究者への配布を行う

トとなり、2011年には米国の製薬会社から治療薬が開発され、この遺伝子変異をもつ肺がん患者に投与されるようになった。続いて2014年には奏効率93.5%の第2世代の治療薬が開発され、ALK融合遺伝子をもつ非小細胞肺患者は薬物療法で治療できるようになった。このように、健常人と患者間でのゲノム解析、プロテオーム解析は、難病治療薬開発の有力な手法となってきており、探索研究としてそれぞれの疾患患者の血液、脳脊髄液、尿といった液体試料から、切除した病態組織、そして対照となる健常人組織もが必要となり、難治疾患の治療のためのターゲット探索がしのぎを削って行われている（詳細については、堀井郁夫「創薬研究とヒト組織利用――Precision Medicineへの展開」〔本書123頁〕参照）。

また、経口で服用された医薬品は小腸で吸収され、肝臓で代謝されるため、現在代謝安全性研究分野では、より安全な医薬品を開発するために肝臓、腎臓、小腸等の組織・細胞を用いた*in vitro*試験を行っている。このヒト組織を用いた*in vitro*試験は欧米当局から1997年にガイダンスが出されていて、わが国でも2014年にまとめられた医薬品開発と適正な情報提供のための薬物相互作用ガイドライン案では3名以上のドナーから調製された肝細胞を用いて化合物の評価をすることが求められている（詳細は、森脇俊哉「不可欠の創薬研究ツール――製薬会社におけるヒト組織利用の現状とニーズⅠ」〔本書137頁〕、泉高司「探索・開発ステージでの薬物動態研究――製薬会社におけるヒト組織利用の現状とニーズⅡ」〔本書144頁〕参照）。

このように創薬研究の場では、ヒト組織、細胞を用いたイノベーティブな創薬が行われるようになってきているが、創薬研究者は現在、海外で調製された細胞を試薬として購入して実験に供するか、医学部との共同研究を通じて試料を入手している。ヒト組織は提供者の状態、病気の進行度、そして摘出方法から保存条件まで研究結果に影響を与える要因がある。そのためアーティファクトを可能な限りミミックし、提供者の詳細なバックグラウンド情報を添付した質の高い試料が必要となる。また、研究を行う上で量も重要であるため、質と量の揃った試料を提供者の詳細なバックグラウンド情報と共に管理保管でき、広く研究者に試料を供給できるバイオバンクの設置は創薬研究を進める上で必要となる。

(2) 日本におけるバイオバンク

2009年に、町野朔／雨宮浩〔共編〕『バイオバンク構想の法的・倫理的検討—その実践と人間の尊厳—』（上智大学出版、2009年）（以下、『法的・倫理的検討』）を上梓した以降のバンク事業についてであるが、財団法人ヒューマンサイエンス振興財団（以下、HS財団。http://www.jhsf.or.jp/）で行っていた、腫瘍等の摘出の際に得られる切除検体の収集・保管・分譲業務は、2013年に独立行政法人医薬基盤研究所（現・国立研究開発法人医薬基盤・健康・栄養研究所。http://www.nibio.go.jp/index.html）に移管された。設立当初から、薬物の代謝・吸収に関わる肝臓、小腸のバンキングを目指し、国内の複数の大学病院から肝臓や小腸などの手術時に得られた切除組織を収集して研究者に供給することを目指していたが、研究者の求めている肝細胞の供給には至らなかった。また、海外から凍結保存された肝細胞等が輸入され、販売されるようになって、切除肝ブロックの需要はなくなり、現在は新鮮組織（滑膜、滑液等）の供給等を行っている。

また、日本組織移植学会も独自でガイドラインを定め、東日本組織移植ネットワーク（事務局：一般社団法人日本スキンバンクネットワーク内）が熱傷治療のために皮膚組織を収集していた。皮膚の収集に当たっては、インフォームド・コンセントを取得する際に研究転用についても同意を得ておいて、移植目的でバンキングした検体のうち余剰分を研究用に供給できるという体制を整え活動を行っていたが、活動資金枯渇により2015年活動を休止した。

ヒト組織の研究利用やバイオバンクの重要性は日本学術会議等でも検討されてきた。2011年度には、厚生労働省は、国民の健康に重大な影響のある特定の病気を解明し克服することを目指す新たな試みとしてナショナルセンター・バイオバンクネットワークプロジェクト（以下、NCBN。http://www.ncbiobank.org/）を発足させた。このプロジェクトでは、６つのナショナルセンター（がん研究センター、循環器病研究センター、精神・神経医療研究センター、国際医療研究センター、成育医療研究センター、長寿医療研究センター）が保管している組織、血液等と患者の医療情報を一元化して管理し、これらの組織、血液等をバイオリソースとして産学官連携して活用できるようなネットワークを構築することを目標としている。

2015年には国立研究開発法人日本医療研究開発機構（以下、AMED。http://www.amed.go.jp/）が、医療分野の研究開発およびその環境整備の中核的な役割を担う機関として、これまで文部科学省・厚生労働省・経済産業省に計上されてきた医療分野の研究開発予算を集約し、基礎段階から実用化まで一貫した研究のマネジメントを行うための組織として設立された。この組織の中にも、バイオバンク事業部が設けられ、東北メディカル・メガバンク計画、ナショナルバイオリソースプロジェクト（以下、NBRP。http://www.nbrp.jp/）、オーダーメイド医療の実現プログラム（バイオバンク・ジャパン）、そしてゲノム医療実用化推進研究事業の４つの事業を集約して行うことになっている。この中の、NBRPはライフサイエンス研究の基礎・基盤となるバイオリソース（動物、植物、微生物等をも含む）の収集・保存・分譲を行う部門を統括しており、理化学研究所バイオリソースセンター（以下、理研BRC。http://www.nbrp.jp/）で収集した検体にもアクセスできるようになっている。

また、国立大学内にもバイオバンクの設置が進み、『法的・倫理的検討』を上梓した2009年当時の調査では、大阪大学大学院医学系研究科・佐古田三郎教授が中心となって設立された、NPO法人臨床研究・教育支援センター（SCCRE）のみが国立大学が関係するバンクであったが、今回のWeb上での調査では、他に８大学でバンク事業を行っていることが確認された。

①　北海道大学病院臨床研究開発センター細胞プロセッシング室・生体試料管理室（http://crmic.huhp.hokudai.ac.jp/?page_id=6906）

北海道大学病院臨床研究開発センターは、新規治療法の開発から臨床試験さらに創薬支援までを目指して、2014年に北海道大学病院内に設立され、現在北海道大学病院で検査や診断のために採取された病理組織・血液・体液の残余組織を患者からのインフォームド・コンセント取得の下、共同研究として特定の臨床研究のためにオンデマンド型のバンキングを行っている。

②　つくばヒト組織バイオバンクセンター（http://www.s.hosp.tsukuba.ac.jp/

outpatient/facility/biobank.html)

つくばヒト組織バイオバンクセンターも筑波大学附属病院で検査や診断、治療のために採取された病理組織・血液・体液の残余組織を患者からのインフォームド・コンセント取得の下で、バンキングしている。2013年につくばヒト組織診断センターから独立し、附属病院のセンターとしてヒト組織の分譲を開始した。ゲノム解析研究と一般研究との区別はしておらず、同一の手続きが求められている（詳細は竹内・野口・川上・大河内「つくばヒト組織バイオバンクセンターの試み――ヒト試料の外部施設への分譲」〔本書98頁〕参照）。

③ 自治医科大学地域医療学センターCOEバイオバンク（http://www.jichi.ac.jp/coegbank/）

自治医科大学21世紀COEプログラム「大規模地域ゲノムバンクを用いた生活習慣病の分子遺伝学的解析」に基づいて、自治医大卒業生ネットワークを用いて2008年まで生活習慣情報と臨床情報が添付された血清・血漿、DNAを集めバンキングした。登録検体数は20,977検体にも及び、2014年より学外の研究者への分譲も始めている。試料の入手を希望する者は所属機関の倫理委員会で承認を受けた上で供給依頼を行う。

④ 東京医科歯科大学疾患バイオリソースセンター（http://www.tmd.ac.jp/brc/）

東京医科歯科大学では、2012年に疾患バイオリソースセンターを設置し、医学部・歯学部附属病院で収集された切除組織や血液等の臨床試料や診断情報を保管し、附属病院の電子カルテと連動したバイオリソースの一元管理システムを構築している。2013年より学外の研究者への分譲も始めている。

⑤ 金沢大学がん進展制御研究所ヒトがん組織バンク（http://ganken.cri.kanazawa-u.ac.jp/co/human/#bank）

金沢大学がん進展制御研究所は、2010年度に「がんの転移・薬剤耐性に関わる先導的共同研究拠点」として認定され、共同研究拠点として大学ならびに公的研究機関に所属する教員・研究者に限定して組織の供給を開始した。なお、ゲノム解析研究と一般研究は特に区別されておらず、同一の手続きが求められる。

⑥ 三重大学バイオバンク研究センター（http://www.medic.mie-u.ac.jp/biobank/）

三重大学では2010年に三重大学バイオバンク研究センターを立ち上げ、ガイドライン（生体試料収集にともなうサンプリングと処理のプロトコール統一化）を整備し、生体試料や付随診療情報を一元管理していく体制を構築し、医学部附属病院にて検査や治療の際に得られる血液や尿、DNA、組織などの生体試料と付随診療情報を連結可能匿名化した状態でバンキングしている。本バイオバンクは、試料を単に収集することを目的とするのではなく、集めた試料が実際に研究者に利用されるよう、橋渡し研究のコーディネーターを育成し、学術研究、創薬研究、新規診断法等の開発研究を活性化させることをも目的としている。

⑦　京都大学医学部附属病院キャンサーバイオバンク（http://www.cancer.kuhp.kyoto-u.ac.jp/cancerbiobank/）

京都大学医学部附属病院キャンサーバイオバンクは、附属病院がんセンター内に2013年に設立されたバンクで、がん患者には検査や手術の説明に際し、担当医師から血液検査や尿検査の残余試料や手術切除組織を将来の研究に備え、バンキングすることを説明し、同意を得られた試料、組織等をカルテ情報とともにバンキングしている。今後は研究者の要望に応じて、これらの組織、細胞、そして遺伝子を供給していく。

⑧　岡山大学病院バイオバンク（http://www.okayama-u.ac.jp/user/hos/biobank.html）

岡山大学病院バイオバンクは2015年に設立されたバンクで、病院長がバイオバンク長を兼任し、２名のリサーチコーディネーターと２名の技術職員を抱え、血液、組織、尿等の試料と臨床情報をセットで保管・管理している。今後、医療や創薬研究のために学内外の研究者に試料を提供していく。

さらに、各地のがんセンターにおいても手術切除組織をバンキングし、研究者に配布する試みが行われている。

①　千葉県がんセンターバイオバンク事業（http://www.pref.chiba.lg.jp/gan/kenkyujo/project/biobank.html）

千葉県がんセンターは、がん患者から手術で摘出される病変部位と血液などをカルテ情報とバンキングしている。がん切除の他に、全国の小児がんの一つ神経芽腫の患者からもサンプルを集め共同研究拠点として組織・診断情報の供給を行っている。

② 神奈川県立がんセンター腫瘍組織センター（http://kcch.kanagawa-pho.jp/kccri/）

神奈川県立がんセンター臨床研究所が運営しており、同センターで検査や診断、治療のために採取された病理組織（凍結、パラフィンブロック）・血液をバンキングしている。外部機関への分譲も行っている。

③ 九州がんセンター腫瘍バンク（http://www.ia-nkcc.jp/rinsho/cancer_b.php）

九州がんセンター腫瘍バンクは、国立病院機構九州がんセンター消化器外科、呼吸器外科、婦人科で行われる診療過程で得られる血液、そして外科手術により発生する組織試料を中心に、約7,000例（2015年３月31日現在）の試料を保管している。さらに、このバンクでは、これら組織試料からDNA、total RNAを抽出して保管していて、研究者の申請を受け組織、遺伝子ともに供給可能としている。

⑶ HAB研究機構の使命

薬物相互作用による副作用を開発段階に予見するためのガイドラインが、1997年に欧米当局から相次いで出された。これは当時承認され、臨床に供されるようになった後に重篤な副作用が検出され、市場から撤退した医薬品で副作用の理由が薬物相互作用であったものが８品目もあったことによる。その後のレトロスペクティブな研究からこれらの薬物相互作用は、開発段階でヒト肝画分酵素や肝細胞を利用した*in vitro*試験から予見できるということで、ガイドラインで*in vitro*代謝試験が求められるようになったのである。米国では同時期に移植医療の進展から、医学的理由で移植不使用とされた肝臓の数も増えてきて、この創薬研究に供することができるようになり、健常人の肝臓画分酵素や肝細胞が試薬として研究者に利用され始めた。一方わが国では、1997年に臓器移植法が制定され脳死者からの臓器移植は1999年に第１例が出たものの、臓器の移植に関する法律（以下、臓器移植法）および施行規則第４条で、移植に用いられなかった臓器の処理は焼却して行われなければならないと規定され、代謝研究に必要とされる健常人の肝臓画分酵素や肝細胞の入手は不可能であった。このような時代背景の下に設立されたのが、HAB研究機構の前身のHAB協議会で、わが国のヒト組織を用いた研究のあり方を検討するとともに、1995年にアメリカのNDRIと締結したInternational Partnershipに基づいて、米国内で脳死ドナーから提供された臓器で移植不適合と判定された肝臓の提供を受け、わが国の研究者への提供を始めた。その後、薬物の吸収・代謝に関わる、健常人の小腸、腎臓、そして皮膚のニーズも増え、さらに最近になって探索・薬理研究のため、病態組織の供給依頼も受けるようになった。今日まで、関節リウマチ患者、変形性膝関節症患者の膝組織、加齢黄斑変性、糖尿病、腎不全等の病態組織と比較対照の健常人組織の供給も行ってきている。

⑷ HAB第1次人試料委員会報告書

HAB研究機構は、設立当初から国内の研究者が広く日本人の臓器・組織を入手し、医学・薬学研究を行えるような環境整備を目標として、活動を続けてきている。2005年には当時の理事長・雨宮浩が、心停止ドナーから移植目的で腎臓が摘出される機会に、経腹腔的に到達できる胸腹腔内臓器、あるいは組織の研究利用を目指し委員会を設置し、2007年まで計11回の委員会を開催し、報告書をまとめた。その詳細は、本報告書の「1⑴ HAB第1次人試料委員会報告書について」に述べられているが、報告書では、試料提供者または家族／遺族からの適正なインフォームド・コンセントの取得と研究の倫理性の担保等を行うことで、組織の研究利用は合法とし、将来は諸外国と同様に脳死ドナーから摘出され、移植不適合とされた臓器を含み、すべての臓器・組織を研究に供せるようにすることが望ましいとされていた。

⑸ 臓器移植法の改正と臓器移植の現状

1997年10月16日に臓器移植法が施行され、2010年7月17日に改正臓器移植法が施行され今日に至っている。改正臓器移植法の施行で、本人の意思が不明の場合には、家族の承諾による臓器の提供が可能となり（本人のオプト・アウト方式による解決）、親族に対し臓器を優先的に提供することも可能となった。そして、2010年には脳死下の臓器提供ドナー数は32人であったのが、2014年には50人に微増したのに対し、心停止下での腎提供ドナー数は2010年１年間で81人から2014年には27人ということで、心停止後の臓器提供数は減少している。そのため、前回の構想の対象とした心臓死臓器提供者数が減少し、研究用組織提供も現実的でなくなってきている。本報告書「１⑵脳死体からの移植用臓器提供の機会における研究用組織の提供に関して」で述べたように、心停止下での臓器提供時の研究用組織提供に限定しつつも、脳死臓器提供者からの組織提供も考えていくべきではないかと考え、第２次人試料委員会を設置することとなった。

3　研究用ヒト組織取得の法的・倫理的基礎

⑴　死体からの研究用ヒト組織提供の倫理性

１）検討の視角

死体からの研究用ヒト組織提供は、死体を何らかの形で祭祀・葬礼に付する以外に利用することの許容の上に成り立つ行為である。現行法上、死体の利用に関してはいくつかの法律が存在し、一定の利用が正当化されている。その根幹には、刑法上の死体損壊罪（190条）がある。すなわち、死体を損壊することは死体に対する国民の宗教的感情および死者に対する敬虔・尊崇の感情を毀損することになるから、これを保護するという目的をもって、死体損壊罪が刑法上の罪として規定されているのである。ただし、死体に一定の介入を行うとしても、当該行為の目的、手段等を踏まえ、一定の要件を充たした場合には、死体損壊罪が成立せず、違法性がない（違法性阻却）とされる場合がある。

ここでは、現行法における死体損壊等の違法性阻却の構造の前提として検討されるべき倫理的課題について論じる。本検討を行う際には本来その前提として、目的の如何に関わらない死体の利用それ自体について検討をすべきであろう。しかしながら、論点を明確にするために、主として特に、社会的有用性という観点から死体の利用が要請される、研究用の組織提供問題に焦点を絞り、既存の法制度の下における死体からの研究用組織提供の倫理性について検討することにする。

死体の利用の中でも、研究という目的をもった利用について考える際には、刑法上の死体損壊罪と、研究目的による死体の利用を許容する死体解剖保存法との関係の検討が、必要不可欠である。これについてはすでに刑法学上の議論の蓄積があるが、本節では、両法律の関係をめぐる議論を契機として、当該法解釈それ自体というよりは、各々の法律がどのような意図の下で、どのような倫理性への配慮をもって、立法と運用がなされてきたのかを明らかにした上で、研究用組織提供の倫理性問題について論じることにする。

2）死体解剖保存法――違法性阻却と倫理的要請

死体は生体とは異なるため、死体からの研究用組織の提供を受け、その利用問題を考える際の、ものの考え方の枠組みや検討課題は、基本的に生体からのそれとは一線を画する。生体は、生きている当事者の権利利益という観点から検討すべきことは明らかであるが、死者について、生きている人とまったく同じ権利利益問題として考えることはできないからである。

1949年（昭和24年）に制定された死体解剖保存法は、それまでにも行政の許可の下で認められてきた刑死体、病死体解剖をはじめ、その他公衆衛生や死因調査等の必要性等から諸法が立法されるなか、医学教育・研究のための解剖を含む死体の解剖・保存についての統一的な法的枠組みを示すものとして立法された。立法に際しては、医学教育・研究の重要性、および公衆衛生の向上の必要性は理解されていたものの、やはり死体をそのような理由によって解剖・保存するというかたちで利用するにあたり、その適法性についての疑義を解消しなければならない、という要請があったのである。

この立法過程の途上、国会審議等の質疑の中で、死体の解剖に際しての死体の理解と、その理解に基づいて解剖が許容される要件が説明された。すなわち、死体の解剖は「尊厳な人体の取り扱いに関すること」であるため、医学教育・研究の重要性、および公衆衛生の向上という所定の目的を果たす限りにおいてもなお、死体の解剖を行う場合には、遺族の承諾が必要であるとし、遺族の承諾なくしては死体損壊罪が成立すると考えられたのである（遺族の承諾なしに解剖を行う際には、別途要件が同法7条で定められる）。また、死体損壊罪の成立如何とは独立に、死体解剖保存法独自の考え方として、解剖の実施に際しては、解剖をしようとする地の保健所長の許可を受けなければならない（2条1項）ほか、解剖は解剖室で行わなければならないこと（9条)、引取者のない死体の交付を受けた学校長は、引取者から引渡要求があった場合には、その死体の引渡義務を負うこと（14条、15条）や、死体の保存について遺族の承諾と都道府県知事の許可の取得を求める(19条)等の規定が設けられている。

これらからわかることは、医学教育・研究等のための解剖という実践の必要性が、「死体の尊厳に関する国民の宗教的感情の尊重」という倫理的価値理念への応答、配慮を要したということである。死体の解剖という行為を行うには、その違法性を阻却し、医学教育・研究のための解剖を含む死体の解剖・保存が社会的に受容されることが必要であり、そのためには、「死体の尊厳に関する国民の宗教的感情の尊重」、換言すれば「死者に対する社会的習俗としての宗教感情」の尊重という倫理的要請に応えることが必要だったのである。

3）社会的法益としての死体の保護要請

死体損壊罪、死体解剖保存法が要請する「国民の宗教的感情としての死体の尊重」の意味するところは、第一に、この要請があくまで国民一般の宗教的感情であって、近親者である遺族が、自身の近親者である故人を悼み尊重するという、個人に帰属する感情ではないということである。刑法上の概念を用いれば、その保護法益は、社会的法益と位置づけられる。第二に、この社会的法益の保護は、社会的儀礼、すなわち死者に対して祭祀・葬礼を執り行い弔うことによって果たされる。そして第三に、その役割は原則として、遺族によって担われることが要請される、ということである。

上記3つの根底には、遺族は死体に対して特別の責務を有する、という倫理的要請がある。なぜ遺族はそうした責務を負うべきであるのか。この法益が社会的法益であることに鑑みれば、本来祭祀・葬礼を執り行い死体を弔うことは、社会が果たすべきであるようにも思われる。なぜ遺族に委ねられるのか、その必然性はどこにあるのかが問われなければならない。この点については、以下のように答えよう。

この社会の歴史的伝統的な事実として、家族は、個人にとって特別な位置づけをもち続けてきた。個人を中心とする近代法制の下においても、民法に親族・相続法の規定があることを典型とするように、家族は、近代的個人という想定の下においても個人と共にあり、これを支える特別の関係と役割とを担うものとして位置づけられている。そうであればこそ、死体をどのように扱うことが尊厳ある身体としてきちんと取り扱うことになるのかについての判断を、その死体と近しい特別な関係にある遺族に委ね、祭祀･葬礼によって弔うよう要請することはすなわち、それによってこの社会が、死体を尊厳ある身体としてきちんと取り扱っていることを表すことになる。したがって、死体の扱いについて、死体を祭祀・葬礼以外の用に供することを認めるためには、遺族による承諾を要する、という制度の下に置くことが社会的に要請され、この制度の下、遺族が承諾を与えることによって、本来倫理的には許容されない死体の利用が、社会的に許容される、とされるのである。

それでは、社会的な要請である、死体を尊厳ある身体としてきちんと取り扱うべきことに対し、遺族がこれと相反する意思表示をした場合はどうか。

遺族が、社会が要請する尊厳ある身体として死体を取り扱うことなく、死体を祭祀・葬礼以外の用に供するための同意を行っていると認められる場合には、当該の同意は倫理的に許容することはできないといわざるをえない。どのような場合が倫理的に許容されない状況であるかは、個別具体的な検討課題となろうが、本節との関係では、ずさんな研究計画に基づく非倫理的な研究等のために死体が利用される場合には、死体の利用について遺族の同意があるとしても、これを許容することはできない。

なお、死体の利用について、遺族以外の第三者機関による判断を用いることはありうるだろうか。この点については、研究の非倫理性などがない限りは、上述の理由で遺族による承諾がまずもって必要ということになろう。さらにいえば、国家によって設置された第三者機関が、死体を祭祀・葬礼以外の用に供することへの認定等を行うことについては、回避されるべきである。なぜなら、死体を尊厳ある身体としてきちんと取り扱わなければならないという倫理的要請の下、具体的にどのような取り扱いの仕方が倫理的に正しいかについて、国家機関が具体的に提示し、これに従うよう国民に命じることは、近代法原則に反することにもなりかねないからである。

以上のことから、教育・研究を目的とする正当な理由をもつ解剖においても、死体を祭祀・葬礼以外の用に供するにあたっては、遺族による承諾は倫理的に不可欠であるということになろう。そしてこのことは、近代法制下における現代社会においても整合性をもって理解されることであり、このことによって、この社会が有する、死者に対する国民一般の宗教感情の確保に資するものと考えられる。

では、本節が取り組む、死体の研究用組織提供という、死体全体ではなく、死体のごく一部を用いるような場合はどうか。この問いに取り組むにあたっては、いま一度、なぜこの社会が、死体を特別な尊重と配慮の対象とするのか、これに加えて死体の法的、倫理的位置づけから確認をしよう。

4）「人」と「物」との区分

なぜ死体は、特別な尊重と配慮をすべき対象であることが要請されるのだろうか。なぜこの社会は、そして国民一般は死者に対し、一定の強い宗教的感情を有すると考え、その保護を求めるのだろうか。

法学は伝統的に「人」と「物」とを区分し、「人」は法と権利の主体となり、「物」はその客体とされる。この場合の人にはいわゆる自然人以外のものも認められることがある（例えば法人）が、原則として権利の主体となりうるのは、生まれてから死ぬまでの間の自然人が想定されている。したがって死亡した時点で、権利の主体である「人」ではなくなることにする、というのが法学の伝統的な態度である。では「人」でないとなればすべてが「物」であるのか。法学の伝統的な考え方に従えば、「人」でなければ「物」と理解されるのが原則である。しかし、なおやはり「人」でないとしても、それは権利主体である「人」とは異なる仕方ではあるが、一定の尊重の対象となりうるものはあるのであり、その典型として、死体は理解されているのではないか。このような理解に基づいているからこそ、「死体の尊厳に関する国民の宗教的感情の尊重」あるいは「死者に対する社会的習俗としての宗教感情」の尊重が要請されるのであろう。すなわち、死者（死体）は、単なる物ではなく、生者とは異なるのだけれどもしかし、何らかの尊重が要請される利益を内包する存在として、単なる物として扱うべきではない。そうである以上、社会は死体を、単なる物としてでない存在として、尊重の対象であるという理解を示さなければならない。死体損壊罪や死体解剖保存法がその保護法益として守ろうとする社会的法益、すなわち「国民の宗教的感情としての死体の尊重」は、以上のような倫理的要請をその根幹としている。

5）死体からの研究用組織利用

以上の理解に基づき、死体から切り離された組織について、その研究利用のための提供の可能性について考えよう。死体からの研究用組織提供は、死体から組織を切り離し、これを研究の対象として、例えば当該組織を科学的に変性させたり、その変性を観察したり、標本化したりといった、その他様々な形での研究利用を想定している。これらの行為は、当該組織を物（試料）として扱う行為であり、その行為は、生体を含む死体以外から得られた試料に対して行われることと何ら変わるものではない。この場合、正当な目的をもった研究について、権利の主体者が自らの身体の組織を提供することに同意し、一定の手続きの下で提供することによって身体組織の研究利用が正当化される場合と、死体からの利用問題とは一応区別して考えなければならない。なぜなら、死体は権利主体ではないからである。ただし、死体は単なる物とは異なる尊重の対象として、この社会はその扱いのあり方に高度の関心を有しており、前項までで論じたように、一定の倫理的配慮が要請されている。これに加えて研究用組織は、祭祀・葬礼の対象となる死体それ自体とは異なり、一定の手続きの下で切り離された一部である。研究用に死体から切り離された一部の組織と、死体それ自体とでは利用の仕方も異なるのであり、同じ倫理的位置づけとすることはできず、おのずと死体それ自体の尊重の仕方の問題と、試料としての利用の問題とは別様の倫理的地位およびそれにともなう扱いの違いが生じよう。

死体から切り離された研究用組織は、物として扱われることが想定されており、実際に物として扱いやすいサイズや形状で切り離される。確かに、社会的に有用と認められ、かつ正当な医学研究という目的をもった行為が死体について許容される以上、その一部の利用については死体の利用に含まれる、と考えることは、一つのありうる考え方である。しかし他方で、死体から切り離された組織を試料として利用することは、人か物かの区分という視角から見れば、死体それ自体を解剖等に供するそのあり方よりはるかに、試料として、物としての利用が想定され、また死体よりもはるかに物として利用がしやすい。このことは、現行の法制度が保護しようとする社会的法益の基底にある、死体を単なる物として扱うべきではない、とする倫理観と対立するようにも見える。そうであるとすれば、前述の死体それ自体に対する遺族が果たすべき役割と、組織利用の正当化とをどのように考えるべきであるのか。

死体からの研究用の組織提供とその目的である組織の利用は、死体それ自体の利用とは異なる行為であるとはいえ、死体の一部を死体から切り離し祭祀・葬礼以外に供する行為であるという点で、死体を「尊厳ある身体」として尊重の対象とする倫理的要請に応えなければならず、したがってその利用には当然、遺族の承諾が必要となることが前提となる。

もう一つの倫理的要請として、死体から切り離された組織もまた死体の一部であるのだから、これを単なる物として扱うべきではない、という現行の法制度が保護しようとする社会的法益の基底にある、とする要請がある。死体から組織を切り離し、これを研究の用に提供するという行為は、切り離した組織を物として利用することをその目的とし、そのために実行される。そのために、利用のしやすい大きさ、形状で切り離され、諸々の加工等が行われる。確かに死体全体に比較して、その利用の範囲は小さい。しかしそれは、人間の身体の一部を物として有効に利活用するためにこそそのような大きさ、形状で死体から切り離され提供されるのである。組織は死体それ自体ではなく一部であるから、容易に物利用が可能でもある点で、容易に物化（ものか）に転じる可能性も高く、したがって死体からのヒト組織提供問題は、身体の物化の問題という、当該法制度の根幹に関わる極めて大きな問題となる。とはいえただこれを一様に、認めない、認めると断じることもまた不適切であろう。なぜなら、研究のために組織を利用することは、まさに物扱いすることになるのだからこれを認めるべきでない、とする価値判断もありうるし、あるいは逆に、研究のために組織利用がなされ次代の医薬学に貢献することは、むしろ尊厳ある身体の一部としての用い方であるからこれを認めるべきである、とする価値判断もありうるからである。いずれにしても、どのようにすることが、身体の物化となるのかならないのかは、極めて高度に倫理的価値判断の要請される課題である。このような課題に、近代法制下にある現代社会はどのように取り組むべきか。

近代法的思考に基づけば、身体を単なる物として扱うべきではない、という基本原則の下で、特定の生き方のみを倫理的に正しいとしてこれを命ずることに謙抑的でなければならない。高度に倫理的課題を孕む問いについては、その問いが高度に倫理的問いであるという理由で、国家は判断することについて謙抑的でなければならない。このような問いはそれゆえ、本人の自己決定に委ねざるをえないと考えられており、そこでなされた自己決定を尊重することによって、それ以上の正当性を要請しないことにする、ということが近代法の要請である。そしてとりわけ本人の生に直結する問題についての自己決定は、原則として一身専属のものと考える必要があるだろう。当事者の生は、あくまで当事者のものであり、他者がなりかわることのできないと解するのが至当である。

したがって、死体からの研究用組織利用が、人の身体の物化に当たるか否かについての価値判断を孕む問題—そしてそれは高度の倫理性と、国家の謙抑性の下における判断が要請される—は、ことがらの性質上、当事者となる死者の生前の何らかの意思の尊重が要請される。このとき、どのような意思表示をもって十分とするかについては、個別具体的な問題であり慎重な判断が必要である。例えば、脳死体を含む死体からの臓器移植に際して、臓器提供の意思表示がなされていた死者については、死後の身体の組織提供についても理解（承諾）が示されたと解すことも可能であるが、他方で、レシピエントへの臓器提供だからこそ提供の意思表示をしていたのであって研究用の組織提供の承諾を意図しないとも考えられる。その場合には、遺族からその意向を確認する等のことを要することになろう。

それでは、こうした意思が示されていなかった場合はどうか。

死者が意思表示していない以上、誰かが何かを決定しなければならない。

このとき、死者と特別の関係にあることが期待される遺族には、どのように死者を扱うことが妥当であるかについて判断を下す遺族独自の権限があるのだろうか。これについては以下のように答えよう。遺族には、遺体を尊厳ある身体としてきちんと取り扱う責任者（管理者）として、社会的に要請される祭祀・葬礼を執り行い死者を悼むという役割を担っている。しかしこれを超えて、あるいはこれとは別に、遺族が死体の一部を物として利用することについての承諾・不承諾をする権限を有するのだろうか、有するのであればそれはなぜか、が問われなければならない。この点については、死体を「尊厳ある身体」として尊重して扱う仕方について遺族に委ねられている判断と、死体を物化する判断とは、異なる性格のものであり、したがって後者について遺族が固有の判断権限を有するとは考えにくい。

上述のとおり、この問題は極めて高度の倫理性を孕む問題である。社会全体にとって有用かつ有益な公共性をともなう正当な研究に用いられるとしても、死体からの組織の研究利用を一律に、許容されるべき倫理的に正当な行為である、あるいは逆に、死体を単なる物として扱うことになるから倫理的に不当な行為である、と決することはできない。だからこそ高度に倫理的な問いなのである。またそうであればこそ、当事者である死者に一身専属的に帰属する自己決定に委ねざるをえないのであり、遺族による決定も本人の自己決定に沿うものでなければならない。遺族が本人に代わって意思決定をする権限があるということはできない。

6）結　　論

以上により、死体からの研究用組織提供については、２つの観点から考えなければならない。すなわち第一に、死体を「尊厳ある身体」として尊重して扱うという観点から、社会から遺族に委ねられている祭祀・葬礼に供する以外のことを行う以上、遺族の意向（承諾・不承諾）を要する。第二に、人の身体を物化しないという「国民の宗教的感情としての死体の尊重」という既存の法制度の根幹に関わる倫理的要請に応えるという観点からは、そのことがらの性質上、当事者である死者の何らかの意思が尊重されることを要する。

以上の２つの観点からの検討が、死体からの研究用組織提供を行うにあたっては要請されるものと考えられる。

死体からの研究用組織の利用については、死体の研究利用の場合以上に、倫理的に難しい課題を孕んでいる。この問題が孕む高度の倫理性を踏まえた上で、社会的に有用かつ重要な研究利用に向けた制度設計を考えるという姿勢が、医科学研究の社会的受容にとって必要といえよう。

⑵　研究用組織提供におけるインフォームド・コンセント

１）はじめに

医療において、医師が患者から治療について説明し、患者の同意を得ることが必要なことが、法的にも倫理的にも重要な大原則であることは、今日では、一般にも当然のこととされている。しかし医療には様々な局面があり、また、医療の進歩のために患者やその他の者からの同意を得ることが必要な場面もある。このため、そうした様々な状況を単一のルールで運用することは、必ずしも適当とはいえないことから、各医療場面でそれぞれの特性に応じた個別の考慮が必要なことが指摘されている。

２）通常の医療・臨床試験におけるインフォームド・コンセントと臓器提供における同意

通常の医療においてインフォームド・コンセントが必要であることが、わが国の最高裁も認めて久しく、その後、説明義務の範囲・方法について拡大されてきた。現在の最高裁の説明義務に対する考え方は、患者が自己決定権を実質的に行使することができる方策を保証する方向であると解される。それらを総合すると、治療に関するインフォームド・コンセントに関しては、学説上、以下のことが了解されていると思われる。

①　患者は、自己の身体に対する自己決定権を有している。

②　患者が自己決定権を行使するためには、十分な情報提供が不可欠であり、これが不十分であった場合には、その選択権を侵害することになり、損害賠償請求権の根拠となる。

③　患者に対して医師は、治療前に、診断内容、患者の状態、予定している

治療法の存否とそれにより期待される効果、放置した場合の転帰、治療期間などを説明し、患者本人から承諾を得る必要がある。

④　通常の医療と異なり、処置が臨床試験の要素を含むときには、その説明すべき内容はより広くなると解する下級審判決がいくつも存在する。

上記に対して、臓器提供の同意とインフォームド・コンセントに関しては、提供を受ける側と提供する側の両者を分けて考える必要がある。

臓器提供を受ける側については、通常の医療のインフォームド・コンセントと同様の枠組みで考えることができる。

臓器を提供する側については、生体からの臓器移植と死体(脳死体を含む)からの臓器提供とにさらに分けることが必要である。

生体からの臓器提供については、臓器提供が提供者にとって、健康上何ら利益をもたらすことはないという事情に鑑みて、より詳細な情報提供と任意かつ真摯な書面による同意が存在することを確認することが求められる。

死体（脳死体も含む）からの臓器提供について、臓器移植に関する法律では、意思を表明していない場合にその家族が脳死判定を書面により承諾しているときには脳死判定をすることができ、あるいは遺族が臓器提供を拒否しないときに限り、死体から臓器を摘出することができることとなっている(臓器移植法６条)。その際の家族あるいは遺族に対する説明は、主治医から、家族等の脳死についての理解の状況等を踏まえ、臓器提供の機会があること、および承諾に係る手続きに関して主治医以外の者による説明があることを口頭または書面により告げること、その際、説明を聴くことを強制してはならないこと等がガイドラインに定められており、実際の説明はコーディネーターが中心的な役割を果たすこととなっている。なお、ガイドラインは、臓器以外の組織移植の取扱いについても定めており、これが医療的見地、社会的見地等から相当と認められる場合には許容されるものであり、組織の摘出に当たっては遺族等の承諾を得ることが最低限必要であるが、摘出する組織の種類やその目的等について十分な説明を行った上で、書面により承諾を得ることが運用上適切であるとされている。

このように、患者・患者家族・患者遺族の同意につき医療処置に関わる関係者が情報提供に際して果たす役割は、その予定された処置の内容により差が設けられ、それが容認されていることがわかる。これは医療に関する情報提供が重要であっても、一律の立場で実施することを法が求めていないということを示している。

3）バイオバンクにおける「インフォームド・コンセント」

バイオバンクにおいても、何らかの形で当該ヒト組織提供者の同意の方法が模索されるべきであるとされるが、通常の医療実施と異なる特徴があることが指摘されている。

バイオバンクには、以下のような特色がある。

① 提供者の治療に関連しない。提供者は健康状態に問題がなく、その権利保護のために特別な配慮をする必要性は、疾病を抱え自己の権利保護の能力が減退・喪失している病者とは同列に論じえない。

② ①の結果、治療に関するインフォームド・コンセントと同様の内容のインフォームド・コンセントを要求することは、提供者も望まない過剰な保護となり、効率性の観点からも問題が多い。

③ 当該研究が進捗することによる人類への貢献は非常に大きなものになりうる。

④ 事前に使用目的を特定することは困難であるのが通常である。

⑤ 検討の対象によっては、遺伝子解析にまで及ぶこともあり、バイオバンクに特有・特徴的な危険は、提供者の身体への直接的危険はほとんどない一方、情報の漏えいといったプライバシー侵害が重要である。

⑥ バイオバンクによって得られる利益は必ずしも指摘できず、一般的な知識・情報の獲得が中心となる。

バイオバンクの上記の特色を反映して、完全匿名化を基本にしてインフォームド・コンセントをそもそも必要としないというアプローチ、あるいはインフォームド・コンセントと異なる要件での同意を想定することなどが考えられ、様々なバリエーションが主張されている。

4）研究用組織提供におけるインフォームド・コンセント

以上のような状況に鑑みて、研究に用いるためにヒト組織の提供を受けるという場合のインフォームド・コンセントは、どのように考えるべきか、以下に検討する。

現行法では、「移植に用いる造血幹細胞の適切な提供の推進に関する法律」が、この問題について一定の立場を明らかにしている。同法では、その33条において、臍帯血の提供者に対して説明と同意について規定し、それにより臍帯血の提供を受けることが認められ、さらに35条において、臍帯血供給事業者は、臍帯血供給業務の遂行に支障のない範囲内において、その採取した移植に用いる臍帯血を研究のために利用・提供することができると定めている。同法の運用指針では、臍帯血提供の同意書に、研究に使用されることを明示することを求めている。

なお、2014年に改訂された、「人を対象とする医学系研究に関する倫理指針」は、その第5章がインフォームド・コンセントに関するものであるが、インフォームド・コンセントが必要な場合を一律には扱っていない。

提供されたヒト組織を研究に用いるというとき、その組織の用途には様々なものがありうる。研究そのものも、各様がありうる。ところが、ヒト組織を研究に用いる場合に被験者に生じる恐れのある不利益は、人格権的な側面からのものと財産権的な側面からのものとがあるにもかかわらず、日本の研究規制に関する対応策は、こうした点の区別について多くの関心を払ってきておらず、インフォームド・コンセントや同意についても、その用いられ方に幅があって不備が目立ち、混乱をもたらしているとの指摘がなされている。この指摘は現状の混迷の原因を適切に指摘しており、その指摘に沿って検討が改めてなされるべきであろう。

指摘された見地からこの問題を考えれば、ヒトの組織提供に際しての情報提供も、提供に際してその身体に生じる危険が小さいか、無視できるほどのものである場合、研究に用いられることを根幹に据えることで足り、後はその処分について明確にすることで、物の扱いについての対応に準ずる形でその要請は満たすものと考えられる。

5）結　　論

医療の現場において、提供関係者からインフォームド・コンセントを得ることが必須であることはもはや疑いがない。しかしながら、治療における通常のインフォームド・コンセントと、研究用組織提供におけるインフォームド・コンセントとの内容の違いに照らせば、これらは区別して考えることは可能であり、法制度や指針等その立場から構築されているといってよい。これは世界的傾向でもあり、その趨勢にあわせて、通常の治療に求められるインフォームド・コンセントよりは簡略で、研究に用いることの情報提供をもって、研究用組織提供におけるインフォームド・コンセントは足りると解する。

(3)　ヒト組織を用いた研究と倫理指針——統合指針とゲノム指針

1）はじめに

2014年の末に、それまでのいわゆる疫学指針と臨床研究指針とを統合した「人を対象とする医学系研究に関する倫理指針」(統合指針) が策定された。同指針は、後から見るように、他の指針に規定がない場合には本指針の規定が適用になるとしているから、これまでのように、ある研究を所掌する一つの指針を参照すれば足りるというやり方はとれず、研究の性質によっては—とりわけヒトゲノム・遺伝子解析研究においては—その領域の指針と統合指針の両方を見なければならないことになる。本報告書では、統合指針とゲノム指針の棲み分けについて若干の検討をしたい。

2）統合指針の主な内容

①　指針の適用範囲

本指針は、適用される研究につき、「我が国の研究機関により実施され、又は日本国内において実施される人を対象とする医学系研究を対象とする。」とし、法令に基づいて行われる研究（例えば薬機法の製造販売承認のための治験）を対象外とする。さらに、「ただし、他の指針の適用範囲に含まれる研究にあっては、当該指針に規定されていない事項についてはこの指針の規定により行うものとする。」とするので、他の指針、例えばヒトゲノム・遺伝子解析研究に関する倫理指針の適用範囲の研究に関しては、原則としてそちらの指針が適用になるが、当該指針に規定されていない事項が本指針にある場合には、本指針も適用になることになる。いってみれば、本指針が一般「指針」、それぞれの指針が特別「指針」というわけである。この具体例については後の3）で紹介する。

② 統合指針とバンク——研究計画書

統合指針の策定1年前に改正されていたゲノム指針において、バンクについて一定の対処がなされていたところであったが、本指針も、実際に試料を使う場合と、バンクの場合とで、研究計画書の要件を若干異にしている。もっとも、ゲノム指針においてはこの要件について「一般的には以下の通り」という客観的ないい方をしているのに対し、統合指針は「原則として以下の通り」という規範的ないい方をしているので、統合指針の方が例外が認められにくいようにも見受けられる。

③ インフォームド・コンセント（IC）

さらに、研究利用に対するICだけではなく、他の機関に既存資料を提供しようとする場合のIC、それを受けて研究利用しようとする場合のICについても規定されている。さらに、研究計画書を変更する場合、原則としては同意を取り直す必要があるが、倫理審査委員会の意見を受けて長が承認すればこれは不要となるので、包括同意に近いやり方をとることはできることになる。

さらに、代諾については、それが認められる場合の要件を示すほか、アセントについても触れている。さらに、未成年者の同意だけで研究ができる場合の親権者の拒否権についても規定している。

④ そ の 他

さらに、本指針の改正作業中にディオバン問題などが起こったことから、指針の中でも、研究の実施の適正性もしくは研究結果の信頼を損なう事実もしくは情報または損なうおそれのある情報を得た場合の責任者等への報告義務（研究者の義務）、利益相反（COI）に対する規定（研究者と研究責任者の責務であるが、ガイダンスでは長の責務についても規定されている）、研究に係る試料および情報等の保管に関する研究者および研究責任者の責務、さらには、侵襲をともなう介入研究の場合のモニタリング（必須）および監査（必要に応じて）も求められている。

３）他の指針の領域に対する本指針の適用

さて、他の指針がカバーする研究領域で、そちらの指針に規定がない事項について本指針の適用がある場合とはどのような場合だろうか。ガイダンスによると、「例えば、ヒトゲノム・遺伝子解析を含む研究は、ゲノム研究倫理指針の適用範囲に含まれ、先ずはゲノム研究倫理指針の規定が適用された上で、ゲノム研究倫理指針に規定されていない事項（例えば、侵襲を伴う研究における健康被害に対する補償、介入を伴う研究に関する公開データベースへの登録等）については、この指針の規定を適用する。ある事項に関して他の指針とこの指針の両方に規定されている場合に、他の指針の規定とこの指針の規定とで厳格さに差異があっても、他の指針の規定が優先して適用される。」とされており、これによれば、本指針が適用になるのは、他の指針に規定がない場合であって、他の指針に規定はあるが厳格さが異なる場合にはそちらの指針のみが適用になる（本指針の適用はない）ことになる。この点で、国外で行われる研究の場合により厳しい要件に従うこととされている場合とは異なることになる。

ただし、例えば、倫理審査委員会の構成要件のみならず定足数としても、本指針は人文社会科学系の専門家と一般の立場を代表できる人がそれぞれ出席していなければならないとしているのに対し、ゲノム指針はこの二者は兼任することが可能となっているが、ゲノム研究の場合にこれでよいかは疑問も残る（もっとも、一つの委員会が両方の指針上の審査を行うのであればより厳しい本指針の要件を満たす必要があるし、あるいは親子委員会の形式をとる場合には、ゲノム研究を審査する子委員会での審査を経て、親委員会（こちらは統合指針準拠）にもかけられることになるから、実際には問題は生じないのかもしれない）。また、上述のガイダンスでは補償と登録が挙げられているが、ゲノム研究であっても、COI管理や資料の正確性担保、さらには、モニタリングと監査が必要となる場合も存在するかもしれない（もっとも、「介入を伴う」ゲノム研究（登録必要）が存在するのかという疑問同様に、「侵襲を伴う研究であって介入を行う」ゲノム研究（モニタリングおよび監査）というものがあるのかは問題として残る）。

4）ま と め

統合指針を前提とした研究倫理の確保は進んでいるものと思われる（例えば、COIの問題を倫理審査委員会が把握するようになったなど）。しかし、「遺伝子例外主義」から出発したゲノム指針が統合指針と比べて厳しい点、あるいは、逆に、ゲノム指針の改正時には意識されていなかったため規定に入っていない点など、この二つの指針の内容はすりあわされるべきであろう（今後は両指針を統合することも考えられているようである）。そもそもなぜ規制が必要なのか、現在の規制は、規制によって保護しようとするものを保護するのに適切な程度および仕組みなのか、などは、不断に検証されなければならない点であろう。その意味では、今後の指針の改正に関しては、細かな点だけでなく、全面的なオーバーホールも視野に入れて議論が進められていくべきであろう。

⑷ 死体からの組織の提供・保存と死体解剖保存法、臓器移植法

1）死体損壊罪の違法阻却

死体を切開し、死体の一部である臓器・組織（本項では、以下「組織等」という）を採取し、それを保存するという一連の行為は、刑法の死体損壊罪の「構成要件」（客観的要件）に該当する。

刑法190条（死体損壊等） 死体、遺骨、遺髪又は棺に納めてある物を損壊し、遺棄し、又は領得した者は、３年以下の懲役に処する。

死体を切開する行為は「死体損壊」に該当する。さらに、大審院の判例によると死体の一部も「死体」であるから[*1]、組織等の採取・保存が「死体領得」に該当することにもなろうが、上記の大審院判例は、「死体は、死体の一部またはその内容をなす臓器、脳漿等をも包含する」としているのであり、微細な組織、血液などが直ちに「死体」とされているわけではないことには注意を要する。

行為が死体損壊罪等の構成要件に該当するということは、直ちに処罰されるということを意味するのではなく、正当な理由があれば「違法性が阻却さ

＊1 大判大正14年10月16日刑集４巻613頁。

れる」(合法である)のは当然である。行為が法令に適合しているときには、それは正当な理由である(刑法35条)。臓器移植法は死体からの臓器の摘出、その移植を、墓埋法は埋葬のための「火葬」を、死体解剖保存法は死因究明および医学教育・研究のための解剖と標本の保存を、それぞれ一定の要件の下で認めている。

しかし、これらの法律に適合しなければ、すべての死体侵襲行為、死体領得行為は死体損壊罪になるというわけでもない。臓器移植法の規定しない死体からの移植用組織の摘出、墓埋法の規定しない散骨による葬儀、死体解剖保存法の規定しない死体を用いた手術手技実習(サージカル・トレーニング)も、正当な目的・手続において行われる以上合法であり、死体損壊・領得として処罰されることはない。研究のためのバイオバンクに直接適用される法律は存在しないが、それが違法となるわけではない。

2)バイオバンクと死体解剖保存法、学会ガイドライン

だが、以上のような理解はまだ一般的でなく、バイオバンクには死体解剖保存法が適用され、これに適合しない組織等の摘出・保存は違法であるという見解も依然として存在するようである。この見解を一貫するならば、バイオバンクの目的は、死因究明（死体解剖保存法２条・８条）でも「身体の正常な構造を明らかにする」こと（同10条）でもないので、本来違法な存在であるということになろう。また、見本としてではなく、他の研究者に分配するために組織を保存することは「標本としての保存」（同17-20条）でないから許されないことになる。さらに、標本を保存することのできる者は、知事の許可を得ない以上、特定の者に限られている（同17-19条)。組織等の摘出が病理解剖として行われたとするなら、その保存も死体解剖資格を持つ者（同２条１項１-３号）の責任においてなされなければならず、バンクが保存することは許されないことになる。HAB研究機構の構想する「移植用臓器・組織提供の際の研究用組織等の提供・分配システム」も、バンキングの範囲では死体解剖保存法違反ということになる。このような見解が誤解であることは、すでに「第１次報告書」が指摘したところであるので*2、ここで繰り返す必要はないと思われる。

他方では、直接適用される法令が存在しないバイオバンク事業が、適切に遂行されることを担保するために、また、関係者に明確なルールを提示し、その法的安定性を確保するためには、行政倫理指針、学会ガイドライン等で客観的に妥当なルールを定めておくことは必要である。統合指針、ゲノム指針は、インフォームド・コンセントと個人情報保護について主に規定しているものであり（本章第３節参照）、それ以上のヒト組織の取扱いについて定めるものではない。

ルールを決める際には、死体に対するわれわれの敬虔感情の保護、公衆衛生の保持を考慮している死体解剖保存法の解剖、標本の保存に関する規定を考慮に入れるべきことになる。これは、バイオバンクに死体解剖保存法全体が「適用される」というのではなく、同法で参考になる部分を「準用する」ということである。「死体解剖保存法の精神に則って行うための指針」として作られた日本神経病理学会・日本生物学的精神医学会「ブレインバンク倫理指針」（2015年）は、バンキング対象組織を死体解剖保存法の規定する解剖によるものとし、試料の保存に至るまでの過程は同法の保存の規定を遵守しなければならないとしつつも、同法には、ブレインバンクに試料を運搬・保存する規定がないので、解剖した資格者がブレインバンクに管理を委託するという手続によるべきだとしている[*3]。

３）組織提供の意思と死体解剖保存法、臓器移植法

バイオバンクへの組織等の提供を決定するのは誰で、その者のどのような意思表明があったときに決定としてよいか（本章第１節５））についてルールを作るときにも、現行法を参照すべきである。死体解剖保存法は、標本としての提供について、本人の意思を問題にすることなく、病理解剖等のとき

＊２　町野朔／雨宮浩〔共編〕『バイオバンク構想の法的・倫理的検討―その実践と人間の尊厳―』（上智大学出版、2009年）11-14頁。なお、辰井聡子「研究用組織の提供・使用に関わる法令、ガイドライン」同書104-112頁も参照。

＊３　なお、日本外科学会・日本解剖学会「臨床医学の教育及び研究における死体解剖のガイドライン」（2014年）が、手術手技実習に用いられる遺体を系統解剖のために献体されたものに限るとし、さらに、この実習に用いることについての本人の生前同意を原則的に必要としていることも参照。

には遺族のOpt-Outのないこと（18条）、それ以外の場合には遺族のOpt-Inを原則としている（19条）。だが、死者の自己決定が考慮されるべき要素であることが認識されている現在では、臓器移植法の態度に従うべきであると思われる。すなわち、①本人のOpt-Inと遺族のOpt-Outの不存在（運用では遺族のOpt-Inが要求されている）、あるいは、②本人のOpt-Outの不存在と遺族のOpt-Inである。「第２次委員会」が検討の対象としているのは、移植用臓器・組織の提供に際して組織等の提供を受けるというシステムであり、この点からも臓器移植法における提供意思要件と合わせることが必要である。提供試料の性質によっては、ブレインバンク倫理指針の「生前登録」の制度のように、本人および遺族のOpt-Inとすることも考えられよう。

４）移植に用いられなかった臓器の研究利用と臓器移植法

臓器移植法は次のように規定している。

第９条（使用されなかった部分の臓器の処理）　病院又は診療所の管理者は、第６条〔臓器の摘出〕の規定により死体から摘出された臓器であって、移植術に使用されなかった部分の臓器を、厚生労働省令で定めるところにより処理しなければならない。

これを受けて同法施行規則（厚生労働省令）は次のようにしている。

第４条（使用されなかった部分の臓器の処理）　法第９条の規定による臓器（法第５条〔定義〕に規定する臓器をいう。以下同じ。）の処理は、焼却して行わなければならない。

移植に用いられなかった臓器、その一部はすべて焼却処理すべきであり、保存を含めて例外を認めない、それが移植のために臓器を提供した人の感情にかなうことであると説明されている[*4]。角膜移植法（昭和33年）、角膜・腎臓移植法（昭和54年）においては、死体解剖保存法の手続きに従った保存を認める行政通知は出ていたが[*5]、臓器移植法ではこれさえも認めないこと

＊４　公衆衛生審議会成人病難病対策部会〔平成９年３月29日〕議事録における貝谷伸臓器移植対策室長の説明。

＊５　丸山英二「医療・医学研究における人体の利用に関する倫理的法的諸問題の実証的・比較法的研究」『平成15～17年度科研費補助金研究成果報告書』（2006）26-28頁参照。www.lib.kobe-u.ac.jp/repository/kaken/K0001795.pdf

になったのである。研究目的でのバイオバンクでの保存などは当然認められないということになる。もっとも、以上の趣旨を明示した行政通知は出ていないようである。

しかし、臓器移植法がこのような「しばり」をもつ趣旨とは考えられないのであり、行政解釈は必然的なものとは思われない。上記３）で述べたような提供意思があれば、移植に用いられなかった臓器、あるいはその一部を研究目的で使用することは、現行法の下でも十分に可能であることは「第１次報告書」で指摘したところである[*6]。

あるいは、以上のような行政解釈は、臓器移植法を審議した国会において、法提案者が、提供された臓器は移植のため以外に研究利用することは認めないと答弁していることを受けたものかもしれない。しかし、これは理論的にも妥当でないし、次節ですぐに検討するように、これは脳死論議との文脈での答弁であり、その後の臓器移植法の改正により、その基礎も失われているのである。

⑸ 脳死体からの研究用組織の提供

１）心臓死体から脳死体へ、腎臓から「臓器」一般へ

臓器移植法の改正（2009年）前に公表された「第１次報告書」（2007年）は、臓器移植の際の研究用組織等の提供を、次のように限定して行うこととしていた[*7]。

① 心臓死ドナーに限る。

② 腎臓提供の場合に限る。

③ 摘出のための開腹手術によって経腹腔的に到達できる範囲の、胸腹腔内臓器の一部あるいは組織に限定する。

この「第２次報告書」は、改正臓器移植法施行（2010年）後の状況を踏まえ、次のような提案を行っている（第１章・第２章）。

① 脳死ドナーも含める。

② 多臓器提供を目的として脳死体の手術が行われることを前提に、心臓・

＊6 『法的・倫理的検討』前掲注２、15頁。

＊7 『法的・倫理的検討』前掲注２、5頁・20-21頁。

肺・肝臓・膵臓・腎臓・小腸・眼球という臓器移植法の定義する「臓器」（法5条・規1条）すべての移植用臓器提供の場合に、組織等の提供を受けるものとする。

③　脳死体からの「臓器」摘出のための遺体侵襲の範囲は、腎臓だけの場合より広いものとなり、提供を受けることのできる組織等の範囲も広がることとなる。

以上のような対象組織等の範囲の拡張については、さらに検討することが必要である。

2）脳死体の研究利用について

臓器移植法が成立したのは第140回国会であった。そこでは、脳死臓器移植を認めることは、脳死体を死体として研究に用いることに道を開くことにならないか、脳死体から組織等を研究用に摘出することにならないか、という質問があり、法律の提案者からは、臓器移植の目的以外に脳死体を用いることは認められない、移植の目的以外の臓器の摘出は認められないという趣旨の答弁がなされていた[*8]。これを前提とする限りは、研究のために脳死体からの組織等の提供を受けることは許されないというのが、当時の臓器移植法立案者の考えであったと思われる。

法律は立案者のものでも国会議員のものでもなく、国民のものであって、立案者の意向が後の法の解釈、運用を直ちに拘束するものではない。その点を措くとしても、以上のような臓器移植法成立時の立案関係者の認識は、後の法改正によって現在では変更されていると考えられる。

臓器移植法立法時は、脳死は一般的に人の死ではなく、臓器移植の目的に限って人の死としているに過ぎないという理解があり、提案され成立した臓器移植法6条2項の下線部分はその考えを明示したものと読むことができた。

第6条（臓器の摘出）

2　前項に規定する「脳死した者の身体」とは、その身体から移植術に使用

＊8　第140回衆議院厚生委員会議事録第10号〔福島豊議員〕、参議院臓器の移植に関する特別委員会議事録第4号〔五島正規議員〕。

されるための臓器が摘出されることとなる者であって脳幹を含む全脳の機能が不可逆的に停止するに至ったと判定されたものの身体をいう。

上記のような国会答弁は、脳死体への侵襲が、臓器移植の目的ではなく、研究用に組織等の採取を目的として行われるときには、それは、本条によれば、生体の侵害に他ならないものであり、到底許されるものではないというものである。

しかし、脳死者は生きているが、移植目的で臓器を摘出するときに限って「死んだものとする」とすることは、「臓器移植のために必要だから死んだことにしよう」というのに等しい論理であり、倫理的に受け入れがたい命題である。一般的には脳死者も人であるのなら、このようにすることは国民の生きる権利（憲法13条・31条）を侵害するものとして憲法違反の疑いすらある。臓器移植法６条２項も改正され、旧条文にあった下線部分も削除されたのは、妥当であったと思われる。

第６条（臓器の摘出）

２　前項に規定する「脳死した者の身体」とは、脳幹を含む全脳の機能が不可逆的に停止するに至ったと判定された者の身体をいう。

このように、臓器移植の目的以外で脳死体を利用することは生者を不当に扱うものであるという理解は、現行法では妥当するものではない。したがって問題の焦点は、脳死体を、心臓死体と同じく死体であることを前提にしつつ、なお、脳死体からのブレインバンクへの組織等の提供が倫理的に妥当であるかである。

３）研究のための組織の提供と死者の尊厳

生者には生者の尊厳、死者には死者の尊厳がある。脳死者は死者であり、その尊厳は守られなければならない。そして、「第２次報告書」の提案するシステムに基づいて、脳死体から組織等の提供を受け、これをバンクに保管し、研究者に分配することが、死者の尊厳に反しているということはないと思われる。それは、①人々の健康福利を増進するための研究目的で行われ、「人間の尊厳」のための営為であること、②本人の生前の意向に反する者でないこと、③遺族のインフォームド・コンセントに基づいていること、④臓器提供のために切開された範囲以上に遺体の侵襲を拡大しないこと、⑤遺体、提供された組織等に対する「礼意を失しない」態度で行われるからである。

どのような死体の取扱いが死者の尊厳に適合しているかあるいは反するかは、それぞれの社会の文化が決めるところである。現行法は死体解剖について*9、臓器移植・再生医療のための死体からの臓器・細胞の摘出・採取について*10、それぞれ「礼意」を失しない行動を求めているが、これらと比照するとき、このようなバンキング・システムは日本文化の肯定するものであり、社会的にも受容しうるものと思われる。

＊9　死体解剖保存法20条、死因・身元調査法２条、食品衛生法59条４項。

＊10　臓器移植法８条、同施行規則14条４項、再生医療安全性確保法施行規則７条５号。

Appendix 1

研究用組織提供　作業マニュアル
（リサーチ・リソース・コーディネーター編）

NPO法人HAB研究機構　リサーチ・リソース・センター

2015年12月

【略語・用語説明】

・RRC：Research Resource Center

HAB研究機構の中に、研究用組織の提供、試料化、それに伴う匿名化作業を行う部署で、他のHAB研究機構の事業とは機能的に隔離され、研究用組織提供の第一報とともに実体的に運営される。

研究用組織の採取にあたっては、この中に情報本部を設置する。

・RRC情報本部

RRCに、研究用組織採取および関連する作業の円滑を図るため、第一報受領と同時に、Ad Hocで設置される本部で、研究用組織採取の作業終了（組織の搬送・加工処理・保存は含める）まで設置される。構成員は、RRC情報本部担当者と個人情報管理者である。

・RRCo：Research Resource Coordinator

RRCに所属する研究用組織収集のコーディネーター。臓器あるいは組織の移植のための提供に関わる専門的教育を受けたもので、HAB研究機構に所属し、研究用組織提供に関しての業務を行うもの。

・RRDr：Research Resource Doctor

研究用組織の採取に従事する医師。予めHAB研究機構が契約を結んだ移植臓器あるいは組織の摘出を担当する医師。

・RRT：Research Resource Technologist

組織の細分化・保存並びに、細胞浮遊液などに処理・生成する技士。

・日本臓器移植ネットワーク（JOT）：Japan Organ Transplant Network

臓器移植法に基づく臓器あっせん業を担当する公益社団法人。臓器あっせんを行えるドナー移植コーディネーター(Co)は、JOT所属Co(JOTCo)と都道府県に設置された都道府県臓器移植連絡調整者（都道府県Co）がある。

・移植Co

臓器あるいは組織移植を行う目的で臓器・組織を採取する際の家族の意思

確認から採取までを担当するドナー移植Coで、臓器移植Co、組織移植Co、院内Coなどの総称。

・臓器移植Co

JOTCoおよび都道府県Co。

・組織移植Co

アイバンクあるいは東・西日本組織移植ネットワーク(日本組織移植学会)から派遣される移植Co（法律上眼球は臓器に分類されるが、そのあっせん・採取には組織移植Coが関わっている。都道府県によっては、都道府県Coが組織移植Coの認定を取得し、組織（角膜を含む）のあっせん・採取に関わっている)。

・院内Co

臓器提供施設に所属するドナー移植Coで、臓器・組織提供の職員への啓発、院内体制整備（研修会、シミュレーション、マニュアル作成等）などの日常業務と臓器あるいは組織提供時には臓器移植Coあるいは組織移植Coと連携して臓器あるいは組織の提供を円滑に行えるように調整する。施設により、１～10名以上勤務（ほとんどが兼務）し、多職種チームを構築している施設が増加しつつある。

・Informed Consent（IC）

インフォームド・コンセント。患者家族に研究への臓器あるいは組織の提供に関する十分な説明を受け、研究への提供ということを理解し、自由意思に基づいて与える臓器あるいは組織の取り扱いに関する承諾をいう。

・個人情報管理者

個人情報の守秘義務を持つHAB研究機構役員が担当する。

・研究用組織提供病院：

臓器あるいは組織の提供を行う病院であり、予めHAB研究機構から依頼を受けて研究用組織提供事業に協力することを、当該施設の倫理委員会で承認し、施設として当事業に協力することを承諾した病院を指す。

・移植臓器

眼球・心臓・肺・肝臓・腎臓・膵臓・小腸

・移植組織

皮膚・心臓弁・血管・骨・筋肉・腱・羊膜

・研究用組織

Ⅰ　報　告　書

A．HAB研究機構での初期作業

Ⅰ．通報への初期対応

第一報への対応（図表１　第一報情報メモ）

情報提供者（JOTあるいは都道府県Co、東西日本組織移植NW、院内Co、ドナー病院職員、遺族など）から、電話で第一報が入ったときには、第一報受領者は、直ちに「第一報情報メモ」（図表１）に情報内容をメモする。

ただし、NPO法人HAB研究機構と研究用組織採取について協力契約のない病院での採取はできないので、第一報受領者は、協力病院リストを確認の上、協力契約の無い病院には辞退する旨と感謝の意を丁重に伝える。

第一報受領者は、第一報情報メモの内容をRRCoに伝え、直ちにRRCoの出動を要請する。

RRCは、「第一報情報メモ」（図表１）の各項目を提供施設に出動する前に可能な限り確認し、メモに記載する。RRCoが出動前に確認できなかった項目は、RRCoが提供施設に出向した際に確認し記載する。

Ⅱ．RRC情報本部の設置

１．RRC情報本部の立ち上げ

研究用組織採取および関連する作業の円滑を図るため、第一報受領とともにRRC内に情報本部が設置される（以後本部）。第一報受領者は直ちにRRCoに連絡すると同時に、RRC情報本部担当者を招集する。

設置期間は第一報を受けた直後から、研究用組織採取の作業終了（組織の搬送・加工処理・保存は含める）までとする。

２．RRC情報本部の構成員

１）本部構成要員：本部担当者および個人情報管理者

本部担当者の業務は、内外部からの情報連絡を受け、情報を整理し、研究用組織採取に関わる内外作業者の活動に齟齬が生じないように、RRCoおよびRRDrの支援をする。提供組織の匿名化終了まで、HAB事務局員が設置期間に限って併任する。本部担当者は、RRC情報本部内にいる事が望ましいが、状況に応じて一時的にRRCoが兼任する場合もある。

個人情報管理者の任務は、提供者およびその関係者並びに研究用組織採取に関わる事項の守秘について監督する。研究用組織の匿名化作業を監督する（「F．匿名化と組織情報」の項参照のこと）。

２）出向要員：RRCoおよびRRDr

RRCoの業務は、RRDrへの連絡、移植Coとの協議・連携のもとの提供施設の関係者との情報共有、提供候補者の家族（死亡宣告以前は遺族ではない）への説明、ICの取得、手術関連用具・保存用具の搬入・準備、施設内手術部でのRRDrの介助および摘出組織の保存、記録、エンゼルケアの支援、手術室などの後片付け、遺族への報告、お見送り、並びに提供組織の搬送などを行う。

RRDrの任務は、移植臓器あるいは組織摘出後に研究用組織採取を行う。

Ⅲ．初期連絡業務

RRCoが行う。これを本部連絡員が補佐協力する。

1．RRDrへの連絡

原則、組織提供候補者の家族の承諾が得られてから、提供施設の所在、予定されている臓器あるいは組織の摘出チームの情報を考慮して、RRDrを選定し、RRDrに提供候補者が現れた事、提供施設名・所在、候補者の医学的情報を連絡し、研究用組織採取を依頼する。分かっている範囲で、どの組織を採取するかについても情報を伝える。

RRDrの提供病院出向可能な日程を確認する。採取予定と合わない場合は、別のRRDrを選定し、連絡する。

RRDrが出張可能となった場合には、RRDrの確実な連絡先を確認する。

RRCは、家族の意思確認をしたのち、移植Coおよび提供施設の関係者と連携して、今後の流れを確認し、予想される研究用組織採取時間をRRDrに連絡する。

RRCoは正式に研究用組織採取時間が決まれば（脳死の場合は、第２回目の法的脳死判定修了時後、レシピエント候補者に意思確認をするタイミングくらいで、臓器摘出手術の予定が決まっている場合が多い）、RRDrに連絡し、採取の打ち合わせ（摘出手術の流れの確認、研究用組織採取の手順、器具の確認、提供施設への入り方など）を打ち合わせする。

心停止後の提供の場合は、研究用組織採取時間が決まらない事がほとんどなので、一般的にはドナー候補者の血圧が40-50mmHg前後になった時点（腎摘出医チームとほぼ同じ時期）でRRDrに連絡し、提供施設にどこから入るかも確認する。

RRCoはRRDr到着時に出迎え、手術部に案内するが、摘出施設の業務の障害にならないように努める。

2．移植Coとの連絡

家族への説明、臓器提供後の研究用組織採取、採取後の処置などについて、タイミング、共同作業の有無などの打ち合せを行い、共同作業のスケジュールの設定を行うことを念頭において各Coに連絡する。

1）臓器移植Coとの連絡

JOTCoあるいは都道府県Coが提供作業（提供候補者の情報収集、家族への説明、摘出手術・臓器あるいは組織搬送の準備、摘出手術、臓器あるいは組織搬送、見送りまですべて）の中心になる。まずRRCoは電話で提供候補者の情報をJOTCo・都道府県Coから入手した上で、JOTCo・都道府県Coに、提供施設内での面談を依頼し、可能であれば、院内Co、組織移植Coの同席のもと、提供候補者のより詳細な医療情報の収集、提供が予定されている臓器・組織の確認、具体的詳細な手順打ち合わせを行う。

提供施設での打ち合わせは、臓器あるいは組織の提供の承諾が得られた後で行われることが多いと考えられる（最初からJOTCoあるいは組織移植Coが研究用組織提供の話をすることはないと考えられるため）。

2）院内Coとの連絡

事前に、研究用組織提供について提供施設に承諾を得た後、提供までに院内Coと知己になっている場合は、直接院内Coと連絡をとっても良いが、必ずその旨をJOTCo・都道府県Coに伝え了承をもらっておく。

それ以外は、提供施設に出向するまで、院内Coに直接連絡してはならない。

3）組織移植Coとの連絡

現時点のシステムでは、提供施設に出向するまでに、組織移植Coと連絡をとる事はないように思われるが、提供施設内では綿密な連絡が必要である。

家族の面談のタイミングが組織移植Coと同じになる場合には、面談の流れをより詳細に打ち合わせておく必要がある。この際、臓器移植Coにも同席してもらう。

3．提供病院との連絡

事前に提供施設と研究用組織採取について、詳細な打ち合わせをして、院内Coや主治医チームと親密な関係が築かれている場合を除いて、RRCoが提供施設出向前に院内Co他の提供施設の医療スタッフと連絡する事はしてはならない。

1）院内Coとの連絡

提供施設内に院内Coが設置されている場合には、JOTCoあるいは都道府県Coから、院内CoにRRCoと面談する事を依頼してもらい、その上で、研究用組織提供について院内Coと打ち合わせを行う。RRCと院内Coの打ち合わせの際には、臓器移植Coあるいは組織移植Coに同席して貰うことが望まれる。

まず､事前に当該施設の倫理審査に基づく協力契約があることを確認する。

その上で、必要に応じて研究用組織提供について説明（施設と協力契約があったとしても、院内Coが研究用組織提供について知っているとは限らない）し、その手順について打ち合わせを行う。

2）主治医との連絡

院内Coの面談後(院内Coが設置されていない施設では施設への出向後)、JOTCoあるいは都道府県Coから、院内Coに主治医を含め、院内Co以外の医療者と面談する事を依頼してもらい、その上で、主治医を含め、院内Co以外の医療者にも研究用組織提供について説明をする。

打ち合わせの際には、臓器移植Coあるいは組織移植Coに同席して貰うことが望まれる。

その際には、事前に当該施設の倫理審査に基づく協力契約があることを説明する。

3）非契約病院への対応

当該病院が予め研究用組織提供についての承諾手順を終了していない場合には、研究用組織提供を受けられない（「V．人試料の提供を中止・辞退する場合」を参照のこと)。

もしも研究用組織提供の情報が病院当局に既に伝わっている場合には、主治医あるいは病院長に事情を十分に伝え感謝し、将来の協力契約への希望とすること。この場合注意すべきは、臓器Coあるいは組織Coの事案との混乱を先方に起こしてはならないこと。

Ⅳ．必需品の準備

RRCoは、提供病院に出向する前に以下の用具、書類の確認を行う。また提供病院にこれらを搬送する。

1．手術用具（図表6　研究用組織採取手術用具）

RRDrが、手術室でドナーから研究用組織を採取する際に、必要に応じて使用する。術者着衣、滅菌手術用具など。「図表6　研究用組織採取手術用具」参照のこと。

2．保存用セット（図表5　組織保存、図表7　保存用セット）

採取した組織を清潔に、保存運搬するために、KYOTO液などの保存液と用具、砕氷など。「図表５　組織保存」「図表７　保存用セット」参照のこと。

３．書類

RRCoは、以下の書類を各複数用意し、所持して提供病院に出向する。

１）経過表（図表２　研究用組織提供経過記録）

手術室以外のすべての作業を記入する。

２）術中経過表（図表３　手術室記録）

研究用組織の試料情報として重要である。

３）研究用組織提供説明書等（Appendix 3）

以下の３編からなり、ドナー家族に研究用組織の提供を説明するのに使う。

Appendix 3-1　医学研究へのご協力のお願い

Appendix 3-2　医学研究のためにご提供いただく組織について（解説）

Appendix 3-3　医学研究のためにご提供いただく組織について（要旨）

４）研究用組織提供承諾書（Appendix 3-4）

研究用組織提供の家族から承諾を受けたことを証明する書類。

５）研究用組織提供撤回書（Appendix 3-5）

研究用組織提供の家族から一旦承諾を受けた後、何らかの理由で承諾を撤回する際に使う書類。なお、３）の説明書と４）の承諾書、５）の撤回書は一組として扱う。

Ⅴ．人試料の提供を中止・辞退する場合

１．遺族の承諾が得られない場合

ICを取得できなかった場合には、研究用組織の採取はできない。

２．提供場所が非契約病院の場合

NPO法人HAB研究機構と協力契約のない病院での提供は受けられない。当該病院が非契約病院である場合は、直ちに第一通報者に連絡し、辞退する旨を伝える。また、必要と考えられる機関または人に連絡する。

３．臓器提供が中止された場合

１）提供手術の中止

臓器提供のための手術が開始されずに中止されたときは、研究用人組織の採取は中止する。

研究用組織採取のために開腹・開胸手術をしてはならない。

２）例外

開腹・開胸されたにも係わらず臓器摘出が中止されたときには、研究用組織の採取はできる（摘出されなかった移植対象臓器を含む）。

4．謝意・礼意の保持

中止の場合にも協力を感謝すること。ドナー、家族に対する礼意を忘れてはならない。

B．提供病院での作業

Ⅰ．提供病院での初動作業

1．病院内での一般注意事項

1）提供候補者家族に対して

研究用組織提供の有無にかかわらず、ドナーおよび家族に対する感謝の気持ちを忘れないこと。

2）病院に対して

何事も病院側の了解と指示のもとに行動し、診療の妨げとなってはならない。また、一般の患者並びにその家族に対して、通常と異なる雰囲気を与えるような行動をしてはならない。またすべての関係者に対しても感謝の気持ちを持ちつづけること。

3）移植臓器摘出チームに対して

移植のための臓器提供が主体であることを弁え、臓器摘出チームの作業に遅滞を来さないように協力する。

4）臓器提供の全体の流れを十分に理解しておくこと（図表4　臓器提供の流れ）。

2．院内作業タイムスケジュールの立案

移植用臓器の摘出は、心停止ドナーでは腎が、脳死ドナーでは多臓器が対象になる。研究用人組織の採取は腎摘出の終了直後またはグラフト用血管採取の直後、移植用組織採取の直前あるいは同時並行の処置となるので、臓器提供術前のミーティングに参加して予定を調整しておく。

病院、主治医、臓器移植Co、組織移植Co、家族などとの協議を行いながらタイミングを確定していくこと。

特に以下の項目が重要である。

1）臓器移植Co、組織移植Coとの接触・打合せ

2）病院当局との連絡

3）主治医との連絡

4）家族とのIC

5）手術室入室

6）移植用臓器、移植用組織摘出

7）研究用組織採取と保存

8）手術終了とご遺体の退出

9）後片付け

10）ご遺体のお見送り

3．病院当局との折衝

1）病院当局との連絡、折衝

RRCoは提供病院到着後早々に、JOTCoあるいは都道府県Coおよび院内Coと面会連絡し、さらに実際の作業を開始する前に病院当局者に面会し、院内でのRRCoの作業について了解を得ておくこと。

提供病院の窓口は、公的には病院長あるいは副院長、事務長、また場合によっては担当科の科長であるが、研究用組織提供協力病院として契約する時に、予め窓口を定めておくことが勧められる。これらの折衝は、臓器移植Co、組織移植Coおよび院内Coと共同で行うのが好ましい。しかし臓器移植Co、組織移植Coが既に終了している場合には、独自に行う。

2）主治医、看護師長との連絡、情報交換

提供候補者家族と面会する前に、病院職員の誘導のもとで、ドナー主治医および担当看護師長に面会し、院内でのRRCo作業として家族にICの取得を行うこと、研究用組織採取の実際の手順を含めて説明し了解を得るとともに、ドナーあるいはドナー家族についての情報を提供してもらうこと。また、当該病院の倫理審査に基づく協力契約のあることを説明する。

これらの折衝は、臓器移植Coや組織移植Coと共同で行うのが好ましい。しかし臓器移植Co、組織移植Coが既に終了している場合には、独自に行う。

なお、院内Coが設置されていない病院では、看護師長あるいは看護主任がドナーおよびその家族について最も具体的に状況を把握していることを明記しておくこと。

4．臓器移植Co、組織移植Coとの調整

ドナーは本来臓器提供を主眼とするから、研究用組織提供のための作業は臓器提供のための作業終了に続く形で連動して進めること。そのためには、臓器移植Co、組織移植Coおよび院内Coと充分な打ち合わせをする必要がある。特に以下の項目は重要である。

1）病院当局、主治医との折衝のタイミング

2）家族からのICのタイミング

3）手術室入室のタイミング

4）手術室内での役割分担

5）後片付けの役割分

6）お見送り

5．RRDrとHAB情報本部への連絡

RRCoは、入手した情報をRRCに設置されている情報本部に適時連絡する。また、その情報は、RRCoから直接、あるいは情報本部を介してRRDrに常時連絡する。このとき個人情報の取り扱いに特に注意をし、守秘義務を遵守すること。

6．死亡宣告周期とRRCoの役割

主治医による死亡診断および死亡宣告が行われるが、RRCoは病室外に待機する。病室内には、主治医あるいは看護師や移植Coが陪席することも想定されるが、RRCoは病室内の厳粛な空気を乱すことなく、室外にて待機する。しかし、病室内の状況が直ちに把握できる所から離れてはならない。

警察による検視が行われる場合には、RRCoは原則として室外にて待機するが、要請をうけて介助することは差し支えない。

Ⅱ．ICの取得

家族との面談を含め、家族との接触作業は終始一貫して一人のRRCoがあたる。

1．家族（遺族）の承諾が絶対条件

研究用組織の提供は、これを規定する法制度がなく、したがって倫理手続きを厳格に行う必要がある。研究用組織の提供は、家族（遺族）の総意による承諾がない限り成立しない。すなわち研究用組織提供に関する書面によるICの受領がない限り組織の提供はありえない。すなわちRRCo業務の中でも最も重要な業務である。しかし我々にとって不可欠な承諾であるからといって、決して承諾を強制するようなことがあってはならない。承諾はドナー家族の全くの善意で決められたものでなければならない。同時に研究用組織の提供は、全くの善意でなされるものであるから、その手続きを行うに当たっては、常に感謝と礼意の気持ちを忘れてはならない。

2．家族（遺族）との面談に先駆けて

1）ドナー家族への充分な配慮

肉親(ドナー)の死に直面し、家族の悲嘆、失望は、極度の状態にある。その状況のなかで、移植用臓器提供、移植用組織提供そして研究用組織提供の説明が行われることになる。家族の心情を充分に配慮しなければならない。

2）臓器移植Co、組織移植Coとの調整

ドナーの状態そして家族（遺族）の心情を察すると移植用臓器、移植用組織、研究用組織と何種類もの説明を行うのは、心重いことである。制度上臓器提供とその他の提供とは別にせざるを得ない。しかしできれば、共同で行うことが望まれる。

3．家族との面談

1）面談する家族の構成

面談に参加する家族に制限はない。しかし家族または遺族として意思決定のできる人、たとえば配偶者、親、子などを中心に面談する必要がある。承諾書に署名する者は研究用組織提供承諾者と、臓器提供承諾者とは必ずしも一致する必要はないが、多くの場合に一致すると考えられる。

2）家族への提供についての説明

研究用組織の提供についての家族への説明は、臓器提供あるいは組織提供などの移植関連の説明が充分に理解されたと判断された後に行う。研究用組織提供の説明は、騒がしい所を避け、家族の判断が少しでも冷静にできるように配慮する。また。家族への説明の内容ははっきりと、平易な言葉で、相手の心情を理解しつつ行う。この際、これらの説明などが強制ではなく、家族がいつでも任意に拒否できることを説明することを忘れてはならない。また、家族の結論を急がせることなく、充分な時間と猶予を与えることも重要である。

3）RRCo単独での面談について

ICに際しての家族との面談は、原則として臓器移植Co、組織移植Coと同席して一緒に行う。しかしドナーの状態と家族の状況によっては別個に面談せざるを得ない場合も想定しなければならない。その場合に、IC書面にサインを貰う必要から、遺族の意思決定をするのは誰でなければならないのか、先発の移植Coに情報を貰う必要がある。また第三者として病院職員の参加が必要である。

4．研究用組織の提供承諾

1）承諾書の作成（Appendix 3-4　研究用組織提供承諾書）

説明後、家族（遺族）の総意であることを確認して承諾書を作成する。署名をいただく場合は、承諾書の内容を読み上げて確認し署名、捺印もしくは拇印をしていただく。

2）承諾書の保存

原本はHABに、コピーを提供施設と遺族にお渡しする。

5．提供者遺族へのインフォームド・コンセントの実際

家族とのICに関する面談を含め、家族との接触作業は終始一貫して同一人のRRCoがあたる。

1）環境の設定

⑴　面談の場所

可能な限り、静かな個室を用意してもらう。

⑵　着席の位置

家族、主治医、看護師が同じ側に着席し、相対する側にRRCoが着席する。少なくともRRCoは病院職員とは異なる側に着席し、家族に対する圧力的構成にならないように注意する。

⑶　事務用品

説明書、承諾書、筆記用具、印肉などICに必要な用品は、室内に用意しておく。面談途中で室外に用品を取りに戻る不用意を避けること。

2）面談の参加者

⑴　考えられる参加者

家族側としては配偶者、両親、子、兄弟姉妹、その他の親戚、知人。

病院側としては、主治医、看護師、院内Co、事務職員、ソーシャルワーカー、病院幹部など。

Co側としては、臓器移植Co、組織移植Co、RRCo。

⑵　必須の参加者

家族側としては遺族の意見を代表して研究用組織提供承諾の諾否を決定できる人（複数でも可）。

病院側としては最低1名参加すること。

場合によっては、病院側の立会いなしに家族と面談する場合が想定されるが、それはあくまでも説明を補充する場合に限り、承諾書にサインする時には必ず病院側の参加を求めること。

RRCoは面談の責任者であることを自覚して参加すること。

⑶　RRCo

直接に研究用組織の提供に関する面談ではなくても、他の移植Coが面談を行うときには、差し支えのない限り同席する。これは家族との関係を少しでも深くし円滑にするためである。原則として一人のRRCoが一貫してあたる。

3）面談の仕方

⑴　初めに病院側出席者から家族に対してRRCoの紹介をお願いする。

⑵ 自己紹介および家族の心情を察する旨の挨拶と、説明を聞いていただけることへのお礼を述べ、説明中にいつでも中断や質問ができることを伝える。

⑶ 病状に対し家族が正しい認識を持ち、死を受容しているかを観察する。

⑷ 臓器移植Co、組織移植Coと同席の場合、臓器移植Co、組織移植Coの挨拶や説明、承諾などの手続きが先行するので、RRCoは挨拶や説明に著しく重複が出ないように配慮する。

⑸ 臓器移植Co、組織移植Coと同席しての面談では、挨拶、紹介、説明を行う順番や必要時間などを事前に臓器移植Co、組織移植Coと充分に相談しておくこと。

⑹ すでに献腎承諾成立の後は、別途に研究用組織提供の説明をすることになるが、予め臓器移植Coの了解を得ておくこと。

⑺ 臓器提供拒否（特に献腎拒否）の場合は、研究用組織提供の説明をする必要がない。しかし、説明を受けてくれたことに感謝することを忘れてはならない。

4）研究用組織提供の説明のポイント（Appendix 3　研究用組織提供説明書等）

⑴ 研究用組織提供説明セット（Appendix 3-1、3-2、3-3）を参加者全員に渡す。

⑵ 説明用パンフレット「Appendix 3-3　医学研究のためにご提供いただく組織について（要旨）」を使い、要旨の項目に従い、「Appendix 3-2　医学研究のためにご提供いただく組織について（解説）」の内容を説明すること。家族が説明を聞かないで承諾しようとする場合であっても、説明を省略してはならない。

⑶ 採取を希望する組織名、採取方法、採取部位、採取容量、所要時間などを説明する。これには絵を使って分かりやすいことが必要。

⑷ 遺体表面に研究用組織採取のための新切開を加えないこと。すべての操作が移植操作に付随して行われることを説明する。

⑸ 目的が研究開発で移植用ではないことを説明する。採取された組織は、非営利のHAB、または、その協力機関に委託され、倫理的科学的に適切と考えられる研究のために、研究者に配分されること。すなわち提供を受ける時点では研究目的は特定できないため、包括的承諾となること。したがって特定の研究を目的とした提供は受けられない。

⑹ 採取された組織は、主に細胞の形に処理されること。

⑺ 研究用に摘出された組織は、細胞保存された時点、あるいは研究者に

組織片として配分される時以前に連結不可能匿名化されるので、その後は希望があっても返還できなくなること。

⑻ 匿名化してもドナーの死因、年齢、性別、病歴、薬歴、生活習慣歴は組織情報として残されること。

⑼ 遺伝子解析を行うことも想定されるが、十分な倫理審査を行い、プライバシーの守秘に努めること。

⑽ 提供による費用・謝礼の発生がないこと。研究成果は学会や学術誌などで公開される場合があること。成果は研究者あるいは研究機関に所属すること。

⑾ 提供の諾否は自由であり、拒否によって診療や臓器提供などにまったく影響の無いこと。

⑿ 組織移植Coが提供組織の研究転用について説明した場合には、重なる説明部分については適宜対応すること。ただし、当方は研究専用の提供であることを明確にすること。

5）家族の意思の確認

⑴ 家族から質問、要望、不安な点などがないか確認する。

⑵ 家族の意思が総意として纏まっていない時は、家族で相談できるように時間を置く。

⑶ 家族構成の把握に努め、家族の総意であることを確認する。

6）承諾書の作成

⑴ 説明後、家族（遺族）の総意であることを確認して承諾書を作成する。

⑵ 承諾書を作成する時には、主治医あるいは看護師などの病院関係者が同席すること。

⑶ 承諾書の内容を読み上げて確認し署名、捺印もしくは拇印をいただくことが望ましい。

⑷ 研究用組織提供承諾書（Appendix 3-4）を使う。提供先はHAB理事長とする。

⑸ 原本はHABに保存する。

⑹ コピーを提供施設と遺族にお渡しする。

7）ICの終了

⑴ 承諾、不承諾の如何にかかわらず、説明を聞いていただいたことへの感謝の意を述べる。

⑵ 承諾書作成後も、手術開始までは承諾を撤回可能であることをお伝えする。

⑶　家族に今後の流れ、提供に要する時間などを伝え、家族の行動の便とする。ただし、臓器移植Co、組織移植Coの持つ情報との齟齬を避けねばならない。

C．移植のための臓器提供の経緯とRRCoの対応

1．病室での最終処置・死亡宣告など

1）脳死ドナー

法的脳死判定により、死亡時刻を予め設定できる。したがって研究用組織採取のタイミングもある程度予定することが可能である。

2）心停止ドナー

心停止する前に、臨床的に脳死が診断されることが多い。家族と主治医との協議の結果、人工呼吸器を停止する場合と停止せずに自然心停止を待つ場合とがある。後者では提供手術の予定は不明であるので病室外で待機する。臨床上の脳死診断が行われている場合には、心停止直前に体内臓器冷却灌流のためのカニュレーションが行われる。死後変化を遅らせるこの処置は必要である（参考文献３）。

3）RRCoの待機態勢

患者終末期並びに死亡宣告、検死および遺族とのお別れの時間には、RRCoは病室外の待機場所で待機する。ただし臓器移植Coの要請があれば、協力する。

2．手術室への搬送

臓器摘出チームあるいは主治医側チームと臓器移植Coが行う。RRCoは摘出手術開始に合わせ、臓器提供者とは別ルートで手術室へ向かう。依頼があればRRCoも協力する。搬送の方法は専門書（参考文献３）参照のこと。

3．臓器提供手術

ここでは研究用組織提供との関連を知るために、極めて簡単に述べるが、詳細は専門書（参考文献４）を参考にすること。

1）脳死ドナーの摘出臓器の順は、概ね心臓、肺、小腸、肝臓、膵臓、腎臓、眼球である。詳細は専門書参照のこと。

2）心停止ドナーから提供される移植臓器は腎臓と膵臓、眼球に限られる。詳細は専門書を参照のこと。

3）手術前準備

⑴　ドナー入室

⑵　ドナーの体位どり、消毒など執刀まで　　30分

⑶　開胸・開腹・灌流用カニューレ挿入　　　60分

4）各臓器の摘出に要する時間

⑴　心臓　　　　　10分

⑵　肺　　　　　　15分

⑶　小腸　　　　　15分

⑷　肝臓　　　　　15分

⑸　膵臓・腎臓　　30分

⑹　腎臓　　　　　15分

⑺　グラフト血管　15分

D．研究用人組織の採取

1．研究用人試料採取術のための手術室の準備

1）手術室でのRRCoの役割

手術室内での準備、組織採取医RRDrの介助、組織の保存、後片付け等を行う。手術室内は、外部と活動が遮断されるので、予め手術室外の作業を完了しておく。できれば手術室の清潔区域に専属のRRCoを置くことが望まれる。臓器摘出術の開始が近くなったならば、手術室に入室し、手術の準備を行う。

2）手術室での一般注意事項

⑴　清潔操作

手術室内は清潔に保つこと。入室には、決められた服装をすること。手術室入室に際し、不潔域から清潔域への引渡し場所等は、病院によって異なるため注意する。予め下見をすることを薦める。

⑵　持ち込み材料

研究用組織採取・保存のための用具類は、表面に所属を明記、あるいは目印を付け、手術室あるいは手術準備室の分かりやすい場所に置く。

3）RRDrに対する介助

⑴　RRDrへの研究用組織採取の要請

臓器摘出医が臓器の摘出およびグラフト用血管摘出に引き続き研究用組織の採取を行う。

⑵　RRDrへの説明

RRDrには、ドナーについての情報を報告し、承諾書を確認して貰う。また、切除組織の範囲などについて説明する。

⑶　RRDrの介助

RRDrのガウンテクニック、手術用具の配置など、RRDrの要求に従って介助する。しかし、術野についての清潔介助(手術助手)はしない。

2．研究用組織採取術・組織保存

臓器摘出手術が終了し、閉腹縫合をする前に研究用組織の切除を行う。

切除に使う用具は、臓器摘出およびグラフト用血管摘出、移植用組織が摘出された終了した直後に、使用できるように準備しておく。

切除した組織は、清潔に容器に入れ、保存の作業を行う。

1）各組織採取所要時間は凡そ次のとおりである。

研究用組織採取

⑴　小腸組織採取　　10分
⑵　肝組織採取　　5分
⑶　肺組織採取　　30分
⑷　膀胱壁組織採取　　120分
⑸　皮膚は新しい創を作ることになるため採取できない。

なお参考までに移植用組織採取の所要時間は以下のようである。

移植用組織採取

⑴　膵臓　　30分
⑵　心臓弁、血管　　120分
⑶　皮膚　　120分
⑷　骨　　120分
⑸　眼球　　60分

この後、閉胸腹縫合に要する時間　　30分

組織移植作業マニュアルを参考にした所要時間であるが、移植用組織の採取には長時間を要する。遺族が休めるように手配することが必要となる。自宅での待機も考えて遺族に伝える。

2）組織保存（図表５　組織保存、図表７　保存用セット）

⑴　RRDrが採取した組織を、RRCoは清潔受け皿（バットなど）に受け取る。

⑵　RRCoは採取組織を「図表５　組織保存」に従って無菌的に収納保存する。

⑶　RRCoは、保存用ビニール袋表面に組織名を、保冷箱表面に匿名化番号を後出の「F．匿名化と組織情報」の項目に従って記入する。

3．手術室記録

1）手術室記録用紙（図表３　手術室記録）

図表３の項目に従って、すべてを記入すること。項目外で必要と思われる事象は余白に記入すること。

２）記録（図表２　研究用組織提供経過記録）

上記項目以外についても、随時記入する。

E．研究用組織採取術終了後の作業

1．記録の完成

「図表２　研究用組織提供経過記録」および「図表３　手術室記録」を完成させる。

手術室記録をRRDrに確認してもらい、自書記名してもらう。

2．手術室の後片づけ

ドナー病院から借用した消耗品はRRCoがリストに記載して立会者に渡し、後日借用品を返却する。手術機器は所属を確認して収納する。

医療廃棄物は持ち帰り、所定の手続きで処理する。

RRCoは後片づけが終了した時点で提供協力病院の立会者に確認をお願いする。

3．遺族への報告、遺体のお見送り

１）遺族への報告、遺体のお見送り

ドナーからの臓器提供、皮膚や心臓弁、角膜などの提供、および研究用組織の採取保存がすべて終了した時点で、遺族に無事終了したことを報告するとともに、提供に対する感謝を述べる。このときRRCoは、他の移植Coとともに報告とお礼を述べる。

遺族の都合、あるいは移植など医療上の都合で、報告とお礼が合同でできない場合には、臓器移植Co並びに組織移植Coと事前に充分に打ち合わせを行い、万事遺漏ないようにしなければならない。少なくとも、担当の作業が終了したからといって、さっさと帰ってしまったなどという不快感を遺族に与えてはならない。

２）遺族への感謝状

後日HAB研究機構理事長名で、その後の報告がてら感謝状を贈る。RRCoが自宅を訪ねて手渡す場合と、郵送する場合が考えられるが、どちらが良いかは予め遺族に諮っておく。

4．病院への報告と支払い

１）病院への報告

お見送りが終了したときに、すべてが終了したことを病院に報告し、感

謝する。病院幹部への挨拶ができないときには、少なくとも主治医と看護師には挨拶しなければならない。何かの理由で、早く退出する時にも、病院にその旨報告し感謝の意を表すること。

2）病院への支払い

また病院の施設や設備を利用しているので、あるいは病院職員の手伝いをもらっているので、実費を支払う必要がある。額についてはHAB研究機構と病院の契約の中で決めておく。

F．匿名化と組織情報

1．情報の匿名化

提供された研究用組織は、包括的研究目的のために遺族の承諾を得たものである。すなわち、組織は将来、不特定の研究目的のために、不特定多数の研究者に供与されるものであるが、予想される研究目的に関係しない情報は最初から消去される。研究に必要な組織に関する情報も匿名化されなければならない。

匿名化とは、「特定の個人（死者を含む。以下同じ。）を識別することができることとなる記述等の全部又は一部を取り除き、代わりに当該個人と関わりのない符号又は番号を付すこと」（人を対象とする医学系研究に関する倫理指針）である。

2．匿名化の方法

1）組織記号

当該ドナーに日本臓器移植ネットワークが付した記号番号を使い、氏名は記載しない。組織名は臓器名で記載する。

2）組織記号の容器添付

組織記号を記入した保存容器を用意して手術室に搬入する。採取する組織名は保存用ビニール袋の表面に記入する。

3）匿名化

HAB研究機構から外部（公的バンクあるいは研究者）へ譲渡または提供する際には、新記号のみを使い、日本臓器移植ネットワーク命名の原記号と新記号の照合表は個人情報管理者が管理し、第三者に開示してはならない。

新記号には組織別記号(肝：H、膵島：P、腎：K、消化管：DT、肺：L、筋肉：M、など）と新鮮組織（01）では試料化順の番号を、凍結保存組織（02）では凍結化順の番号をつける。

例）2015年に肝をこの年通算５回目の新鮮細胞にしたときには15H0105、
この年通算23回目の凍結細胞にしたときには15H0223となる。

３．組織情報

組織情報とは、性別、人種、死亡時年齢、体型（肥満）、死因、感染症、病歴、薬歴、嗜好（喫煙、飲酒）、WIT、TIT、viability。

４．個人情報管理者

匿名化作業の実施のほか、個人情報の漏洩を厳重に管理する。個人情報に関する守秘義務を職業上有するものがあたる。RRCoは個人情報の管理、匿名化作業などにおいて、個人情報管理者の監督下において作業する。

図表1

第一報情報メモ		
No.＿＿＿＿＿＿		20＿＿年＿＿月＿＿日
情報提供者		
1	氏　　名	
2	機 関 名	
3	連 絡 先	
4	そ の 他	
ドナー		
5	条件（○で囲む）	心臓死後の提供　献腎　その他
6	氏名年齢性別	氏名　年齢　歳　男　女
7	家族代表者	氏名　続柄
8	ドナー状況	脳死　心停止
9	臓器提供予測日時	
10	腎摘チーム名	
11	そ の 他	
提供病院		
12	病 院 名	
13	所 在 地	
14	連 絡 先	
15	そ の 他	
主治医		
16	氏　　名	
17	診療科名	
18	連 絡 先	
19	そ の 他	
決定した対応		
20	出向する	
21	出向しない	
22	21の理由	
23	そ の 他	
その他の記録		
24	その他の記録	
受信		
25	受信者氏名	
26	受信日時	年　月　日　時　分
27	そ の 他	

図表２

<table>
<tr><td colspan="2">研究用組織提供経過記録
HAB研究機構RRセンター</td></tr>
<tr><td colspan="2">年　月　日</td></tr>
<tr><td colspan="2">Donor ＃</td></tr>
<tr><td colspan="2">Donor病院名</td></tr>
<tr><td colspan="2">RRCo氏名</td></tr>
<tr><td>日　時　分</td><td>事　　　項</td></tr>
<tr><td colspan="2">病院到着、移植Co面談、主治医面談、家族との面談、
本部との連絡、RRDrとの連絡の下見など、
病院内での行動を自由に記録する。
手術室内の記録は別記する。</td></tr>
</table>

図表3

手術室（手術・保存）記録 HAB研究機構		
Donor#　　M　F　歳　人種		
Donor病院		
RRCo氏名		
RRDr氏名		
項　目	年月日時分	要　旨
死体内灌流開始 心停止 脳死下		
手術開始 腎摘出終了 全手術終了		
研究用組織採取-1 研究用組織採取-2 研究用組織採取-3		組織名-1（　） 組織名-2（　） 組織名-3（　）
保存箱収納終了-1 保存箱収納終了-2 保存箱収納終了-3		組織名-1（　） 組織名-2（　） 組織名-3（　）
その他		
阻血時間		
WIT（心停止—冷却開始）		
TIT（心停止—処理終了）		
死体内灌流液	UW　Euro-Collins　電解質液	
死体内灌流法	ポンプ　落差	
組織保存液	Euro-Collins　電解質液　UW	
ABO型		
薬歴		
死因		
感染症		
既往歴		
体型	肥満　普通　るいそう	

図表４　臓器提供の流れ

心停止ドナー	脳死ドナー
脳死臨床診断→	←脳死臨床診断
JOTCo来院、第１次評価→	←JOTCo来院、第１回目ミーティング、第１次評価
I・C、提供承諾→	←I・C、提供承諾
	←第２回目ミーティング、提供確認作業
	←第１回目法的脳死判定
	←第２次評価（提供適応臓器の決定）
	←第２回目法的脳死判定、死亡宣告
	←移植施設への連絡
腎摘出チーム来院、第２次評価→	←各臓器摘出チーム来院、第３次評価
	←術前ミーティング
	←臓器摘出 心臓 小腸 肺 肝臓 膵腎または腎
	←移植用組織採取
	←閉胸、閉腹
≈	
カニュレーション→	
呼吸器停止→	
心停止、死亡宣告→	
死体内灌流開始→	
腎摘出術→	
閉腹→	

図表５　組織保存

摘出した組織は、滅菌したビニール袋に２重に密閉する。ビニール袋には冷保存液を入れるが、次にコラゲナーゼ処理を行うことを考えると、抗コラゲナーゼ作用のない保存液がよい（UW液よりもKyoto液、場合によっては電解質補液）。

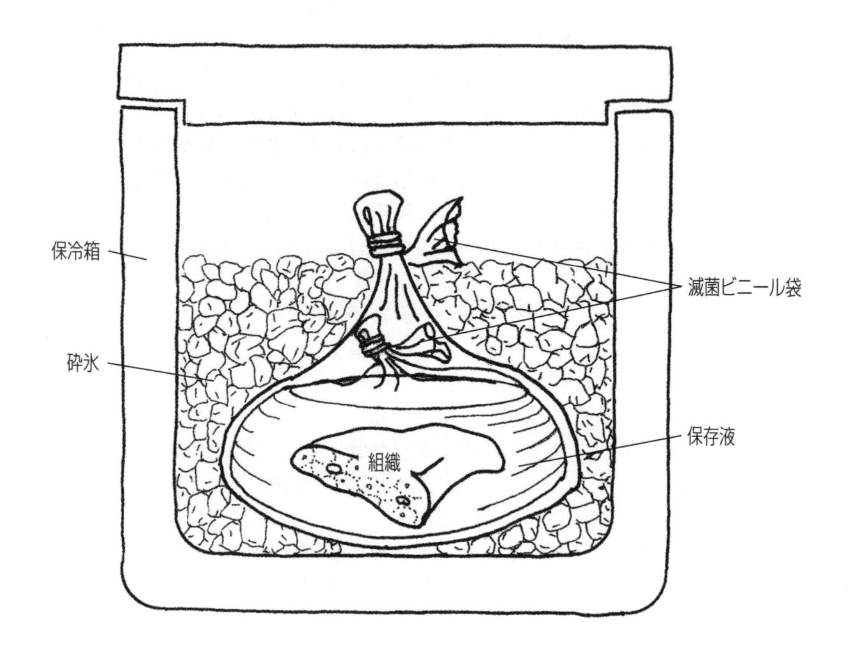

図表６　研究用組織採取手術用具

１．術者着衣など		
非滅菌物品：肌着、キャップ、マスク		若干枚
滅菌物品：手術用手袋、手術用ガウン		若干枚
２．滅菌手術用具		
被覆布	大２枚	
ガーゼ	若干	
縫合糸（７号、３号）	若干	
受針器（マチュウ）	１本	
針　（　　号）	若干	
有鈎ピンセット（15cm）	２本	
無鈎ピンセット（15cm）	２本	
血管用ピンセット	１本	
剪刀（クーパー）	１本	
剪刀（メッチェンバウム）	１本	
メスホールダー	１本	
メス刃	若干	
有鈎鉗子（コッフェル）	直４本	
無鈎鉗子（ペアン）	直２本	
	曲２本	
ケリー鉗子（20cm）	２本	
（15cm）	２本	
筋鈎	１組	
膿盆	１枚	
自動縫合器（ペッツ）	１台	

図表７　保存用セット

１）保存液	
Kyoto液など　４℃に氷冷	１本
２）保存用具	
保冷箱（５L）	１個
砕氷	充分量
滅菌ビニール袋（２L）	若干枚
口紐	

【参考文献】

1．「移植用臓器提供の際の研究用組織の提供・分配システムの構想に関する準備委員会報告書」NPO法人HAB研究機構人試料委員会．2007年10月．
2．「杏林大学組織移植センター　移植コーディネーター標準作業手順書（2006年版）」杏林大学組織移植センター．
3．『移植のための臓器摘出と保存』浅野武秀監修．福嶌教偉・剣持敬・絵野沢伸編．丸善出版．2012年．
4．「研究用組織採取作業マニュアル（医師編）」NPO法人HAB研究機構リサーチ・リソース・センター．2015年12月．

Appendix 2

研究用組織採取　作業マニュアル
（医師編）

NPO法人HAB研究機構　リサーチ・リソース・センター
2015年12月

1．はじめに
　1）研究用組織採取医とは
　　①　研究用組織採取医（以下RRDr）とは、予めNPO法人HAB研究機構が契約した臓器移植チームの医師をいう。NPO法人HAB研究機構は臓器摘出術に際し、臓器臓摘出術終了後に、研究用人組織の採取について予め臓器移植グループと契約を取り交わすものとする。RRDrは臓器提供に際してドナーから研究用組織採取を行う。
　　②　契約に先立ち、臓器移植グループの所属機関での倫理審査などの諸手続きが必要な場合には、これを行う。
　2）研究用組織採取の原則
　　①　移植のための臓器提供が全てに優先し、臓器および組織採取のために臓器提供作業を遅滞せしめてはならない。
　　②　RRDrの作業は、常に研究用組織採取コーディネーター（以下RRCo）との緊密な連絡のもとに行われる。
　　③　研究用組織採取の対象は、死後の臓器提供を承諾し、開胸・開腹により腎臓を含む臓器摘出術を受けるドナーであり、家族（遺族）が研究用組織提供を承諾したドナーとする。
　　④　採取する組織は、承諾書に記載されているので、RRCoからの連絡を受けること。
　　⑤　研究用組織採取のために、新たな体表面の切開拡張をしないこと。
2．提供病院
　1）提供病院は死後の移植臓器提供を行っている医療施設とする。
　2）予め、HAB理事長からの研究用組織の提供事業への協力依頼に基づき、機関内倫理委員会で審査、承認を受けた病院とする。
　3）本事業に参加することに関して、HAB研究機構は当該病院と提供病院としての契約を結んだ病院とする。

3．ドナー個人情報の匿名化作業

採取された臓器の匿名化作業はRRCoが行う。

RRCoは医療機関で採取された組織を記号（日本臓器移植ネットワークが付した提供者番号）、組織名（臓器名）および年月日の３項目のみが記された容器に収納することによって匿名化を行う。RRCoは、上記３項目を研究用組織採取記録用紙に記録し、以後の研究に必要な試料の情報の正確な収録に齟齬を来さないように注意する。

RRDrはRRCoの求めに応じて作業を確認する。

4．組織採取の手順

1）事前準備

① RRCoは、予め提供施設でRRDrが支障なく活動ができるよう臓器移植Co、移植臓器摘出チーム組織移植摘出チーム、提供施設の医療スタッフに連絡し、RRDrを紹介しておく。また、事前に家族にRRDrについて説明しておく。

② RRDr、RRCoは、ドナーへの礼意を払い、黙祷をしてから作業を行う。

③ 手術室ではRRCoは、必要に応じ清潔になりRRDrの介助を行うが、術野への介助は行わない。RRCoは組織採取用器具を手術室に搬入しておく。

④ RRDrは移植用臓器摘出、移植用組織摘出を終了後、継続して研究用組織を採取する。

2）研究用組織採取

① 肝組織

RRDrは、移植用腹部臓器の摘出作業が終了した時点で、研究用肝組織を採取する。肝右葉あるいは肝左葉の一部を切離採取する。肝区域、血管・胆管の走行などは顧慮する必要はない。切除した組織は待機するRRCoに渡す。

② 小腸

RRDrは、移植用腹部臓器の摘出作業が終了した時点で、研究用小腸組織を採取する。小腸組織の採取は、採取小腸両端を自動吻合器で閉鎖・切断し採取する。切除した組織は待機するRRCoに渡す。

③ その他の胸腹腔内組織

RRDrは、移植用臓器の摘出作業が終了した時点で、研究用組織を採取する。承諾書に記載されている組織の採取は、移植目的の提供に支障がない限り採取するが、胸腹壁の切開創を切開拡張してはならない。

（註） 手術器具は、総てHAB研究機構のものと交換することが可能である。た

だし、契約により研究用組織採取を委託されている臓器臓摘出医が臓器摘出用具をそのまま使用する場合がある。なお、HAB研究機構所有の器具を追加使用した場合には、術後に十分な器具照合をすること。

3）保存と匿名化

RRCoが行う。

RRDrは採取した組織を直ちに待機するRRCoに渡す。RRCoはそれを保存液に浸漬し記号を付けた容器に密封し、搬出の用意をする。

4）採取終了後

臓器提供のマニュアルに従い、礼意をもって終了する。

① 血液・灌流液を完全に吸引除去する。

② 移植用組織（心臓弁など）と研究用組織採取移植や研究用に使用されない臓器や組織は腹腔内あるいは胸腔内に戻す。

③ 閉胸・閉腹を行う。

④ 終了後の黙祷

⑤ 手術器具の整理

HAB研究機構の用意した組織採取用手術器具を使用あるいは追加使用した場合には、術後に十分な器具照合をすること。

【参考文献】

1.「移植用臓器提供の際の研究用組織の提供・分配システムの構想に関する準備委員会報告書」NPO法人HAB研究機構人試料委員会．2007年10月．

2.「杏林大学組織移植センター　移植コーディネーター標準作業手順書（2006年版）」杏林大学組織移植センター．

3.『移植のための臓器摘出と保存』浅野武秀監修．福嶌教偉・剣持敬・絵野沢伸編．丸善出版．2012年．

4.「研究用組織提供作業マニュアル（リサーチ・リソース・コーディネーター編）」NPO法人HAB研究機構リサーチ・リソース・センター．2015年12月．

Appendix 3

研究用組織提供説明書等

NPO法人HAB研究機構　リサーチ・リソース・センター
2015年12月

Appendix 3-1

医学研究へのご協力のお願い

特定非営利活動法人
エイチ・エー・ビー研究機構　理事長　深尾 立

ご家族のみなさまにおかれましては、今回のできごとに接しられ、ご心痛いかばかりかとお察し申し上げます。このような状況で、移植医療へお心を向けられましたことを伺い、心から敬意を表したいと存じます。

さて、このたび私どもは研究のための組織の提供についてお話申し上げたく存じております。

なお、ご質問がございましたら、遠慮なく担当コーディネーターあるいは、エイチ・エー・ビー研究機構にお問い合わせください。

⑴　連絡先氏名

担当コーディネーター	（　　　　　）
事務局長	鈴　木　　聡　（すずき　さとし）
理事長	深　尾　　立　（ふかお　かたし）

⑵　連絡先機関名

特定非営利活動法人	エイチ・エー・ビー研究機構附属研究所

⑶　連絡先住所など

住所	〒272-8513　千葉県市川市菅野5-11-13 市川総合病院角膜センター内
電話／Fax	047-329-3563／047-329-3565
E-メール	suzuki@hab.or.jp
ホームページ	http://www.hab.or.jp/

Appendix 3-2

医学研究のためにご提供いただく組織について（解説）

1．はじめに

私たちは、医療と医学ということばを使い分けています。「医療」は直接に患者さんの役に立つこと、例えば、臓器移植はまさに「医療」です。一方、「医学」は、医療の進歩のための研究と考えます。その中には、病気の原因の解明、診断法、予防法、治療法の開発、薬の開発、生命現象の解明などがあります。この医学を薬の面で支えるのが「薬学」です。

医学・薬学の研究には、動物も使いますが、人間のことは人間でないとどうしてもわからない場合があり、人間の身体や身体の一部を使った研究も数多くなされています。その成果が今の医療を確立し、さらに日々、その水準を高めています。例えば、以前はこわい伝染病として恐れられていたポリオ（小児麻痺）は、ワクチンの開発でその脅威が小さくなり、がんでさえも多くの場合で、治るようになりました。現代の優れた医療のひとつである臓器移植も、多くの研究の成果がもとになっています。また、今はまだあまり有効な治療法のない認知症などの病気にもいろいろな取り組みがなされ、希望の持てる成果が得られ始めています。このたびは、こういった医学・薬学研究のために、移植に用いない臓器の一部（組織）をご提供いただきたいと考えております。

2．人組織と医学研究

皆様は、一つの医薬品が完成することによって世界中のたくさんの人々が、病気から救われることをご存知と思います。場合によってはその数は、何十万人にも及びます。こうした医薬品が実用化されるためには、医学・薬学に渡る研究が不可欠です。医学・薬学の研究には、動物も使いますが、人間のことは人間でないとどうしてもわからない場面があります。特に薬の作用・副作用には、人間同士でも差があり、例えば人種によっても大きな違いが出ることがあります。従って、医薬品の承認を得る過程では、生きた人間そのものを使った研究（臨床研究）が数多くなされています。しかし医薬品になる可能性が有望であるかも知れないとはいえ、未知の薬品あるいは治療法を、いきなり直接人体に応用することは、被験者となる方々に対して、大きな危険が伴います。そして、研究者個人の努力で研究組織を取得することは、非常に困難なことが多いのです。これによって医学・薬学研究が停滞してしまうことは、医薬品開発を待つ人々にとってまさに重大問題であり、私どもは、この状況を少しでも改善するために働いております。

私どもは、研究の早い段階から人組織を用いた研究を実施することによりその反応や危険性の有無を確かめ、医薬品候補の物質が有する人体に対する効果と副作用を予知し、より早く役に立つ医薬品あるいは治療法を世に送り出したいと考えています。

3．提供を今お願いする理由

今回ご提供をお願いしている組織は、医学・薬学研究推進のうえでなくてはならない、組織です。しかも、研究の目的から健康な働きを持つ組織である必要から、移植のための臓器（健康な働きを持つことが大前提となります）の提供の時以外には機会がありません。

4．ご提供をお願いする「組織」について

身体は臓器から構成され、臓器は「組織」によって構成されます。さらに「組織」は細胞から構成されます。私どもは、今回の移植のための臓器提供手術の際に、周辺の「組織」を医学研究のためにご提供いただきたいと考えております。ご提供いただくことにより例えば、肝臓や腸の一部分を用いると薬の吸収や解毒の研究などができます。また、おなかの脂肪によって再生医療をはじめとしたいろいろな研究を行えます。膵組織では糖尿病の研究が行えます。

5．今回提供をお願いする組織（○印）

右の図のようになります。

- 肝組織（1/2-1/3）
- 膵組織（1/1）
- 腸管組織（50cm）
- 生殖組織（片側）
- 心組織（1/3）
- 肺組織（1/8）
- 血管（10cm）
- 他：

ご提供にかかる時間は、移植のための臓器提供手術に加えて10分から15分程度長くなります。なお、この提供に承諾いただいたとしても、臓器提供のために切開される皮膚切開創の範囲が拡張されることはありません。

6．ご提供いただいた組織の取り扱い方

ご提供いただいた組織は専用の容器に入れ、NPO法人HAB研究機構市川研究所に運ばれ、研究者に送る作業がなされます。専用容器には、お名前ではなく、記号がつけられ、以後、この記号によって、整理されます。従いまして、ご提供者のお名前が研究者の目に触れることはございません。

また、上記研究所で組織から細胞を分離します。その細胞は培養あるいは凍結され、NPO法人HAB研究機構から直接、もしくは研究材料の公的バンクである独立行政法人・理化学研究所バイオリソースセンターを介して研究者に渡されます。

7．ご提供いただいた組織の使途について

ご提供いただいた組織は、研究者からの要請に応じて、多岐にわたった研究に貢献することになります。

人の組織を具体的にどのように研究に用いるかは、今後の研究の進展に委ねられるため、提供をいただく現時点では、予め特定できない性質のものです。このため、使用される研究を特定しない形で、「医学・薬学研究に用いることをご了解いただいての組織提供」をお願いしております。従いまして、提供者の方が、（アルツハイマー病研究などの）特定の研究に限って提供するという形のご提供もお受けできませんことをご理解ください。またご提供いただいた組織がいつまでに使われるということもお伝えできません。これは、研究者からの要請の頻度も、臓器・組織によって違いがあるためです。この点もご了承くださいますようにお願い申し上げます。

8．プライバシーの保護について

ご提供いただいた組織あるいは細胞には、お名前など個人を特定できる情報を付することなく、研究に使用させていただきます。ただし研究に必要な最小限の情報として、年齢、性別、人種、身長、体重、死因、病歴、薬歴、飲酒歴、喫煙歴、および感染症がないことが添付されます。

研究に用いられる組織から個人情報にさかのぼることができないように（連結不可能匿名化といいます）、エイチ・エー・ビー研究機構では、国の指針に従って、個人情報管理者をおき、管理しております。

9．研究が正当に行われることの保証

わが国では、医学研究が正当に行われるために、法律や研究のための指針が定められております。また、これらのルールを守るために、研究機関には倫理委員会の設置が義務づけられております。当NPO法人HAB研究機構にも倫理委員会があり、運営の正当性を審査しております。大学や企業の研究所が、NPO法人HAB研究機構から「組織」を受けて研究を行う場合、その機関の倫理委員会が研究計画の審査を行い、許可を与えることが前提となっております。このようにして研究が国のルールに合っているか、監視しています。

10．遺伝子解析研究を行う場合があります

わが国のヒトゲノム・遺伝子解析研究に関する倫理指針に従って、遺伝子解析研究が行われることあります。今回ご提供いただいた組織について遺伝子解析研究を行う場合は、倫理委員会によって研究に意義が認められ、提供者個人を特定できない状態にあることが条件となっております。

11. 研究の成果が公開されることがあります

ご提供いただいた「組織」を用いた研究の成果が、学会や学術雑誌で公開されることがあります。研究成果は公開されることによって、人類共通の財産となり、医学・医療の発展に貢献できます。ただし、お名前など、個人情報につながる内容は決して発表されることはなく、提供者やそのご家族のプライバシーが侵害されることはありません。

12. 費用の発生、謝礼はございません

ご提供に伴う費用は発生することなく、これについて費用請求がされることはありません。謝礼もございませんが、感謝のしるしとして、エイチ・エー・ビー研究機構が、ご提供いただいた「組織」を用いた研究成果を随時公表し、社会に発信いたします。

13. 研究成果の帰属

ご提供いただいた組織を用いて得られた研究成果は、研究者・研究機関への帰属となります。研究者・研究機関は、その研究成果を活かして、医療の進歩に貢献します。

14. 諾否の自由について

私どものこの申し出をご承諾なさらなくても、他の一切のことについて、なんら不都合・不利益は生じません。また、一旦、ご承諾いただいた場合も、「組織」がエイチ・エー・ビー研究機構に保管してある間で、かつ連結不可能匿名化の手続き以前であれば、ご承諾の撤回が可能です。その場合、責任を持って処理いたします。

有難うございました。

Appendix 3-3

医学研究のためにご提供いただく組織について（要旨）

1．はじめに

「未来の医療」を支える「医学研究」には、人体か人体の一部で試験しないと判らないことが多々あります。

2．人組織と医学研究

研究の早い段階から人組織による研究により、人体に対する効果と副作用を予知し、より早く役に立つ薬品あるいは治療法を世に送り出したいと考えています。

3．提供を今お願いする理由

研究の目的が健康な働きを持つ組織である必要から、移植のための臓器(健康な働きを持つことが大前提となります)の提供の時以外には機会がありません。

4．ご提供をお願いする「組織」とは

細胞が組織を、組織が臓器を、臓器が身体を構成します。

5．今回提供をお願いする組織（○印）

肝組織、　膵組織、
腸管組織、生殖組織、　組織
心組織、　肺組織、
血管　　　　　　　　他
＊必要時間は５～10分、皮膚切開口は広げません。

6．ご提供いただいた組織の取り扱い方

最大の礼意を持って処します。

7．ご提供いただいた組織の使途

ご提供いただいた組織は、多岐にわたった研究に貢献することになります。研究を特定しない形での組織提供をお願いしております。

8．プライバシーの保護について

プライバシーにかかる個人情報は完全に保護されます。

9．研究が正当に行われることの保証

国の法律・指針に従い、倫理審査委員会により厳正に審査します。

10. 遺伝子解析研究を行う場合があります
    倫理審査で承認された場合に限ります。

11. 研究の成果が公開されることがあります

12. 費用の発生、謝礼はございません

13. 研究成果の所属
    研究者・研究機関に帰属します。

14. 諾否は全く自由です。
    承諾を一旦したとしても、撤回することもできます。

有難うございました

Appendix 3-4

研究用組織提供承諾書

組織の摘出を受ける者
(フリガナ)
氏名＿＿＿＿＿＿＿＿＿＿＿＿［＿＿＿＿年　　月　　日生(男・女)］

住所＿＿＿＿＿＿＿＿＿＿＿＿＿＿＿＿＿＿＿＿＿＿＿＿＿＿＿＿

私は、組織提供について説明を受け、十分に理解したうえで、上記の者が死後、組織の摘出を受け、これを研究のために提供することに異存はありません。

摘出を承諾する組織（摘出を承諾する組織は○で囲み、摘出を承諾しない組織は×を付ける）

肝　臓　・　小　腸　・　膀　胱　・　その他（　　　　　　　　　　）

上記の組織の摘出に伴って、周辺組織の摘出を受けることに異存ありません。
なお、心停止前に別紙に記載した組織摘出手術に関連する処置を受けることに異存ありません。
以上は家族の総意であることに相違ありません。

施設名　特定非営利活動法人エイチ・エー・ビー研究機構
理事長　深　尾　　立　　　殿

年　　月　　日

承諾者　氏名＿＿＿＿＿＿＿＿＿＿＿＿㊞
住所＿＿＿＿＿＿＿＿＿＿＿＿＿＿＿＿＿＿＿＿
組織の摘出を受けるものとの続柄＿＿＿＿＿＿＿＿

説明者＿＿＿＿＿＿＿＿＿＿＿＿＿＿

立会人氏名（続柄又は所属）　氏名＿＿＿＿＿＿＿㊞（　　　　　　）
氏名＿＿＿＿＿＿＿㊞（　　　　　　）
氏名＿＿＿＿＿＿＿㊞（　　　　　　）
氏名＿＿＿＿＿＿＿㊞（　　　　　　）
氏名＿＿＿＿＿＿＿㊞（　　　　　　）

Appendix 3-5

研究用組織提供撤回書

組織の摘出を受ける者
(フリガナ)
氏名＿＿＿＿＿＿＿＿＿＿＿＿＿＿　［＿＿＿＿年　　月　　日生(男・女)］

住所＿＿＿＿＿＿＿＿＿＿＿＿＿＿＿＿＿＿＿＿＿＿＿＿＿＿＿＿

私は、上記の者の組織提供についてこれを承諾しましたが、その承諾を撤回することといたしました。
従いまして、
□　臓器提供のみに限り、組織摘出は行わないでください。
□　摘出された組織について、適切に処分することをお願いいたします。

施設名　特定非営利活動法人エイチ・エー・ビー研究機構
理事長　深 尾　　立　　　殿

年　　月　　日

承諾者　氏名＿＿＿＿＿＿＿＿＿＿＿＿＿＿㊞
住所＿＿＿＿＿＿＿＿＿＿＿＿＿＿＿＿＿＿＿＿＿＿＿＿
組織の摘出を受けるものとの続柄＿＿＿＿＿＿＿＿＿＿

説明者＿＿＿＿＿＿＿＿＿＿＿＿＿＿＿＿＿＿

立会人氏名（続柄又は所属）　氏名＿＿＿＿＿＿＿＿＿＿㊞（　　　　　　）
氏名＿＿＿＿＿＿＿＿＿＿㊞（　　　　　　）
氏名＿＿＿＿＿＿＿＿＿＿㊞（　　　　　　）
氏名＿＿＿＿＿＿＿＿＿＿㊞（　　　　　　）
氏名＿＿＿＿＿＿＿＿＿＿㊞（　　　　　　）

Appendix 4

日　　誌

第１回　2014年10月12日

・委員会設立趣旨説明（深尾 立 委員、町野 朔 座長）
・わが国のヒト組織の研究利用の現状と経緯（鈴木 聡 事務局）
・第１次人試料委員会で行った法律面の検討報告（辰井聡子 前委員）

第２回　2014年11月９日

・製薬会社におけるヒト組織利用の現状とニーズ（森脇俊哉 委員）
・製薬会社におけるヒト組織利用の現状とニーズ（泉 高司 委員）
・外資系製薬会社におけるヒト組織利用の現状とニーズ（堀井郁夫 委員）

第３回　2014年12月21日

・救急医療の現状（猪口貞樹 委員）
・臓器提供の現状（寺岡 慧 委員、福嶌教偉 委員）
・スキンバンクの現状（明石優美 参考人・日本スキンバンクネットワーク）
・組織移植の現状（寺岡 慧 委員、明石優美 参考人）
・つくばヒト組織バイオバンクセンターについて（大河内信弘 委員）
・臨床医学の教育及び研究における死体解剖のガイドライン（近藤 丘 委員）

第４回　2015年１月25日

・HABと「人試料委員会」は今どこにいるのか―中間的な問題の整理―（町野 朔 座長）
・遺族の意思と死者の意思―臓器移植法、死体解剖保存法・献体法などを視野に入れながら―（野崎亜紀子 委員）
・人体由来物質の民法的・刑法的理解とバイオバンク（手嶋 豊 委員）
・研究倫理指針、特に「人を対象とする医学系研究に関する倫理指針」とバイオバンク（佐藤雄一郎 委員）

第５回　2015年３月15日

・「移植術に使用されなかった部分の臓器」をめぐって―バイオバンクをめぐ

る法律と政策(1)―（町野 朔 座長）
・脳死体からの研究用組織提供について（野崎亜紀子 委員）
・研究用組織提供マニュアルの改訂（雨宮 浩 委員）

第６回　2015年４月19日
・問題点の整理と現実的な課題（町野 朔 座長）
・理研バイオリソースセンター（中村幸夫 委員）
・ブレインバンクを巡る動き（加藤忠史 参考人・理研脳科学総合研究センター）
・法律論と立法論―諸外国の法政から見たバイオバンク（佐藤雄一郎 委員）

第７回　2015年５月10日
・報告書へのロードマップ（鈴木 聡 事務局）
・書籍作成の件（町野 朔 座長）
・個人情報保護法改正案について（佐藤雄一郎 委員）
・医学研究・診療における個人情報保護と情報の活用―WMA「ヘルスケア・データベースとバイオバンク」（塚田敬義 参考人・岐阜大学大学院医学研究科）
・研究用組織提供マニュアルの改訂Ⅰ
–説　明（雨宮 浩 委員）
–コメント（芦刈淳太郎 参考人・日本臓器移植ネットワーク）

第８回　2015年７月12日
・国内に設立されているバンクと市販業者の現状と問題（鈴木 聡 事務局）
・ヒト試料提供についてのインフォームド・コンセントについて（手嶋 豊 委員）
・研究用組織提供マニュアルの最終化（雨宮 浩 委員、福嶌教偉 委員）
・報告書の構成について（町野 朔 座長）

第９回　2015年８月23日
・わが国における医科学研究の発展のためのゲノム指針の運用（大西正夫 委員）
・創薬研究とヒト組織―その種類、保存の態様、研究の実際、研究倫理指針の関わり―（堀井郁夫 委員）

・研究用組織採取作業マニュアルの改訂（雨宮 浩 委員、福嶌教偉 委員）
・報告書の構成（町野 朔 座長）

第10回　2015年12月20日
・自己決定と、死後の身体の利活用（奥田純一郎 委員）
・人格権の理論とヒト試料・情報の法律関係（米村滋人 委員）
・「報告書」の確定および意見書作成の日程（町野 朔 座長）
・「バイオバンクの展開」出版計画の進捗状況（町野 朔 座長）
・上智大学出版（SUP）からの出版計画について（町野 朔 座長）

Ⅱ 意見書集

1　日本のバイオバンク

①わが国のヒト組織の研究利用の現状と経緯

鈴木　聡・深尾　立

1　ヒト由来試料を用いた研究の黎明期

1990年初頭までの医薬品開発は、実験動物を用いた非臨床試験で薬効、安全性を確認後、臨床試験に進み、健常人ボランティアによる第Ⅰ相試験、少数の患者による第Ⅱ相試験、そしてより多数の患者による第Ⅲ相試験を経て、薬効、安全性が確認されたものだけが厚生省（当時)、アメリカ食品医薬品局（FDA）などによる審査を受け、承認後上市されていた。この医薬品開発には10年以上もの年月がかかっていた時代であった。

このような長い年月と、莫大な研究開発費をかけて医薬品を創出するわけだが、(a)非臨床試験で薬効、安全性が確認された化合物が、臨床試験に進んで薬効が認められない、または予知されていなかった副作用が検出され開発中止になる、(b)非臨床試験、臨床試験ともに薬効、安全性が確認され、当局の承認を経て大規模に投与されるようになってはじめて副作用が検出され、市場から撤退する、といった問題が続いていた。以下にそれぞれの例を示す。

(a)の例としては、1989年に同定されたβ3アドレナリン受容体（β3-AR）をターゲットとした創薬研究がある。

β1-ARは心筋や脂肪細胞に多く局在し、心拍数増大や脂肪分解促進といった作用をもっていること、β2-ARは動脈や肝臓に多く局在し、動脈の弛緩やグリコーゲン分解促進といった作用をもつことが明らになっていたが、新しく同定されたこのβ3-ARは白色脂肪組織における脂肪分解と褐色脂肪組織における熱産生に関与していることが明らかとなり、抗肥満薬として開発研究が国内外製薬企業で鎬を削って行われ、いくつもの候補薬が開発された。しかしながらこれらの候補薬は動物試験で安全性や薬効が確認されたため、臨床試験に進んだものの、ヒトでまったく薬効が認められなかったため、すべて開発中止に追い込まれることとなった。

(b)としては、高脂血症治療薬であるセリバスタチンの例がある。

これは、新規HMG-CoA還元酵素阻害剤として、先行品の、ロバスタチンが上市された10年後の1997年に承認された医薬品であるが、先行品よりも副作用が少ないという研究結果をもとにFDAから承認を受け、多くの患者に処方されるようになった。しかしながらセリバスタチンの単独投与で横紋筋融解症が多発し死亡例が報告されたばかりか、フィブラート系高脂血症薬ゲムフィブロジルとの併用でさらに高頻度で横紋筋融解症が誘発され、多くの死亡が出たため、市場撤退に至った。この横紋筋融解症については、セリバスタチンに限らず、スタチン製剤に共通する副作用として知られてきており、開発段階から慎重に検討され、セリバスタチンは先行品よりもその副作用が少ないという研究結果をもとに当局の承認を得ていた。しかしながら重篤な副作用、そして死者まで出してしまったということで、その副作用のメカニズムに関して産学の研究者らが精力的に研究した結果、肝細胞内でゲムフィブロジルがグルクロン酸抱合体となり、この抱合体がセリバスタチンの第１相代謝酵素に特異的に結合することによりセリバスタチンの代謝を阻害し、その結果セリバスタチンが代謝排泄されず血中濃度が上昇し副作用が起こったというメカニズムが判明した。

このセリバスタチンの例は、従来法で慎重な非臨床試験、臨床試験を重ねても、様々な疾患条件、疾病の進行度、併用薬服用の患者に対して投与されるようになると、実験動物で行う非臨床試験、限られた人数のボランティアで行う臨床研究では予期できない重篤な副作用が発生することがあることを示すものである。2007年には、津谷らが1990年から2000年の10年間に薬物相互作用や毒性が問題となってグローバルな市場から34種類の医薬品が撤退したと報告していて（ファルマシアvol. 43-11, p. 1099, 2007）、その撤退理由は、肝毒性によるものが12種類、薬物相互作用によるものが８種類もあったということである。

この当時は、ちょうど分子生物学が大きく進歩した時代でもあり、様々な受容体や酵素が次々にクローニングされ、それぞれのアミノ酸配列、塩基配列が決定されていった。これらの研究手法は創薬研究領域にも波及し、実験動物とヒトとの比較研究から薬物代謝酵素には大きな種差があることが判明し、従来の非臨床試験結果からは予測できなかった副作用、毒性が臨床試験に進んで初めて検出された原因であること等が解明された。そして同時期には、米国では移植医療が大きく進み、脳死体から摘出されたものの医学上の理由で移植に供されない臓器の数も増えてきて、その一部が創薬研究に供されるようになった。そして、ヒトの肝臓細胞画分、肝臓細胞を用いた薬物代謝研究からは、実験動物では検出できないヒトに特有な代謝プロファイルまで検出できるという報告が続き、副作用、薬物相互作用をより正確に予測できることも判明したため、欧米の当局は2006年にガイダンスを制定し、ヒト肝臓細胞画分、肝臓細胞を用いた*in vitro*試験研究を行うことを求めるようになった。

2　わが国における取り組み

(1)　バイオバンクの整備

米国では1925年（大正14年）にすでにATCC（American Type Culture Collection、 http://www.atcc.org/）が設立され、試料の収集と分譲を開始した。現在、ATCCは世界最大の生物資源バンクとなり、細胞株は3,400種以上、微生物株（酵母、カビ、原虫含む）は約72,000種類、遺伝子株は約800万種類を保存、分譲しており、米国内の研究者のみならず世界中のバイオ研究者によって広く利用されているということである。翻ってわが国では、この研究環境整備が行われるようになったのは米国から遅れること50年経った1980年代で、厚生省、文部省（当時）が相次いで動・植物細胞、そして遺伝子バンクを設立した（表１）。

表１　わが国におけるバイオバンク

厚生労働省管轄

1983年	第１次対がん10カ年総合戦略研究として、質の高い培養細胞、そして遺伝子材料を保管、分譲する目的で1983年に細胞バンクを国立衛生試験所内に、さらに遺伝子バンクを国立予防衛生研究所内に設置することが決定
1995年	財団法人ヒューマンサイエンス振興財団（HS財団）が研究資源バンク事業を開始。「ヒューマンサイエンス研究資源バンク（HSRRB）」が発足し細胞・遺伝子バンクの研究資源の分譲機関として事業を開始
2000年	HS財団は大阪府泉南市に研究資源バンク棟を建設し稼動開始。細胞バンク・遺伝子バンクのほか、動物胚バンク、ヒト組織バンク（研究用）の運営も開始
2005年	大阪府茨木市の医薬基盤研究所開所にともないバンク事業を移転
2013年	HS財団より医薬基盤研究所に研究資源バンクを移管し、事業統合する
2015年	法人統合により機関名が国立研究開発法人医薬基盤・健康・栄養研究所に変更されて今日に至る

文部科学省管轄

1980年	埼玉県和光市理化学研究所に「微生物系統保存施設」設置
1984年	茨城県谷田部町にライフサイエンス筑波研究センターを開設
1987年	ジーンバンク事業開始（細胞株、遺伝子クローン、情報の収集・保存・提供事業を開始）
2001年	理化学研究所が筑波研究所にバイオリソースセンター（BRC）を設置
2002年	文部科学省「ナショナルバイオリソースプロジェクト（NBRP）」開始。実験動物（マウス）、実験植物（シロイヌナズナ）、細胞材料、遺伝子材料（DNA）の中核的機関としてBRCが選定される
2007年	NBRP第２期開始。上記４種のリソースに加えて微生物材料（一般微生物）の中核機関としてBRCが選定される
2012年	微生物材料開発室が筑波研究所に移転
2015年	独立行政法人から国立研究開発法人理化学研究所へ移行

また、2006年に欧米の当局からヒト組織を用いた薬物相互作用試験に関するガイダンスが相次いでまとめられたのを受け、当時の厚生省は先端医療技術評価部会が専門委員会を設置し検討を重ね、1998年12月16日厚生科学審議会先端医療技術評価部会（答申）「手術等で摘出されたヒト組織を用いた研究開発の在り方について」（黒川答申）が出された（本書「Ⅲ　資料」参照）。その内容の一部を以下に示す。

背景
・新医薬品の研究開発において、薬物の代謝や反応性に関しヒト―動物間に種差があり、動物を用いた薬理試験等の結果が必ずしもヒトに適合しないことがある。ヒトの組織を直接用いた研究開発により、人体に対する薬物の作用や代謝機序の正確な把握が可能となることから、無用な臨床試験や動物実験の排除、被験者の保護に十分配慮した臨床試験の実施が期待できるとともに、薬物相互作用の予測も可能となる。また、このように新薬開発を効率化するだけでなく、直接的にヒトの病変部位を用いることによって、疾病メカニズムの解明や治療方法、診断方法の開発等に大きく貢献できるものと期待される。
・諸外国では、既にヒトの組織を直接用いた研究開発が実施されており、その供給体制も含めた利用のための条件が整備されている。

ヒト組織の提供について
・使用されるヒト組織としては、欧米では移植不適合臓器が中心であるが、我が国においてはまず、量は少ないが、日本でも利用が可能な手術で摘出されたヒト組織を利用していくことから始めるべきである。

この黒川答申を受け、厚生省が、手術で摘出されたヒト組織のバンキングを進めるため、財団法人ヒューマンサイエンス振興財団（HS）の中に研究資源バンク（HSRRB）を設置し、HSRRB は13の医療機関と協力ネットワークを構築し、外科手術時の切除組織の内正常部位をHSRRBに送付するような環境整備を行った。

⑵　手術で摘出されたヒト組織の有効性の検討

厚生省はHSRRBの設置とともに、厚生科学研究費事業を通じて大学や医療機関で手術で摘出されたヒト組織の有効性を検討した。

昭和大学医学部第２薬理学教室教授・安原一は、1998年度の厚生科学研究

費補助金、健康安全確保総合研究分野医薬安全総合研究事業として、２年間研究費の補助を受け、手術切除肝組織の評価研究を行った。本研究事業は、黒川答申を受け先駆けて行われたものであるため、その詳細を紹介する。以下、所属、肩書きは当時のものである。

研究班では、分担研究者の同大学第２外科学教室教授・草野満夫、助教授・伊藤洋二らが中心となって患者、家族への説明文書の作成、そして昭和大学倫理委員会での審査・承認を得ることから始めた。

また、肝切除に際して出血量を減少させるためにプリングル法で血流を一時的に遮断するが、この間切除部位は常温下で阻血状態におかれることになる。肝試料を研究に供するためには、この温阻血時間は可能な限り短いほうが望ましいわけであるが、草野、伊藤はこの手術法についての検討も行った。また、がんの告知を受け、手術成績とそのリスクについて説明を受ける患者、家族にとって、摘出された組織の研究利用について説明を受けることには抵抗があることも予想される。患者はセカンドオピニオン等を参考にして手術の同意を短時間に自己決定していくわけだが、決定には主治医との信頼関係も重要となると考えられる。そのような状況下で伊藤は患者、家族に切除組織を研究に供することの重要性を説明し、同意を得るための検討を行った。

通常、手術自体は１週間前に計画されるものの、手術中にがんの拡大等の理由で手術が中止になったり、手術時間が大きく延びたりすることもある。術者と連絡をとりながら手術室で待機して状況に応じて研究班員へ連絡調整を行い、さらに実際切除が行われた後には、病理医に連絡して迅速に病理検査に必要部位を切除し、残りの部位を分担研究者に配布するという手術室から病理医、そして研究者間のコーディネーター役を薬理学教室講師・倉田知光、および外科学教室研究補助員・西野が担当した。

本研究班は、肝炎ウイルス陽性等の患者を研究対象として除外したものの、２年間の研究期間で原発性肝がん７例、転移性肝がん４例の提供を受けることができ、単離肝細胞の生存率、代表的な薬物代謝酵素含量、活性を測定することができた。安原主任研究者のもと、外科学教室、病理学教室の緊密な連絡と協力があって、手術で摘出された組織の有用性を日本で初めて実証することができたと考える。

この安原班の厚生科学研究の後も、同様の目的で自治医科大学病態治療研究センター臓器置換研究部教授・小林英司、国立医薬品食品衛生研究所薬理部長・大野泰雄、そして国立成育医療センター研究所移植・外科研究部室長・絵野沢　伸らが厚生労働科学研究費補助金を得て、手術で摘出されたヒト組織の有用性からバンキングまでを検討を重ね（表２）、HSRRBを通じた研究者へのヒト由来試料の供給環境を整備したが、研究者の求めるヒト由来試料の供給に至ることはできず、2013年にHSRRBで行われていた手術摘出組織の研究転用事業は医薬基盤研に移管、統合され今日に至っている。

表２　厚生労働科学研究として行われた検討

研究期間	研究代表者（所属）	研 究 課 題 名
1998～2000年	安原　一（昭和大学）	医薬品等の安全性確保の基礎となる研究
2000～2005年	小林　英司（自治医科大学）	日本におけるヒト肝細胞の保存・管理に関する基準の検討
2004～2006年	大野　泰雄（国立医薬品食品衛生研究所）	外科手術摘出ヒト組織を用いたオーダーメイド医療の研究と遺伝多型を考慮したヒト肝細胞の代謝研究への応用に関する研究（KH71071）
2004～2006年	絵野沢　伸（国立成育医療センター）	創薬基盤としての公共的ヒト組織バンクを中心とした肝組織・細胞の研究利用システムの構築（KH71066）
2007～2009年	絵野沢　伸（国立成育医療センター）	人由来組織利用研究円滑化のための社会的・技術的インターフェイスの整備（KHD1027）
2010～2012年	絵野沢　伸（国立成育医療センター）	創薬研究における人由来初代培養および幹細胞の利用円滑化に向けた研究（KHD1023）

なお、第１次人試料委員会では池田敏彦委員から、そして今回の第２次人試料委員会では泉高司委員から報告があったとおり、黒川答申そしてHSRRBが目指した、手術摘出組織の研究転用事業はドイツで成功している。ドイツバイエルン地方はグローバル規模の製薬会社が集中している地でもあ

るが、それらの研究者が必要としているヒト由来試料が外科手術切除組織の研究転用で賄えているのである。

3　研究者の必要としているヒト由来試料の変化

1998年12月の黒川答申以来、HSRRBによる環境整備そして厚労科研費補助金を受けた研究が行われるなか、欧米から輸入されてわが国の研究者が実験に供しているヒト由来試料にも大きな変化があることも指摘しておきたい。

泉、森脇らの意見書にその詳細が紹介されているとおり、薬物動態試験では開発中の薬物が薬物相互作用を起こすか否かを肝臓細胞画分や肝細胞を用いて試験する。黒川答申がまとめられた直後は、ヒト肝臓が貴重であったため、低い生存率の細胞であっても研究者が生細胞と死細胞を分け工夫して研究に供したり、高感度の検出装置を用いたりして、ヒト由来試料のもつリスクを受け入れていた。しかしながら、現在は高い生存率が保証された凍結肝細胞や、主要薬物代謝酵素の活性、遺伝多型の情報が添付された肝細胞がカタログに並ぶようになっている。また、ドナー間の個体差を考慮するため複数のドナーの肝臓をミックスして調製したプールドミクロソーム、男性ドナー、女性ドナーだけを選んでミックスしたプールドミクロソーム等、様々な条件の細胞画分試料も用意されているため、研究者はそれらをカタログで確認して、研究の目的に合ったロットを選ぶことができるようになっている。研究者は低い生存率といったリスクを負う必要はなくなっているのである。

また、20年前は研究者が患者の病態組織を入手してmRNAを抽出し、場合によってはさらに精製して患者群で特有に発現しているmRNAを検索していたが、現在は欧米人の臓器別、疾患別に純度の高いmRNAが輸入、販売されるようになり、研究者は自ら組織ブロックからmRNAを抽出する必要はなくなった。このように、研究者の必要としているヒト由来試料は、臓器そのものから、細胞、病理標本、細胞画分、mRNAへと変化してきているのである。

そして、昨今研究者の所属している研究機関内倫理委員会にも大きな変化があることも忘れてはならない。当初ヒト組織を入手して研究をしたいという研究者は、倫理委員会の審査を受けて、申請していたわけだが、欧米から合法的に輸入、市販されているヒト由来試料は業者から倫理審査を求められることもなく、試薬同様に購入できるようなっている。これは、「人を対象とする医学系研究に関する倫理指針」（統合指針）（2015年２月９日）が、「既に学術的な価値が定まり、研究用として広く利用され、かつ、一般に入手可能な試料・情報」の研究を同指針の対象から外し、倫理委員会等の審査不要としていることにもよる。

このように、国内でヒト組織・細胞の供給体制が進まないなか、欧米から輸入されるヒト由来試料内容の変化、ガイドラインで求められる倫理委員会の審査対象等が急速に変化してきていることを忘れてはならない。

4　ま　と　め

以上、主に研究環境の整備から研究者の求めているヒト組織の変化についてまとめてきた。米国では、脳死者から摘出された移植不使用臓器の研究転用が行われ、組織、細胞、遺伝子まで加工され、米国内の研究者のみならず、わが国の研究者にも供給されている。また、ドイツでは手術摘出組織の研究転用事業が軌道にのりバイエルン地方に研究所をおくグローバル規模の製薬会社に組織、細胞が供給されている。翻って、わが国では、アメリカ型の脳死者から摘出された移植不使用臓器の研究転用が臓器移植法および厚生労働省令でできないと解釈され、黒川答申を受けHSRRBを設立して手術摘出組織の研究転用事業を開始し、厚生労働科学研究としてその環境整備研究を行ってきたものの、今日までわが国の研究者が必要としているヒト由来試料の供給には至っていない。これは、わが国の研究者がヒト組織を必要としていないということではなく、2006年にHS（ヒューマンサイエンス振興財団）が行った調査によると、わが国の研究者のほとんどが、医学部との共同研究等でヒト組織を入手している、もしくは海外から輸入され、日本の代理店から販売されているヒト組織を入手して創薬研究を行っているということである（HSレポートNo. 55, p. 89, 2005）。

HAB研究機構では第１次人試料委員会の報告書を受け、関東近県の大学病院からヒト組織の提供を受け、研究者に供するための環境整備を行ってきた。しかし、病院長、診療科教授から事業への協力・承諾をいただき、病院内倫理委員会で審査・承認を得た後も、組織の提供には至っていない。1998年度の厚生科学研究安原班で実現できた協力体制、ネットワーク体制が整備できないこと、そして現場の医師は目の前の患者の救命で手一杯であり、トップダウンではなかなか現場の協力が得られないことも実感している。

臓器移植法の改正により、2006年には年間10名だった脳死ドナーが2014年には年間50名までに増加した。しかしながら、脳死ドナーと心停止後のドナーを合わせた全ドナー数は増えていない。第１次町野委員会で検討していた2006年当時には、年間102名いた心停止後のドナーが、2014年には27名まで減少してしまったのである。また、脳死ドナーが増えたことから、移植に不使用となった臓器も数検体でているとのことであるため、今回、この移植不使用臓器を焼却処分するではなく、米国と同様に研究に供せるようにするためにはどうしたらいいのか、さらにこの臓器摘出の機会に、他の臓器・組織を研究目的で摘出できるようにと、第２次人試料委員会を設置し、各界の専門家に御議論をいただき、報告書/意見書をまとめた。

iPS細胞の発見は、難病の新しい治療方法として期待が高まっている。日本国内の研究者が、様々な角度から難病の研究を行い画期的な治療法を開発すること、またより高い薬効、そしてより安全な医薬の開発研究を行うことにも、誰もが反対、異論を挟まないことと思う。そのような研究には、ヒトの臓器や組織、細胞を使わなければならないということにも理解は得られるだろう。しかし、臓器や組織は、脳死ドナーや心停止後のドナー、そしてがんを中心とした手術時という機会にしか入手できないために、ドナーや家族の理解が得られるよう慎重な手続き、倫理審査が求められることになる。

昨年には、医療分野の研究開発およびその環境整備の中核的な役割を担う機関として、国立研究開発法人日本医療研究開発機構（AMED）が設立され、事業の一環として創薬支援事業、バイオバンク事業も進められるとのことであるが、HSRRBが行ってきた20年にも及ぶ手術摘出組織の研究転用事業が軌道に乗らなかったことを真摯に顧みて、真の意味で持続可能で研究者が必要とするヒト由来試料を質・量共に供給できるよう、関係者の理解と現場の協力をお願いしたい。また、法律・倫理学者からは、研究至上主義といった批判・反対ではなく、国内の研究者がヒト組織を用いて研究を進めるためには、どのような環境整備を行い、手続きを踏めばよいのかといった建設的なご意見を頂きたいと願っている。

②つくばヒト組織バイオバンクセンターの試み ——ヒト試料の外部施設への分譲

竹内朋代・野口雅之・川上　康・大河内信弘

はじめに

動物、植物等に由来する生物資源、すなわちバイオリソースは「リソースなくしてリサーチなし」といわれるようにライフサイエンス研究の実施には必要不可欠なものである。またバイオリソースの種別、部位、形状さらに品質は研究の成果を左右する重要な項目であることはいうまでもない。再現性が得られる信頼のできる成果を得るためには、研究課題に適したリソースを選択する必要がある。特に創薬・医療分野の研究開発においてはヒトに対しての有用性、安全性を確保するためにヒト由来試料を用いた検証が欠かせない。なかでも年々拡大傾向にある再生医療、個別化医療では、個々の患者に適した医療を提供するために一般的な診療情報を分析するだけでなく、バイオテクノロジーを駆使した病変の解析や患者の遺伝的背景を調査することが必要となる。先進医療の促進という観点からも、研究利用のために患者由来の試料を積極的に収集・保管することは重要な役割を果たす。

1　ヒト試料バンキングの課題

創薬・医療等、人をターゲットにした研究には実験動物を用いた検証が進められてきたが、得られたデータが必ずしも人に応用できないこと、また実験動物の使用をできるだけ削減しようといういわゆる３Ｒの概念からも動物の代替としてヒト試料の利用が推奨されている[*1]。とはいえ、実際には研究

＊1　３Ｒとは、Russell and Burchによって提起された“The Principles of Humane Experimental Technique”（人道的な実験技術の原則）に基づき、動物実験代替法における削減(Reduction)、純化(Refinement)および置き換え(Replacement)の３つのＲである。

者が独力で研究に必要な十分量のヒト試料を確保することは困難であり、バイオバンクのような利便性の高い試料供給施設が社会的に求められている。患者へのインフォームド・コンセント（Informed Consent：IC）の取得から試料の採取、保存までに費やす時間、労力は研究者にとって負担となり、バイオバンクで研究目的収集されている試料から自分の研究に適した試料の分譲を受けて研究を実施するほうが遥かに効率的である。このようにバイオバンクの必要性が認識されつつあり、日本でも大学病院を中心に手術検体の残余組織、血液検査後の残血液等を研究用に保存・管理するバイオバンクの設置が全国で進められている。海外では組織や血液の大規模バイオバンクが設置されており、積極的に利用されている[1),2)]。また、アイスランド、スウェーデン、ノルウェーといった欧州を中心とした国々では「バイオバンク法」が制定されている[3)-5)]。また、法律はなくともデンマークのようにバイオバンクが国家の管理下で運営されている国もある。国内では、「ヒトゲノム・遺伝子解析研究に関する倫理指針」、「人を対象とする医学系研究に関する倫理指針」等のヒト試料を研究に利用するためのガイドラインはあるものの、法律は制定されていない[6),7)]。ヒト試料の研究利用に関して、法律による規制が必要であるか否かは意見が分かれるところであるが、法律上の罰則がないガイドライン下では、バイオバンクで保管しているヒト試料を施設外に分譲すること、研究者の手に渡ったヒト試料が様々な研究に利用されること等について、バイオバンク側でも然るべく運用ルールを策定する必要がある。そのために国内では多くのバイオバンクでヒト試料の収集・管理は行っているものの、施設外への試料分譲については躊躇されている。筑波大学ではこのような国内のバイオバンクが抱える課題の解決策を考案した上で、2009年よりヒト試料のバンキングを開始した。

2　筑波大学附属病院におけるヒト試料バンキング

⑴　バイオバンク事業の開始

現在、大学や国立研究機関を中心にバイオバンクが設立されており、その多くは附属する病院の患者から協力を得て組織、血液等のヒト試料を収集して保存している。大学病院の場合はあらゆる診療科を有しているため症例数や疾患の種類が多く、また大学病院が医学教育の現場であるということから提供者である患者からの理解や協力が得られやすいというメリットがある。筑波大学ではライフサイエンス研究を支援することを目的として、2009年４月より附属病院の患者を対象に手術検体のバンキングを開始した[8),9)]。まず、国内のバイオバンクでほとんど実施されていない外部施設への分譲を積極的に行うことを目標として、ヒト試料の収集・保存から分譲までの体制を整備した。開始から２年間は外部資金によるプロジェクト期間であり、この間に試料の臨床データを管理するためのデータ管理室ならびに試料の処理・保存を行うための保管室の設置、バイオバンクへの試料提供をお願いするための説明文書・同意書の作成を行った。並行して運営委員会、試料利用者に対する審査委員会、バイオバンクの活動評価を行う外部評価委員会を設置して運営基盤を整えた。プロジェクト期間終了後は、附属病院内に「つくばヒト組織バイオバンクセンター」を開設して病院の一部門となり運営を継続している。以下に、つくばヒト組織バイオバンクセンターの試みについての運営、IC、ヒト試料の収集・保存、分譲についての詳細を述べる。

⑵　バイオバンクの運営

本学から分譲したヒト試料が研究利用されることで、ライフサイエンス分野の研究開発の促進につながることを期待しており、研究を支援するためのバイオバンクの構築を基本理念としている。そのために様々な種類のヒト試料を収集して質の良い状態で保存することは勿論のこと、できるだけ多くの研究者に使用してもらうことが課題となる。そこで需要が最も多いと予測される製薬企業を中心に分譲を希望する試料の種類、形状、保存状態等、さらに分譲に当たり使用制限、成果物の帰属等に関する調査を行った。ヒト試料の種類や状態等の要望は研究機関により異なるものであったが、共通した要望としては、①研究内容についての秘密保持、②共同研究契約による制限の除去、③成果物の帰属が挙げられた。これらの要望に対して以下の内容を細則の中に制定した。

①　つくばヒト組織バイオバンクセンターの業務に携わる者は、業務上知

り得た内容について第三者に公開しないこと。

② つくばヒト組織バイオバンクセンター部長は、ヒト試料の分譲に当たって研究用ヒト試料・情報提供同意書を研究責任者と締結する。

③ つくばヒト組織バイオバンクセンターより研究用ヒト試料・情報の提供を受けて実施した研究について、研究成果に基づく知的財産権は、バイオバンクに帰属しない。

加えて、バイオバンクの設置は外部資金等のプロジェクト予算を獲得して開始している施設が多い。しかし、数年間のプロジェクト期間では体制が整う頃には期間が終了してしまい、本格的な活動を始める前に事業の継続を停止せざるをえないケースも少なくない。新たな予算の獲得や海外のバイオバンクのように財団からの寄付金といった資金の調達は容易ではなく、事業を継続するための運営費については関係者にとって頭の痛い問題である。そこで、本学ではヒト試料本体および分譲するための倫理審査に関する手数料を設定して独立採算での運営を目指している。

(3) インフォームド・コンセント（Informed Consent：IC）

バイオバンクでヒト試料を収集・保存するためのICは、具体的な研究内容が決まっていない状況下で行われることになるため、包括的な内容にならざるをえない。研究内容だけでなく、誰が使用するのかも決まっていないため、科学研究についての知識を十分にもたない患者に対して混乱なくICを実施するためには、ICをいつ、誰が、どのように行うか、ということが重要になる。

国内の事例では、国立がん研究センターで実施しているICのための専属スタッフ（リサーチコンシェルジェ）の配置は理想的な形であるといえるだろう*2。しかし、多くの施設では、このような専門スタッフの確保は難し

＊2　2011年5月に独立行政法人国立がん研究センターの所内で実施される研究への協力に対する同意取得の体制が一新され、看護師、臨床検査技師、臨床研究コーディネーター等の経験者が担当するリサーチコンシェルジェ（RC）が配置された。RCは全新患患者に対してバイオバンクで保管する試料の提供について意思表示の確認を行うとともに検査の説明、受診に必要な書類の記載を補助する等のサポートを行っている。

い。多くのバイオバンクでは担当医にICの取得を依頼しているのが現状である。本学でもICの取得は担当医が行っているが、診療業務に加えてバイオバンクに収集・保存される試料のIC取得を行うことに対して、医師が煩わしいと感じることのないように同意書のフォーマットを工夫している。バイオバンクで使用している説明文書ならびに同意書は院内で共通に使用されている包括的な様式となっている。この様式は基本的には医師が自分の研究用に試料を採取するためのものであるが、同意が得られた場合はその一部をバイオバンクに提供する、という内容になっている。医師はバイオバンクで収集・保存されるための試料に関するIC取得を行っているだけではなく、自身の研究のためにもICを実施していることになる。また、説明文書の内容は、収集・保存する試料や情報の内容、実施される研究の具体例を挙げ、バイオバンクで試料が保管される場合は企業で使用される可能性もあることを明記している。今後の検討事項としては、細胞培養等へ応用するためにヒト試料をviableな状態で研究に利用されることに対する同意の取得である。具体的には採取した組織（細胞）を培養して細胞株を樹立すること、動物へ移植をしてxenograft modelを作製すること等、患者に自分の提供した試料が永続的に使用され続けること等もあるということについて十分な理解を得ることである*3。

(4) ヒト試料の収集・保存

つくばヒト組織バイオバンクセンターでは、主にがん患者を対象に手術標本から組織試料の収集・保存を行っている。がん組織はheterogeneityがあるため病理医または病理医の指導を受けた外科医師が肉眼的に手術標本を観察して病理診断に差し支えのない部分から半小指爪大（50mg～100mg程度）の組織片を採取している。これをバイオバンクセンターのスタッフが受け取り、3mm～5mm角大に細切して分注、凍結保存している。採取された組織が小さい場合を除いて凍結包埋剤で包埋した試料（術中迅速診断に使われ

＊3　現在、本学ではこれらの内容も説明文書中に含められている包括的なものであるが、専門家より試料を永続的に使用することについてはより具体的な説明が必要であるという意見があり、説明文書の内容について改正を行っている。

ている標本）も保存しており、薄切標本を作製してがん細胞が含まれているかを確認している。分譲用ヒト試料の受け取りから凍結保存までの処理方法については、作業の流れを標準マニュアルとしてまとめている。さらに臓器の種類によっては臓器特有のマニュアルを作製している。例えば、肺組織は肺胞が潰れてしまっていることがあるが、陰圧をかけると元の状態に近い形に戻すことができる。そこで肺組織の凍結包埋標本を作製するときは注射器を用いて組織で陰圧をかけた後に凍結包埋を行う、という肺組織に特化したマニュアルを用意した。再現性が確保される質の高いヒト試料を研究者に届けるために手術標本が摘出された後、可及的速やかに細切、分注、凍結処理を施し、試料をRNAの分解等のリスクから可能な限り保護する必要がある。しかし、手術標本が摘出されてからサンプリングを行うまでの時間、凍結処理までにかかる時間は症例ごとに異なりマニュアル化して統一することはできない。そこで、つくばヒト組織バイオバンクセンターでは手術標本が摘出された時間と試料の処理を開始・収量した時間を記録し、試料の質を判断するための参考としている。また、現在日本病理学会にて病理組織標本を研究用に使用する際のガイドラインを策定中であり、今後はガイドラインと併せた作業マニュアルに改正する予定である[*4]。

⑸　ヒト試料の分譲

つくばヒト組織バイオバンクセンターにはヒト試料の分譲について研究計画、倫理面を審査する審査委員会を独自に設けていた。ヒト試料の分譲を希望する研究者は、まず自分の所属する機関で研究課題について倫理審査に諮り、承認を受けた後にバイオバンクセンターに申請書を提出して審査委員会にて審査に諮る、という手順でヒト試料の分譲の可否が決定されていた。しかし、バイオバンクセンターがあらためて筑波大学附属病院の一部門として設置されたことを受け、ヒト試料の分譲に関する手続きについて見直し、改正が行われた。大きな改正点としては附属病院の倫理審査に諮り、ヒト試料

＊4　一般社団法人日本病理学会では、全国のバイオバンクで質の高い病理組織検体を収集してゲノム研究等に供給することができるように実証的な研究に基づき、組織検体の望ましい取扱いに関する規定を策定している。

の分譲手続きが進められる流れとなった。改正後の手順は次のとおりである。
最初に分譲希望者が自分の所属する機関で研究課題について倫理審査に諮るという手順は変更なく、承認を受けた後にバイオバンクセンター事務局との事前相談を行い、研究内容や分譲を希望する試料の詳細についてバイオバンクセンター事務局と協議する。バイオバンクセンターでは分譲希望者の所属機関でどのような倫理審査が実施されたか、研究内容に対してヒト試料の分譲が妥当であるか、希望している試料が保存されているか等を検討する。必要に応じて協議を繰り返した後、バイオバンクセンター事務局でヒト試料の分譲が可能であるか否かを決定する。ヒト試料の分譲が可能であると判断した研究課題については、バイオバンクセンター部長が筑波大学附属病院臨床研究倫理審査委員会に審査申請をして、ヒト試料を分譲することについて審査に諮る。附属病院の倫理審査では、内容によっては分譲希望者に倫理審査委員会への同席を求めて質疑に対する回答を依頼する。最終的に附属病院の倫理委員会より承認が得られた後に、分譲希望者はヒト試料分譲願いを提出、申請者の所属機関と筑波大学附属病院の間でMaterial Transfer Agreement（MTA）の締結を行う（図1）。

つくばヒト組織バイオバンクセンターでは、できるだけ多くの研究者にヒト試料を研究利用してもらうために分譲した試料を用いて実施された研究について、研究成果はバイオバンクセンターには帰属せずに研究者に帰属する形をとっているが、このこともMTAに明記されている。MTAの締結後にヒト試料の納品を行うが、試料の搬送は臨床検体の搬送を専門に請け負う業者に委託しており、業者が希望する日時に指定した温度帯で搬送している（搬送にかかる料金は分譲希望者が負担する）。ヒト試料の搬送はバイオバンク事業の重要な業務の一つである。適切な処理が施され、高い品質で保管されていた試料であっても搬送時に温度変化等により品質が低下してしまってはヒト試料の分譲施設としての機能を果たしているとはいえない。しかし、国内では研究者間でのヒト試料のやり取りについてあまり、慎重に捉えられていない。多くの研究者はドライアイスを充填した発泡スチロールの容器に試料を納めて宅配業者に搬送を委託している。これまでに一般の貨物と区別なく搬送されていたヒト試料が不適切な梱包がなされていたために容器

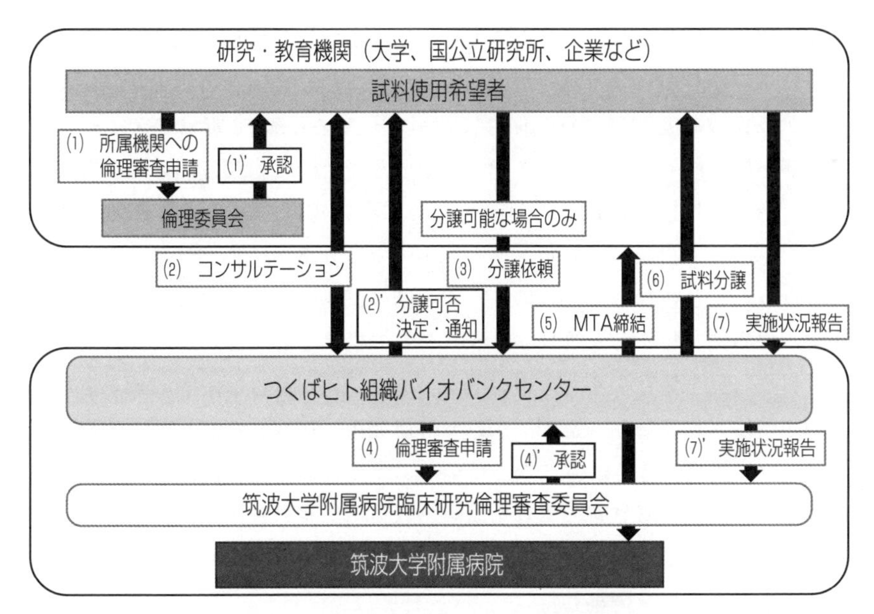

図１　外部研究機関へのヒト試料分譲

試料の分譲を希望する場合は、所属する機関で倫理審査の承認後にバイオバンクセンターに申し込む。研究内容や希望する試料についての協議を行い、分譲が可能であればバイオバンクセンター部長が筑波大学附属病院臨床研究倫理審査委員会の審査を受ける。審査承認後に分譲希望者の所属機関と筑波大学附属病院の間でMaterial Transfer Agreement（MTA）の締結を行い、試料が分譲される。

ごと破裂して飛散したという事例も報告されている[10]。本学では、患者、医師、病院職員の協力で保管をしているヒト試料を最適な状態で研究者のもとに届けるために、搬送も専門業者に委託をしている。ヒト試料の受け渡しはもちろん、搬送時の事故対応についても取り決めがなされている。

(6) つくばヒト組織バイオバンクセンターの試み

臨床医が自身の研究のために臨床試料を収集するためには、患者へのICから試料の採取・保存まで研究を自分で行うことが一般的である。

しかし、通常の業務に加えて研究用の試料の管理までを行うことはかなりの労力を要する。また、努力をして集めた試料がほとんど使われることなくフリーザーに放置されていて、研究を担当する職員の異動や大学院生の卒業で誰のものかわからない試料が大量に見つかった、という事例も耳にする。また、多くの研究室で試料の保存に使用されている500ℓ容量のディープフリーザーは、ある程度の設置スペースを要し、年間で約30万円の光熱費がかかり、研究室単位で停電時の対策のために非常電源を設置することは難しい。つくばヒト組織バイオバンクセンターでは分譲用にヒト試料の収集・管理を行うことと並行して、このような学内の試料の保管に生じる問題点を解決するために試料を一元管理するシステムの構築を計画した。研究目的で臨床試料を収集・保存するための説明文書ならびに同意書は院内で統一されたものが使用されており、臨床医が自分の研究用に採取した試料の一部をバイオバンクに提供できるようになっていることは前述したが、院内の診療科がそれぞれ行っている試料の管理を試料の収集・保存の専門家であるバイオバンクのスタッフが代行することで、研究を行う臨床医にもバイオバンクにもメリットがある形を構築した。

筑波大学附属病院には院内の研究を支援するために設置されたTranslational Research and Resource Core（TRRC）という部門があり、研究用試料の調整、管理の他にパラフィンブロックの作製、薄切、免疫染色等を行っており、TRRCのスタッフはバイオバンクセンターのスタッフを兼任している。各診療科で使用する研究用試料はTRRCが診療科の要望に沿った形で処理、保管を行い、臨床情報と連結させて管理する。具体的には、臨床医がICの取得を行い、採取された試料の調整と保存はTRRCとバイオバンクが行い、診療科が使用するものとバイオバンクに提供されるものに分けて保管する。臨床医が保存されている試料を研究に使用する場合は、TRRCに連絡をすればすぐに研究に使用できる状態で用意されている、というシステムになっている。臨床医にとってICの取得には労力を費やすことになるが、試料を管理する手間は省け、結果として自分の研究成果につながることになる。バイオバンクで保存されている試料は、学外の施設へ分譲されて様々な研究に利用されることでライフサイエンス研究の推進に貢献する。TRRCで保存されている試料は学内の研究者が研究に利用して業績を残すことで、大学全体の活性化を促すことができる。バイオバンクの新しい形として、本学で実施しているヒト試料の一元管理・研究支援がロールモデルとなることを期待する。

3　今後の展望

⑴　つくばヒト組織バイオバンクセンターのこれから

本学のバイオバンクは全国の大学に先駆けて、企業も含めた学外施設へのヒト試料の分譲も開始しており、臨床試料を採取して分譲されるまでの体制はほぼ整っている（表１）。

しかし、現時点では附属病院で診療を受けている患者のみが対象であり、収集できる臨床試料の種類、数に限界がある。研究者にとっては、豊富な試料の中から研究内容に最も適しているものを選ぶことができるようなバイオバンクが魅力的であることは明らかであり、バイオバンクの規模拡大にとりかかりたいと考えている。試料のバンキングを開始した2009年に生体試料のバンキングが活発に行われている欧州ではどのような取り組みがなされているのか、その実態を把握するためにデンマークのDanish Cancerbiobankの視察を行った。デンマークは５つの主要都市にそれぞれ拠点となるバイオバンクをもち、拠点バイオバンクが近隣の病院と協力して、その地域で収集される組織や血液などの試料を収集・保存していた。試料に付帯する臨床情報等のデータは、国が設置した５施設共通のデータベースで管理されており、このデータベースはアクセス制限があるものも研究者が自由に閲覧することが可能で、試料をスムーズに入手できるようになっていた。本学では今後の展望として、このような多施設連携型のバンキングシステムが構築できないか県内の他施設と協議を始めている。国家レベルの試みを一大学が模倣するのは無理があるように思えるが、実はデンマークの人口は約550万人とそれほど多くはない。筑波大学のある茨城県は人口約300万人であり、ほぼ同程度の規模である。そこで、デンマークと同様に県内に数カ所の拠点バイオバンクを設置して、これらが連携した形の茨城県バイオバンクネットワークの構築が可能であると考えている。本学で進めているバイオバンクの運営を基盤に茨城県に地域型のバイオバンクを築くことを目指している。

表１ つくばヒト組織バイオバンクセンターのヒト試料分譲実績

主に凍結組織と付随する臨床データを製薬会社等の企業や大学への試料分譲を行っている。今後は組織アレイブロックや新鮮組織等、試料の種類を増やして分譲を行う予定である。

研究施設	研究内容	分譲試料
企業－1	薬効評価	ホルマリン固定組織
企業－2	抗体医薬品の開発	凍結組織、臨床データ
企業－3	Patient derived xenograft モデルの作製	凍結組織、ホルマリン固定パラフィン包埋薄切標本、臨床データ
企業－4	薬効評価	凍結組織、臨床データ
大学－1	発現・機能解析	凍結組織、臨床データ
大学－2（企業との共同研究）	発現・機能解析	凍結組織、血清、臨床データ
国立研究所－1	バイオマーカーの探索	凍結組織、臨床データ

(2) 日本のバイオバンクのこれから

最近は個別化医療を実践するための基礎研究が盛んに進められている。このような状況の中で生体試料バンキングの重要性についても認識されつつある。しかし、国内における生体試料バンキングは諸外国と比較して進んでいるとは言い難く、県や地域単位で築いたバイオバンクの仕組みを段階的に拡張して、研究開発を根底から支える質の高いバイオバンクネットワークの構築がされることを目指したい。

この数年間、国内でバイオバンクの設置は増加しており、研究者の間でバイオバンクという言葉が浸透しつつある。ヒト試料を研究利用することの重要性は十分に認識されているが、日本ではバイオバンクに保存されているヒト試料が外部の機関へ分譲されているケースがほとんどなく、海外と比べてヒト試料の供給が積極的に行われている状況には至っていない。ヒト試料がスムーズに供給できる仕組みを作ることは国家レベルの重要な課題の一つだといえる。2013年に「ヒトゲノム・遺伝子解析研究に関する倫理指針」が大きく改正され（その後、2014年に一部改正)、連結可能匿名化された試料・情報をバイオバンク（指針では「試料・情報の収集・分譲を行う機関」と表現されている）に提供してもよいことになり、また2014年に制定された「人を対象とする医学系研究に関する倫理指針」においても試料・情報の収集・分譲を行う機関の規定が明記されるようになった[6),7)]。つまり、ヒト試料の研究利用に関する日本の倫理指針は研究者にとって、研究が進めやすい方向に改正されてきている。このような流れを受けてバイオバンクで収集・保存されているヒト試料が積極的に分譲され、ライフサイエンス研究を推進することを強く期待したい。

(3) ヒト試料バンキングのこれから

近年、科学技術の発達でごく僅かな試料から遺伝子解析等の研究が可能になった。しかし、正しい知見を得るためには試料の品質が非常に重要な要素となり、質の悪い試料を用いては正確な結果を導くことができない。すなわち、研究用試料の品質は研究成果を左右する重要な項目となる。次世代シーケンサが一般的に使われるようになりつつある現在では、多量の情報をこれまでにない速さで得られ、あらゆる疾患で広範にオミックス解析が行われている。再現性の確保できる正しい結果を得るためにも質の高い試料を用いることが必須である。バイオバンクが進むべき次の段階は、いかに良質な試料を研究者に分譲できるか、ということであろう。最近の国際的な動向としては、国際標準化機構（ISO）のバイオテクノロジー分野の技術委員会（TC)、ISO/TC276が設立され、用語の定義、バイオバンクとバイオリソース、分析方法、バイオプロセッシンングといった４分野の部会が設置され、国際基準を定める検討が進められている。実用的な部分では、試料の分注処理・保存が自動化できるフリーザーの開発、保存容器の材質や形状の改良、さらには搬送時の事故を防ぐための高性能の搬送容器の研究が進められている。生物環境レポジトリのための国際団体であるISBER（International Society for Biological and Environmental Repositories）でもバイオバンクにおける収集試料の保存、品質管理については関係者の協議が進められているようである。国内でも日本病理学会が中心となり、研究用試料の品質管理や作業標準化についての検証実験、ガイドラインの策定が進行中である。今後、優れた研究成果につながる質の高い試料を保存するレポジトリとして価値のあるバイオバンクが増えることを切望する。

【参考資料】

1）UK Biobankホームページ　http://www.ukbiobank.ac.uk/
2）BioVUホームページ　https://victr.vanderbilt.edu/pub/biovu/index.html
3）アイスランド厚生省ホームページ　Act on Biobanks
http://www.personuvernd. is/information-in-english/greinar/nr/439
4）Nilsson, A., et al., “Genetic disease. Sweden takes steps to protect tissue bank,” *Science* 286: 894, 1999.
5）ノルウェーバイオバンク法ホームページ　Lov om biobanker（biobankloven）
https://lovdata.no/dokument/LTI/lov/2003-02-21-12
6）「ヒトゲノム・遺伝子解析研究に関する倫理指針（文部科学省、厚生労働省、経済産業省）」平成13年３月29日（平成25年２月８日全部改正）
7）「人を対象とする医学系研究に関する倫理指針（文部科学省、厚生労働省）」平成26年12月22日
8）竹内朋代他「大学病院を中心とした地域レベルのバンキングシステム構築の試み」『病理と臨床』30(6): 646–653, 2012.
9）筑波大学附属病院つくばヒト組織バイオバンクセンターホームページ
http://www.s.hosp.tsukuba.ac.jp/outpatient/facility/biobank.html
10)「感染症発生動向調査事業等においてゆうパックにより検体を送付する際の留意事項について」平成24年３月15日健感発0315第１号　厚生労働省健康局結核感染症課長通知

③日本における細胞リソース事業
——理研細胞バンクの事業例

中　村　幸　夫

はじめに

医学・医療系研究分野においては、ヒト細胞材料は必須の研究材料であるが、ヒト由来の組織や細胞を入手することは容易なことではない。何故ならば、ヒト由来の組織や細胞を入手するためには、程度の差はあれ人体を損傷することが前提となるからである。したがって、ヒト由来の組織や細胞を研究に利用することは、医療上の必要性に応じて、すなわち、医療行為として摘出された組織や細胞を利用することから始まった。しかし、この利用方法では、利用できる研究者は特定の者、多くの場合は医療従事者のみに限定されてしまっていた。この状況を一変させたのが、不死化した細胞株を樹立する技術の開発である。世界で最初に作製されたヒト不死化細胞株は子宮頸がんに由来する細胞株であり、HeLa細胞という名前が付けられ、1952年に公表された。作製から半世紀以上を経た今日でも、HeLa細胞は様々な研究に幅広く利用されている。HeLa細胞の作製成功で判明した科学的事実は、ヒトの正常細胞は培養を繰り返すのみでは決して不死化することはないのに、「がん細胞は培養を繰り返すのみで不死化細胞株となることがある」ということであった。HeLa細胞の作製成功は、他の多数の研究者によって多種多様ながん細胞株の作製へとつながった。

1　細胞バンク事業の設立

不死化がん細胞株は半永久的に増殖を続けることが可能な細胞材料であり、ひとたび作製された細胞株は、作製者以外の多数の研究者も利用することが可能である。細胞バンク事業が世の中に存在しなかった時代には、細胞株を作製した研究者が、他の研究者からの依頼に応じて、不特定多数の研究者に細胞株を提供することとなった。この仕組みは、作製した細胞株の需要が高ければ高いほど、当該細胞株を作製した研究者の物理的な負担となることは明白であり、また、作製した研究者が研究職を退いた後には、細胞株を管理・提供する者が不在となってしまう。そこで設立されたのが細胞バンク事業である。細胞バンク事業の活動によって、細胞株を作製した研究者は、他の研究者に分譲する手間暇を省くことが可能となり、また、作製した研究者が研究職を退いた後にも細胞バンク事業が細胞株を継続して管理・提供することが可能となった。HeLa細胞が今でも世界中の細胞バンクから提供されている事実が一番の好例である。

一方、細胞バンク事業の活動は、利用者サイドからも大きなメリットを産み出した。例えば、胃がん由来細胞株を多数用いて研究を行いたいという状況の場合に、胃がん由来細胞株を作製した多数の研究者と交渉して細胞株を入手する代わりに、細胞バンクが管理している多種類の胃がん由来細胞株を同時に入手することが可能となったのである。

2　ヒト細胞材料の分類

ヒト由来細胞材料は、まず２種類のカテゴリーで分類できる。一つのカテゴリーは、由来による分類であり、それはさらに、①疾患者の疾患細胞（例えば、胃がん患者の胃がん細胞そのもの）、②疾患者の非疾患細胞(例えば、胃がん患者の皮膚細胞)、③健常者由来細胞とに分けられる。

もう一つのカテゴリーは、培養の有無とその期間によるものであり、Ⓐ未培養細胞、Ⓑ短期間培養細胞、Ⓒ長期間培養細胞に分けられる（表１）。

ヒトがん細胞株は、疾患細胞由来であり長期間培養細胞である。ヒトがん細胞株は、今でも細胞バンク事業の中心的な存在であり、提供数においても最も多い細胞材料である。既述のとおり、がん細胞以外のヒト細胞は培養を繰り返したのみでは不死化細胞株となることはない。そこで、ヒト細胞を長期培養可能とする様々な工夫が行われた。その一例が、エプスタイン・バー・ウイルス（Epstein-Barr Virus：EBV）を使ってＢ細胞（Ｂリンパ球）

表１　ヒト細胞材料の分類

（すべてのヒト細胞材料を網羅したものではない）

ヒト細胞	疾患者由来		健常者由来
	①疾患細胞	②非疾患細胞	③健常細胞
Ⓐ未培養細胞	組織 血液	組織 血液	組織 血液 臍帯血
Ⓑ短期間 培養細胞	線維芽細胞 （付着性細胞）	線維芽細胞 （付着性細胞）	線維芽細胞 （付着性細胞） 体性幹細胞
Ⓒ長期間 培養細胞 （不死化細胞）	がん細胞株	EBV-B細胞 疾患特異的 iPS細胞	EBV-B細胞 ES細胞 iPS細胞

を形質転換する方法である（EBV-B細胞：表１）。EBVは免疫不全患者においてリンパ腫等の腫瘍を引き起こす原因となるウイルスでもあるが、健常人に感染した場合にはほとんどの場合は不顕性感染（何も症状が出ない）として終わり、実際に世の中のほとんどの人はEBV抗体陽性である（過去に感染したことがある）。ただし、健常人における感染で伝染性単核球症を発症することもある。このEBVをＢ細胞に感染させることで、Ｂ細胞を長期間にわたって培養が可能となる。そのような状態となった細胞でも必ずしも不死化していないという論文もあるが、かなりの長期間にわたって培養が可能な細胞である。ヒト細胞を不死化する因子として、SV40ウイルス由来のLarge Tという分子、Human papilloma virus（HPV）由来のE6/E7という分子、染色体末端長の維持に関与するhTertという分子などが知られているが、ここではその詳細は割愛する。

ヒト由来の正常細胞でありながら、培養を繰り返すのみで不死化細胞となる事実が判明した細胞が胚性幹細胞（Embryonic Stem Cells：ES細胞）である[1)]。そして、次に登場したのが人工多能性幹細胞（induce Pluripotent Stem Cells：iPS細胞）である[2),3)]。線維芽細胞に山中４因子（Oct3/4、Sox2、Klf4、c-myc）を導入することで、ES細胞と同様な多能性幹細胞を作製することが可能となった。既述の、EBV、SV40-Large T、HPV-E6/E7、hTertなどを使って不死化細胞を作製した場合には、不死化に使用したEBV由来の分子、SV40-Large T、HPV-E6/E7、hTertなどは、そのまま細胞の中で発現し続けているのであるが、iPS細胞においては、作製に用いた山中４因子（Oct3/４、Sox2、Klf4、c-myc）は作製後には不要な存在であることが大きな違いであり、特徴である。

ヒト短期間培養細胞として一番標準的な存在は、線維芽細胞と呼ばれる細胞である。ヒトの皮膚組織などを採取して培養を行うと、比較的容易に線維芽細胞を培養することができる。採取から２ヶ月程度はかなり勢いよく増殖するが、その後にまったく増殖しない状態になり、増殖クライシスとも呼ばれている。この現象を最初に報告したのがHayflickである[4)]。近年になり、骨・軟骨・筋・腱・脂肪細胞などに分化する能力を有する間葉系幹細胞（体性幹細胞：一定の分化能を有する幹細胞）も、線維芽細胞と同様に一定期間は増殖・培養が可能であることがわかっており、理研BRC細胞バンクでも間葉系幹細胞の提供を行っている。実は、理研BRC細胞バンクで線維芽細胞として寄託を受け提供している細胞の中には、間葉系幹細胞などの分化能を有する細胞が多数含まれていることもわかっている[5)]。

細胞バンク事業のそもそもの始まりは、増殖して増える細胞を不特定多数の研究者に頒布することであった。すなわち、当初の対象細胞は上記のような長期間培養細胞または短期間培養細胞に限局していた。

3　細胞バンク事業に求められる新規細胞材料

培養細胞は培養期間中に細胞に遺伝子変異が発生する可能性を完全に払拭することは不可能であり、細胞バンク事業においては提供用の整備による培養期間（細胞の分裂回数）をなるべく短くするための工夫をしている。がん細胞株のほとんどは染色体異常を有しており、その異常の多くは培養期間中に発生したものである。言い方を変えれば、染色体変異や遺伝子変異によって、生存や増殖に有意な変異が蓄積した細胞が生き残っているともいえる。短期間培養細胞（線維芽細胞、間葉系幹細胞等）は長期間培養細胞に比べれば遺伝子等の変異が蓄積される可能性は極めて低いとはいえるが、まったくないとは断言できない。こうした背景の下、未培養状態の細胞材料を欲する研究が存在することは明白な事実であり、それが故に近年では、バイオバンクという呼称で、未培養の組織や細胞（がん組織やがん細胞、健常人の血液等）を取り扱う事業が日本でも盛んになってきている。

また、近年の再生医療研究の隆盛は、細胞バンク事業に様々な幹細胞材料の整備・提供を求めるようになっている。そのような状況下、長期間培養および大量培養が可能なES細胞やiPS細胞のみでなく、未培養状態の幹細胞に対する需要も高まっている。そうした状況を受け、理研BRC細胞バンクでは、ヒト臍帯血バンク事業を実施している。

4　ヒト臍帯血バンク事業におけるインフォームド・コンセントと提供同意書

臍帯血バンク事業は、臨床用（移植用）のバンク事業として確立された体制がある。臨床用のバンク事業において出生児のお母様からの同意を得ても、細胞数が少ないこと等が理由で臨床には利用されない試料が多数存在している。そこで、第一義的には臨床用に提供を依頼し、臨床で使用することが不可能であった場合には研究用に使用させてもらう体制を構築した。関係各機関で相談し、研究用に臍帯血の提供を受けるための説明文書と同意書を以下のように作成した。倫理的な観点、知的財産権の観点等に関して重要と思われる箇所に下線を引いた。

また、理研BRC細胞バンクから利用希望者に提供する際の提供同意書（Material Transfer Agreement：MTA）も紹介する。上記インフォームド・コンセントと同様に、倫理的な観点、知的財産権の観点等に関して重要と思われる箇所に下線を引いた。

研究用幹細胞バンクへの臍帯血提供のお願い（説明文書）

○○臍帯血バンクにご提供いただいた臍帯血が、採取量が少なかったり、分離・調整後に細胞数が少なかったりして、日本さい帯血バンクネットワークの定める「臍帯血移植への提供のための保存基準」を満たさなかった場合には、残念ながらその臍帯血は移植には使用できません。具体的には、臍帯血採取後24時間以内に８億個以上の細胞を取得できなかった場合には、移植用に使用することができず、誠に残念ながら廃棄せざるを得ないことになります。しかしながら私たちは、このような移植用には使用できなくなった臍帯血を、難治性の病気に対する新しい治療法の実現を目指す再生医療を含め、医学の発展を目指した様々な研究のために使用させていただきたいと考えております。最近の医学の進歩により、臍帯血が血液幹細胞のみならず、種々の再生能力を秘めた幹細胞資源として注目されるようになっております。再生医療とは、臍帯血などの中に含まれる幹細胞を増やしたり、必要とされる臓器になる細胞へと誘導したり、体内に移植したりすることで、臓器移植の代替や難病治療に役立てようという医療のことです。このような研究は、人々の健康と福祉の向上に将来必ず役に立つものと大きな期待を集めております。

提供に同意いただきました臍帯血は、○○臍帯血バンクで細胞処理保存された後に、文部科学省の推進する研究用幹細胞バンク事業の一環として理化学研究所バイオリソースセンターに登録され、厳重な保存と管理を行い、そこを通して医学の発展を目指した研究を進めている国内外の研究者に提供させていただきます。臍帯血は、科学的・倫理的妥当性が認められる研究のみに提供されます。尚、ご提供いただいた臍帯血の検査、調製、保存、登録または移植や研究への使用については○○臍帯血バンクにお任せいただきます。

移植に臍帯血を提供する場合と同様に、研究への提供もボランティア精神に基づくものであり、提供しても何ら利益は得られません。臍帯血に関する所有権は放棄していただきます。また、臍帯血の使用で得られた研究成果に基づく知的財産権は、成果を挙げた研究者に帰属することになります。

○○臍帯血バンクへ提出していただいた家族歴調査票や、問診票および分娩時の記録は○○臍帯血バンクで厳重に保管され、プライバシーは厳重に守られ、研究用幹細胞バンク事業へ提供されることはありません。移植に用いることができなかった臍帯血が研究用幹細胞バンク事業に提供される場合には、○○臍帯血バンクで提供者の氏名・住所などを削除し符号化され、匿名化された後、理化学研究所バイオリソースセンターに送られます。従って、赤ちゃんやお母さまを特定することは不可能であり、研究では遺伝子解析が行われることや臍帯血由来の細胞株が樹立されたりすること、またその成果を学会等で公表することもあり得ますが、臍帯血の匿名化がされていますので、提供者を知ることは決してできません。

移植利用への提供と同様、臍帯血採取前であれば同意書提出後であっても、研究使用への提供の同意を撤回できます。ただし、採取後は匿名化され、提供されたものがどれかを特定することができませんので、撤回することはできません。

ご同意いただけなかったり、同意を撤回されたりしても、お母さま、お子様ともに何ら不利益を受けることはありません。

以上の趣旨をご理解の上、ご提供いただいた臍帯血が移植に使用できない場合には、是非、再生医療等に関する研究に使用させていただきますようお願い申し上げます。

研究用幹細胞バンクへの臍帯血提供に関する同意書

私は臍帯血の医学の発展を目指した研究使用への提供について、○○病院○○科○○医師より別紙説明文書および口頭で説明を受け、その意義を十分理解しました。よって○○臍帯血バンクおよび採取医療機関に対して以下について同意します。

1．提供した臍帯血が日本さい帯血バンクネットワークの定める「臍帯血移植への提供のための保存基準」を数量等の面から満たさなかった場合、○○臍帯血バンクで細胞処理保存されたのちに、文部科学省の推進する研究用幹細胞バンク事業の一環として理化学研究所バイオリソースセンターに登録され、そこを通して国内外の研究者へ提供されること。
2．提供した臍帯血の所有権は放棄すること。また臍帯血の使用で得られた研究成果に基づく知的財産権は成果を挙げた研究者に帰属すること。
3．提供した臍帯血は、個人情報が削除された上で匿名化され、プライバシーは厳重に守られること。
4．提供した臍帯血は、医学の発展を目指した研究にのみ使用されること。
5．提供した臍帯血を用いた研究においては、遺伝子解析及び細胞株樹立が行われる場合もあること。またその成果を学会等で公表することもあり得ること。しかしその場合にも、プライバシーの保護を配慮した形で発表すること。また、遺伝子解析を含めた研究を実施する際は、その当該研究施設で新たに倫理審査委員会の承認を受けていること。
6．同意書提出後もその同意を撤回できること。撤回しても何ら不利益を受けることはないこと。ただし臍帯血採取後の撤回は原則として不可であること。

臍帯血バンク事業において用いている提供同意書

「研究用ヒト臍帯血幹細胞提供同意書」（第一種：非営利機関による非営利学術研究のための利用）

国立研究開発法人理化学研究所バイオリソースセンター（以下「理研BRC」という。）と○○（以下「利用者」という。）は、理研BRCが利用者に「研究用ヒト臍帯血幹細胞」及び個人情報以外の試料付随情報を含むヒト由来試料（理研BRC細胞材料開発室固有記号で特定されるものであり、また由来する産物を含むものとする。以下「本件リソース」という。）を提供するにあたり、次の事項に同意する。

1．理研BRCは、ライフサイエンスの分野における研究開発及びその実用化の発展のため、生物遺伝資源（バイオリソース）の提供を行っている。
2．①利用者は、本件リソースを、次の課題に利用する。
　　課題名：○○
　　利用目的・概要：○○
　②利用者が、本件リソースを上記と大幅に異なる課題に利用するときは、事前に理研BRCに連絡する。
3．利用者は、本件リソースを、ヒト（治療、診断、飲食物、その他）に直接使用してはならない。
4．利用者は、本件リソースの利用にあたって理研BRCカタログ及びホームページに掲載されている次の条件を遵守する。
　●医学の発展を目指した研究に限定すること。
　●本件リソースは「ヒト由来試料」であることを認識し、実験動物の材料ではなく「ヒト由来試料」を用いる必然性がある研究に限定する。
　●本件リソースを、サイトカイン等の物質を抽出するための直接の材料としてはならない。
5．利用者は、本件リソースを用いた２項①記載の課題及び利用目的について、予め、利用者機関内の倫理審査委員会、又は、文部科学省・ナショナルバイオリソースプロジェクト「研究用ヒト臍帯血幹細胞」事業に設置する「審査委員会」における承認を得た後、その承認書の写しを理研BRCに提出する。
6．利用者は、本件リソースを用いてiPS細胞（人工多能性幹細胞又はそれに類する能力を有することが推定される細胞）を樹立した場合において、当該iPS

細胞を第三者機関へ提供する際には、理研BRCへ寄託し、理研BRCから提供することにしなければならない。

7．本同意書をもって、利用者が理研BRCより提供を受ける本件リソースの数は、200以下とする。

8．利用者は、本件リソースを利用した研究成果等を発表する際は、本件リソースが文部科学省・ナショナルバイオリソースプロジェクトにおいて収集され、理研BRCを介して提供されたことを、発表中に明示し、謝辞の表明をする。〔英文例：○○（リソース名）was provided by the RIKEN BRC through the National Bio-Resource Project of the MEXT, Japan.〕また、その発表の写しを理研BRCへ送付する。理研BRCは、利用の状況及び成果等について利用者に報告を求めることができ、利用者は誠実に理研BRCの求めに対して回答することとする。

9．利用者は、本件リソースの提供にあたって発生する経費を負担する。

10．本件リソースは、利用者と２項①記載の課題に携わる共同研究者が同一の課題の範囲内で利用することができる。ただし、利用者は本件リソースを第三者へ転売又は譲渡し、あるいは、上記以外の第三者に利用させることはできない。ここでいう「譲渡」とは知的財産権、実施権等の全ての権利の移動あるいは移転ないし引き渡しを含む。

11．理研BRCは、本件リソース並びに本件リソースを利用する権利のみを利用者へ提供する。本件リソースに付帯している知的財産権、実施権等の権利は明示の如何を問わず、利用者へは一切移転されない。

12．利用者は、本件リソースがそのままのもの［as is］として提供されるものであり、欠点及び危険な特性、不具合等を有している可能性があること、また特定の目的に合致しているとは限らないことを認識し、本件リソースの利用によって損失が生じた場合は、利用者自らの責任で処理する。理研BRC及び寄託者は、本件リソースの特性及び特定目的に対する適合性及び本件リソースの利用過程における潜在的な第三者の特許権、著作権、商標権、もしくはその他の権利侵害等について一切保証しない。

13．利用者は、本同意書の２．①の実施における本件リソースの利用、保存、処分等によって生じるいかなる損害及び第三者からの損害賠償等の請求等について、全ての責任を負い、理研BRCは一切責任を負わない。利用者は２．①の実施及びその結果に関わる法的責任について理研BRCとその全ての職員及び寄託者の法的責任を免除することを保証する。ただし、理研BRCの故意又は重大な過失により生じた紛争についてはこの限りではない。

14. 利用者は、本件リソースの利用にあたって、「ヒトゲノム・遺伝子解析研究に関する倫理指針」（文部科学省、厚生労働省、経済産業省、平成13年３月29日）等、必要に応じて、該当する日本の法令及びガイドラインによって認められる範囲内の研究環境、実験条件等で取り扱わなければならない。理研BRCは、利用者のこれら法令、ガイドラインの遵守について一切責任を負うものではない。尚、当該法令等に基づく手続きが必要な場合には、当該法令に従って利用者がその手続きをしなければならない。
15. 本件リソースの提供における輸送段階での事故処理については、速やかに双方で協議し処理する。
16. 利用者が本同意書に違反したとき、理研BRCは、利用者に対して報告を求めると共に、本件リソースを用いた研究の中止要請、本件リソースの返還請求、利用者の機関名を含めた違反事実の公表、以後の利用者による本件リソース及び理研BRCの他のリソースの利用を停止することができる。
17. 本同意書に定めのない事項及び本同意書の履行について疑義を生じた内容については、双方が協議し円満に解決を図る。

5　品質管理機関としてのリソース事業の重要性

冒頭で記載したとおり、細胞バンク事業の当初の目的は、有用な細胞材料の再利用に関して、作製者の頒布に係る負担を軽減することと、利用者の利用簡便性であった。しかし、その後、細胞バンク事業のもっと重要な役割として品質管理が認識されている。

例えば、マイコプラズマ汚染である。多くの研究者は、培養細胞にはマイコプラズマが感染することがあることを知っていながら、「わが子に限ってそんなことはない」という感覚で、検査もせずにマイコプラズマ汚染はないと信じている。その結果、細胞バンクで寄託を受けた細胞の実に30％近い細胞がマイコプラズマに汚染されているという事実がある。細胞バンク事業では、その発足当初から、DNA染色法という最も感度の高いマイコプラズマ汚染検査をルーチン検査として導入し、マイコプラズマ汚染のない細胞材料の提供に努めている。

もう一つ特記すべき品質管理は、誤認細胞（取り違え細胞）の排除である。

培養細胞のほとんどは付着性細胞であり、その形態は「紡錘形」「方形」等に限定され、形態のみで細胞を区別することは不可能である。しかしながら、研究者がルーチンで行っているのは形態観察のみであり、当然の事態として、誤認細胞（取り違え細胞）が多数発生した。一番の典型例は、HeLa細胞との取り違え、すなわち、独自の細胞株（例えば胃がん由来）と思って使用していた細胞株が、実はHeLa細胞であったという事例である。昔は、この誤認細胞を検出する方策がないままに放置されていたのであるが、世界中の主要細胞バンク機関が連携協力し、今では犯罪捜査にも活用されているマイクロサテライト多型解析（Short Tandem Repeat（STR）多型解析）が細胞の独自性（由来者が異なること）を検証することにも応用可能であることがわかった[6)]。今では、世界中の主要細胞バンクがこのSTR多型解析を導入し、誤認のないヒト細胞の提供に努めている。

上記のような、マイコプラズマ汚染がないことや誤認がないことは、未培養細胞を取り扱うバイオバンク事業にも必須のことである。未培養とはいっても、組織や細胞を採取してから提供するまでの過程において、マイコプラズマ汚染や誤認（取り違え）は発生しうることだからである。

おわりに

細胞バンクであれバイオバンクであれ、その根源にある目的は、人類の福祉向上のための生命科学研究分野において必要となるヒト細胞材料を、迅速に効率よく研究に利用できる体制を構築することにある。しかし、その対象となる細胞材料によって対応すべきことが大きく異なることも確かであり、その整備にはまだまだ多くの課題が残されている。

【参考資料】

1）Thomson, J. A., et al., Embryonic stem cell lines derived from human blastocysts. *Science* 282: 1145–1147, 1998.

2）Takahashi, K., et al., Induction of pluripotent stem cells from mouse embryonic and adult fibroblast cultures by defined factors. *Cell* 126: 663–676, 2006.

3）Takahashi, K., et al., Induction of pluripotent stem cells from adult human fibroblasts by defined factors. *Cell* 131: 861–872, 2007.
4）Hayflick, L., et al., The serial cultivation of human diploid cell strains. *Exp. Cell Res.* 25: 585–621, 1961.
5）Sudo, K., et al., Mesenchymal progenitors able to differentiate into osteogenic, chondrogenic, and/or adipogenic cells in vitro are present in most primary fibroblast-like cell populations. *Stem Cells* 25: 1610–1617, 2007.
6）Masters, J. R., et al., Short tandem repeat profiling provides an international reference standard for human cell lines. *Proc. Natl. Acad. Sci. USA.* 98: 8012–8017, 2001.

2　創薬研究に必要なヒト組織

①創薬研究とヒト組織利用
――Precision Medicineへの展開

堀　井　郁　夫

1　はじめに
――Personalized Medicine & Precision Medicine

創薬の場では、病気・病因の解明を起点とした治療標的を特定化することから新薬の創生探索が始まる。その後の医薬品研究開発は、非臨床研究の探索的研究プロセスを経て臨床開発研究候補化合物の選定、臨床開発研究、申請・承認、市販へと進む。医薬品の創薬・研究開発において、前臨床試験から臨床試験への移行時（FIH：First-In-HumanおよびIND：Investigational New Drug）および承認申請時（NDA：New Drug Application）に対応する非臨床試験知見の検証のときに常に対面することは、動物実験結果のヒトへの外挿性の検討である。医薬品開発研究の非臨床場では、薬効の検証や副作用に対する安全性評価のために実験動物を使った動物実験が行われるが、実験動物から得られたデータと実際にヒトへ投与された臨床試験のデータとの間に隔たりが生じることがあるのは周知のことである。創薬早期における臨床開発候補化合物選択時に、動物実験データからその結果のヒトへの外挿性を高めて検索することは重要であり、その検証の一環としてヒト組織や細胞を使った研究が推進されてきた。

このような背景の中、わが国では、HAB研究機構などを通じて新薬開発支援の一つとして、ヒトの細胞や組織を使って医薬品に対する動物とヒトとの間の相異を早期に検討・予測し、ヒトに対して安全で効果のある新薬の開発に貢献をしている。

革新的な医薬品の研究開発への期待は多大なものがあり、有効で副作用の少ない医薬品の提供は医薬品開発の原点であり使命でもある。創薬早期からヒトでの薬効・副作用の予測を適確に捉え検証していくのには科学的・技術的にまだまだ解決しなければならないことが多くあり、革新的な科学・技術を駆使してそれに対応したヒトへの外挿性が高い実験系を如何に構築するかが課題となっている。このような状況下において、動物実験結果からヒトへの外挿性を図る橋渡しとして「ヒト組織・細胞利用」を基盤とした提供・管理システム構築および関連組織の体系化のもつ役割は大きいものがある。

近年の医療の場は、再生医療の進展に見られるように、ES細胞、iPS細胞利用などの新しい技術的・科学的展開を基盤として進化の途にある。しかしながら、最近の新薬創生の場では、その創薬戦略における新薬に対して「病気・病因に対する正しい標的か？」「それに対応する正しい化合物が選択されているか？」「対応する正しい患者が選択されているか？」という疑問が投げかけられている。すなわち、医療の場でも、従来型医療（One-size-fits-all）から個別化医療（Personalized Medicine）・適確医療（Precision Medicine）への脱却が図られ始めている。

本報告では、“Precision Medicine”の日本語訳として「適確医療」を適用している。一般的に、“Personalized Medicine”と“Precision Medicine”は、ほぼ同じ意味で用いられている傾向があるが、個々の遺伝子多型に基づく個別化医療と精密な診断に基づく精密医療という点から両者の相違点は否めない。“Precision Medicine”は病因に対応した「精密・正確」な分析・診断をしたデータに基づいて患者を層別化し、それに「適合」した医療措置・予防医療を行うという意味で“Precision Medicine”の日本語訳として「適確医療」を用いた。

2　創薬・医薬品開発の現状・問題点・将来展望 ——ヒト細胞・組織利用に望むもの

(1)　創薬・医薬品研究開発の立ち位置とその展望 ——Right Target？ Right Molecule？ Right Patient？

医薬品開発における過去(1990～2000年)の医薬品治療成功率から見ると、多くの治療領域（心・血管障害、感染症、眼障害、代謝異常、痛みなど）において医薬品治療により11％まで治療の成功率が上がり、2009年に至っては、その成功率は18％にまでなってきている。しかし、このような治療・改善がほぼ十分に見込まれる疾病に対して、未だ不十分な疾病領域（がん、中枢神経系疾患など：５％前後の成功率)があることが提示されてきた(図１)。このよう背景から、創薬におけるこれからの挑戦は、未だ充足されていない疾病領域への対応であることが明白になってきた[1),2)]。

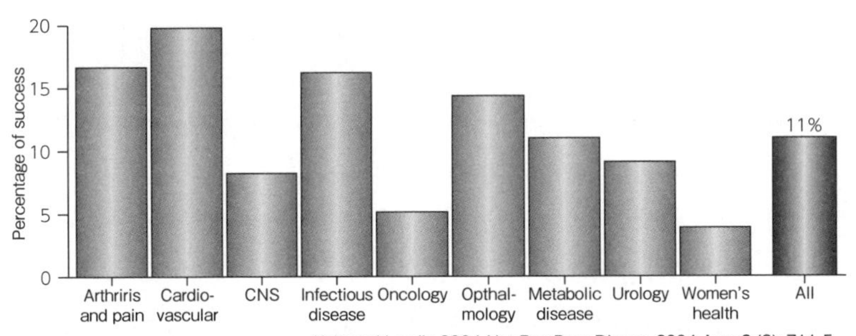

Kola and Landis 2004 Nat Rev Drug Discov. 2004 Aug; 3 (8): 711-5.

1991年～2000年における医薬品の創薬・開発研究の科学的・技術的進歩により大手薬品会社の成功率は全体として11％まであがったが、中枢神経系、がん領域などにおいては十分な成果が得られていない。2009年に至って全体の成功率は18％まであがったが依然として同様の問題点は充足されていない。(Walker and Newell 2009)

- 医薬品処置により、治癒・改善がほぼ充分に見込まれる疾病と未だ不充分な疾病領域がある
- 医薬品研究開発におけるこれからの挑戦は、未だ充足されていない疾病領域への対応である

図１　医薬品開発における創薬の成功率の捉え方

創薬戦略における新薬創生の基本的思考として、改めて「病気・病因に対する正しい標的か？」「それに対応する正しい化合物が選択されているか？」「対応する正しい患者が選択されているか？」という疑問が投げかけられ、新しい科学的・技術的進展にともなう診断に基づく治療が推進されてきている（図２）。

・薬として病気に対する正しい標的かどうか？
・標的に相応する最適の分子・化合物かどうか？
・治療対象となる患者の正しい選択がなされているかどうか？

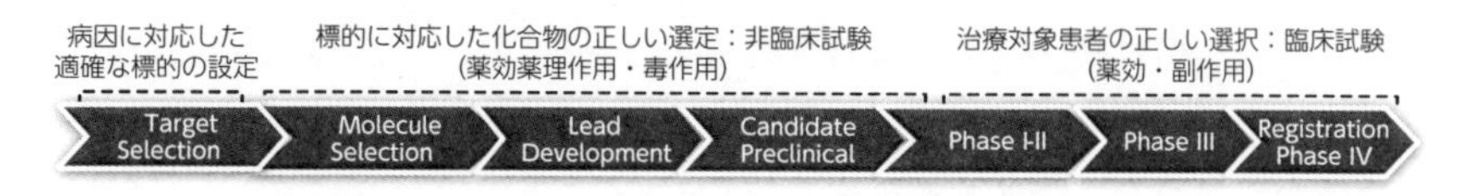

図２　医薬品治療における今後の展開：医薬品研究開発過程における挑戦

A　薬として病気に対する正しい標的かどうか？

病気・病因に対する科学的に革新的な標的を設定する上で要求される事項は以下のように提示できる。

① 標的分子を明確にし、その遺伝的特徴とその生物学的意義
② 既知・仮説上の病気（病因）との関連の提示
③ 標的組織での分布の同定
④ 標的の種差の理解
⑤ 臨床での標的を提示
⑥ 仮説の試験系の技術的実現の可能性

標的の選択時には、既知の作用機序と比較した作用機序の提示、バイオマーカー設定の可能性の提示等も要求される。

B　標的に相応する最適の分子・化合物かどうか？

臨床開発候補化合物の選択時、標的の薬理・安全性プロファイルを明確にし、最適の治療分子・化合物を選択し、当該病気に対して最も治療効果が高い可能性のある化合物を臨床適用薬物候補として選択する。そのとき、薬効

および安全性に関わる機序を明確に提示するために標的と当該分子間の反応機序と因果関係を明らかにし、薬効・毒作用の観点から副作用回避のための探索的安全性試験結果から当該化合物の適確なリスク評価・管理をする。

C　治療対象となる患者の正しい選択がなされているかどうか？

臨床的に治療効果が高く安全性を担保できるような治療薬を創出させるために、臨床的・基礎生物学的に病因標的を明確にして、臨床的に応答のある患者選択し治療する。非臨床・臨床標的遺伝子との関係をプロファイルするために、ヒト試料を用いて最新の科学的知見（分子生物学的・分子遺伝学的アプローチ）と技術を駆使して創生した医薬品を用い、高い反応性のある患者を選出し治験・治療に適用することが求められてきている。

(2)　バイオマーカー探索・設定の意義

遺伝子解析の技術の進展にともない、2000年以降、遺伝子発現に関連したバイオマーカーの提示が多くなされた。いくつかのバイオマーカーは臨床の場で有用であったが、実際の治療の場ではマーカーとして十分な効果は提示できていなかった。現在、分子生物学的探索（Proteomic & Genomic Profile）を基とした複合型*in vitro*診断バイオマーカーについては、未だ十分な提示がなされるに至っていない[3)]。近年に至り、遺伝子学的病因の診断により、特異的に治療効果を示す医薬品が創出されてきたのを機として、バイオマーカー探索を基づく疾病の生物学的な理解、適応反応としての遺伝子変異の同定、コンパニオン診断と当該医薬品開発が積極的に取り入れられてきている。すなわち、病態とその生物学的な意味を理解し、病因とその治療の関係を明確にするためのバイオマーカー設定は、重要な役割を担っている。このような点から、ヒトでの病因を適確に診断するためのバイオマーカーを探索・設定する上で、健常人および患者のヒト細胞・組織を利用することは極めて意義のあることである。

⑶ 医薬品研究開発における科学的進展の有効な臨床治験への移行・展開（有効なTranslational Research）

1970年代の遺伝子組み換え技術の急速な進展から始まり、遺伝子解析技術の向上から2000年のヒトゲノムの完全解析に至る間、病気（病因）の解析・理解が高まり、それに並行した技術的レベルも向上し、医薬品開発成功率は上昇すると期待された。しかしながら、実際は科学的知識・技術は向上したが、医薬品開発成功率は逆に低下する傾向にあった。この乖離からの現状の矛盾に対してどのような変革が必要とされるかに焦点が当てられ、有効なTranslational Researchへの検討がなされるようになってきた。その根底にあるものとして、提示した標的が正しい患者に対応して適用されるかどうかが重要な鍵となってきている（図３）。

生物医学的研究は、人の病気をよく理解することに重点を置く方向に進んできており、その進展には、種々のオミックス基盤、分子イメージング、多様性のある創薬技術の開発が不可欠である。これまでの治療の場では、単一的な医薬治療（One-size-fits-all）に主点をおいて進められてきたが、今後は

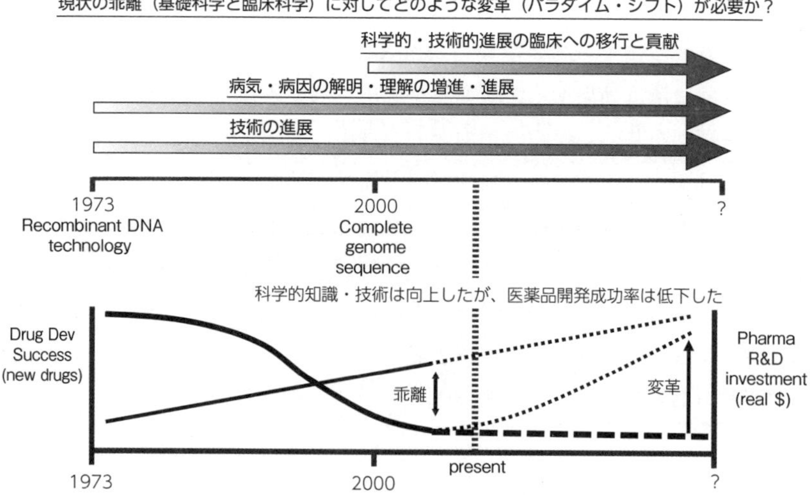

図３ 医薬品開発における科学的・技術的進展と成功率との間の矛盾した側面

個人ごとの疾病のタイプを見る個別化医療（Personalized Medicine）に向かうことが余儀なくされてきている。さらには、個々の患者における病因に対応した個別化医療および疾病予防をも考慮した適確医療（Precision Medicine）への展開が始まっている。このような観点からの挑戦が、新しい科学・技術の進展が臨床的貢献を高めることのできる真の意味でのTranslational researchにつながるものと思われる[4]（図４）。

単一的な医薬品治療には問題がある

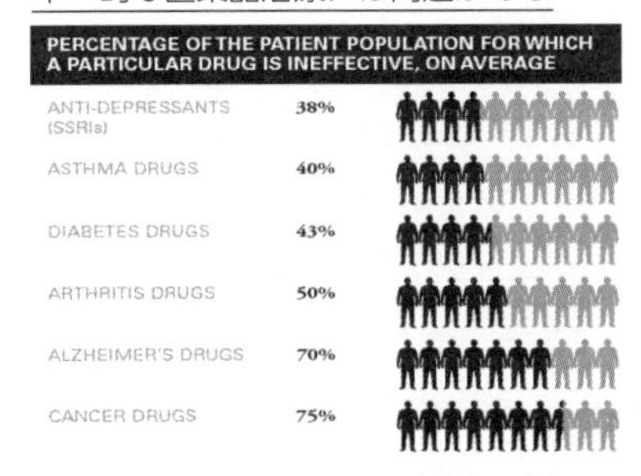

Source of data: Brian B. Spear, Margo Heath-Chiozzi, Jeffery Huff, "Clinical Trends in Molecular Medicine," Volume 7, Issue 5, 1 May 2001, Pages 201-204.

単一的医薬療法では、患者の多くはその貢献を受けていない

個人ごとの疾病のタイプをみる必要がある

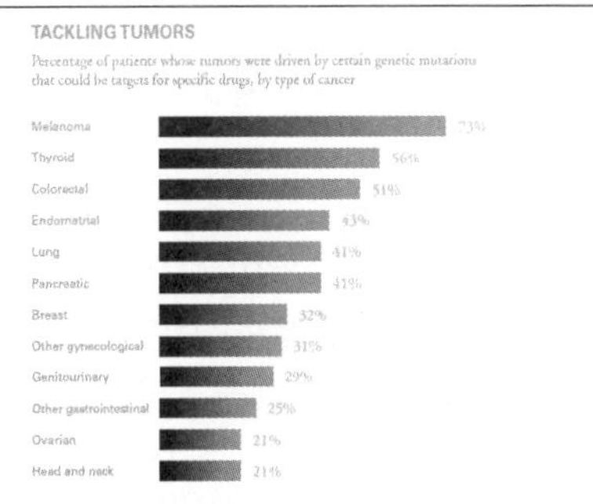

がん治療領域を見た場合、がん種タイプ毎の対応医薬標的に関する遺伝子変異には多様性がある

- 生物医学研究は、人の病気をよく理解する事に重点を置く方向に進んできている
- その進展には、種々のオミックス基盤、分子イメージング、創薬技術、ヒト病態の動物モデルの開発が鍵になる
- 精密・正確な医療（Precision Medicine）に焦点を当てることは、疾病から有効治療への知識の橋渡しのスピードを上げる源になる。

Personalized Medicine Coalition　Case for Personalized Medicine, 3rd Edition (2011)

図４　今後の医薬品開発における挑戦すべき事項は何か？
―Precision Medicineへの歩み―

(4)　Precision Medicineへの歩み――ヒト試料利用の意義と重要性

１）コンパニオン診断薬と適確医薬品の適用

薬理ゲノミクスは、個々人の薬に対する反応性について遺伝学的要素の観点から薬物動態学的・薬物動力学的に捉えることにより検討することに始まり、患者に特異的な当該医薬品の薬効・副作用について個別的に検討もしく

は予測するという点から、薬効の向上および副作用軽減に貢献してきた[4]。このような貢献により、医薬品の成功率は全体的にはある程度上がってきたが、"製薬会社にとって、本当に開発薬物のAttrition rate（開発中止率）は下げることが出来たのか？"という点に関して、前項で言及したようにある治療領域（がん治療、中枢神経治療など）においては、未だ十分な治療効果が充足されていない現状にある。その根幹に、未だ充足されていない難治疾病領域では、特にがん領域では疾病の病因に個々の遺伝子変異が深く関わり、患者ごとの疾病様相が異なることに基づく当該医薬品の適確な治療・治癒に至らないことがあることが明確に示されてきている。そのための診断に関わるバイオマーカーの設定においても、先述の如く病因となる因子を明確にするマーカーの探索・設定をし、病因に結びつく診断バイオマーカー情報による患者の選択に結びつくものが必要となる。すなわち、適確な診断に基づく患者選択が不可欠となってきている[5)-7)]。

Precision Medicine（適確医療）の実現には、当該疾病の生物学的・分子生物学的意義の理解、その適応反応としての遺伝的変異の同定、それにともなうコンパニオン診断と創薬・臨床開発が一連の新薬創生のプロセス・戦略として必然的に提示されてくる。これまでの検討例では、がん領域治療中心にその効果が示されてきているが、臨床的にGlioblastomaのサブタイプ同定[8]、高血脂治療のStatin投薬とSNPsとの関連など[9]についてその有用性が報告されている。

がん治療領域での最近の例として非小細胞肺がん（NSCLC）における治療が挙げられる[10),11)]。NSCLC患者の層別化に基づく適確な治療効果があった例として、ALK（未分化リンパ腫キナーゼ）融合遺伝子の同定、ALK転移を有するNSCLC患者に対するALK融合遺伝子検査薬（コンパニオン診断薬）診断による患者選択などの一連のプロセスを経て治癒に結びつけた事例が挙げられる[12]。遺伝子解析などの科学的成果を臨床の場に移行することは、標的治療効果と病気・病因の異質性の相関の観点から、患者の無選択母集団への低い効果と比べてバイオマーカーで固定した（診断薬による診断）サブ母集団への治療効果が極めて高くなることを提示している（図５）。

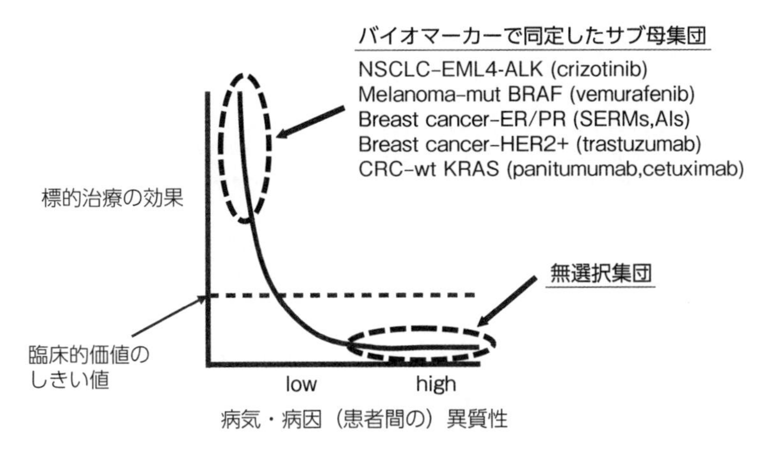

図５　科学的成果の臨床への移行：薬効（臨床開発上の成功率）と病気・病因の異質性との間の反比例関係

２）バイオバンクの構築

ここで示されたPrecision Medicine展開の根底にあるものは、人における疾病の病因に関する遺伝子情報を得るためのヒト生体試料の有効利用である。このような背景から、組織バンクとして創薬の基礎研究・臨床研究の各研究目的に沿ったヒト生体試料の収集とその病因に対する関連情報と共にその試料を蓄積・保管することは重要である。この試料と共に保有・管理する情報提供には、①Geno-typeおよびPheno-typeの情報、②創薬研究と臨床適用の橋渡しになる情報、③“Precision Medicine”を見据えた創薬・開発研究を促進・具現化するためのツール情報の提供などがある。

将来的なPrecision Medicineを目指した意義のある組織バンク構築の基本は、ゲノムに関する技術の裏づけと将来展望を備えたものが大切である。ヒト試料バンクに求めるものとしては、①遺伝子多様性と疾患歴・治療効果を関連づけるための疾患発現とPrecision Medicine治療に応答・関連した遺伝子変異を提示できるもの、②継時的な健康および疾病研究のための人工コホートとその生体試料保管のために、正常と病的異常の縦断的な研究ができるような健常人そして患者集団の生体試料の確保・収納などである（図６）。

ゲノムに関する技術の裏付け・展望を実現させるには、将来的な“Precision Medicine”を目指したヒト細胞・組織を利用した意義のあるやり方・展開が必要とされる

・疾患ごとの生体試料バンク：遺伝的多様性と疾患歴・治療効果を関連づけるため
→疾病発現と“Precision Medicine”治療に対する応答に関連した遺伝子変異を提示できるもの
・人口コホートとその生体試料の保管：継時的な健康および疾患研究のため
→健康と病気（正常と病的異常）の縦断的な研究が出来るための患者集団とそれに関連した生体試料の確保・収納

図6　トランスレーションの鍵となるツール：ヒト試料バンクに求めるもの

⑸　ヒト試料の保存とその利用

試料の応用範囲は、ゲノム解析（遺伝子発現解析、SNPsなど)、疾病に特有な遺伝子変異解析、病理研究、in situハイブリダイゼーション、標的組織に関する薬理試験・毒性試験・薬物動態試験などがあり、対象試料としては各種臓器組織、全血・血清・血漿、尿、髄液、唾液などでありRNA・DNAも含まれる。試料の形態としては凍結試料、非凍結試料、固定試料である。以下に、試料ごとの取り扱い・使用上の要点・詳細を示す。

凍結試料：一般的に、採取した試料は時間とともに組織中のDNA、RNA等が分解されるため液体窒素（－196℃）を用いて瞬間凍結させる。凍結試料の取り扱いはできるだけ低温状態を保つことが重要である。試料の保存は－80℃の低温フリーザーで保存する。タンパク質発現解析、RNA発現解析、マイクロアレイ解析時は、組織を粉砕後に遠心分離し分析試料として供する。ヒト代謝機能解析時には、凍結幹細胞を用いることになる。樹脂に凍結包埋した試料は、病理組織学的検査、免疫組織染色、in situハイブリダイゼーションに供される。

非凍結試料：非凍結試料は、組織採集後の組織をそのまま使用し初代培養細胞として利用する場合を示し、*in vitro*の薬効薬理試験・薬物代謝試験・毒性試験などに用いられる。また、肝組織などのスライスを用いた

*ex vivo*試験もある。

固定試料：一般的には、ホルマリンを用いた固定試料およびパラフィン包埋試料が主である。病理組織学的検査のためのHE染色・免疫組織染色試料も含まれる。パラフィン包埋時に熱がかかるために生体内タンパク質の変性などが危惧されるといわれているが、パラフィン切片組織でも免疫染色が可能な場合が多い。近年では、パラフィン包埋サンプルからのRNA抽出も可能となっている。レーザーマイクロダイセクション法による病理組織中の特定の細胞を採取し、PCR、RT-PCR等に利用できるようになってきている。電子顕微鏡検索に供する場合はエポキシ樹脂包埋試料となる。

3　おわりに
――Precision Medicineとヒト組織を利用した医薬品探索・開発研究

創薬初期から臨床適用までの間、ヒト組織を利用した医薬品探索・開発研究には、以下のような事項が実施されている。

①　開発候補化合物のスクリーニングを目的として生体外モデル系の開発

②　医薬としての標的の特定

③　有効性・安全性に関わる標的の分布とその機能の検討

④　病態の理解と医薬としての展開の可能性の検討

⑤　探索研究とその臨床応用時の両方に関わるバイオマーカーの探索・設定、測定系開発およびそのバリデーション

⑥　臨床応用時の患者の層別化あるいは選択のための診断方法の開発とそのバリデーション

上記のうち①～③については、創薬初期に通常的な検討事項とされてきたものであるが、④～⑥については、Precision Medicineを見据えた事項といえよう。

分子生物学の科学的進展にともなって、遺伝子解析の技術的向上は目まぐるしいものがあった。2000年に至りクリントン大統領の発令によりヒトゲノム解析が終了したもののそれを利用した次のステップへの医学的歩みは期待

したほど急速には進まなかった。その背景にはそれまでの分子生物学の科学的見解がDNAを中心とした遺伝子発現に重きを置いていたことによる弊害であったかもしれない。いわゆる、分子生物学のセントラルドグマ（ゲノム→トランスクリプトーム→プロテオーム→メタボローム）の論理展開にのみ焦点を当ててきたことに難が生じてきている。このことは、細胞・組織で見られるPheno-typeの変化が既存の分子生物学でのGeno-typeの変化のみでは説明できなくなってきたことによる。これまでの分子生物学の遺伝子発現制御にセントラルドグマの科学思考の上流にNon-coding RNAおよびEpigenetics要素が存在することを考慮する必要性が生じ、分子生物学の科学的思考の次の展開が始まろうとしている。将来的には、このような最新の分子生物学的知見を導入・対応したPrecision Medicine展開が次世代の医療の挑戦となると考える。

近年、再生医療の目まぐるしい進展、2010年に至ってのわが国の改正臓器移植に関する法律施行など、新しい世の動きに即した今後の展開も注目されている。また、ES細胞、iPS細胞利用などの点で新たな展開も期待されている。一方、細胞・組織機能を分子生物学的な観点から捉えた細胞利用の機運が高まるなか、ヒト組織利用の立ち位置は極めて重要となってくると考える。2015年に至りオバマ大統領が発表した“Precision Medicine Initiative”提言が“One-size-fits-all”型医療（従来型医療）→“Personalized Medicine”（個別化医療）→“Precision Medicine”（適確医療）への大きなステップの礎となることを期待している（図７）。

・臨床的に治療効果が高く安全性を担保できるような治療薬を創出させるために、臨床的・基礎生物学的に病因標的を明確にして臨床的に応答のある患者選択し治療をする→バイオマーカーに焦点を当てるPrecision Medicine （適確医療）

・非臨床・臨床標的遺伝子との関係をプロファイリングするための有用な分析・解析方法を開発する（例えば、immunohistochemistry (IHC), in situ hybridization (ISH), marker blotting, polymerase chain reaction (PCR), circulating tumor cell (CTC) or other biomarker assays）

・高い反応性のある患者（'high' responder patients）を選出し、試験・治療に適用する

Personalized Medicine（個別化医療）の展開

図7　治療対象となる正しい患者の選定がされているかどうか？

＊　本稿は、レギュラトリーサイエンス学会誌（2016）に投稿した「創薬に向けたヒト細胞・組織の利用：Precision Medicineへの展開」[13]を基に追加・再稿したものである。

【参考資料】

1）Kola, I., et al., Can the pharmaceutical industry reduce attrition rates? *Nature Rev. Drug Discov.* 3: 711–715, 2004.

2）Walker, I., et al., Do molecularly targeted agents in oncology have reduced attrition rates? *Nature Rev. Drug Discov.* 8: 15–16, 2009.

3）Poste, G., Bring on the biomarkers. *Nature* 469: 156–7, 2011.

4）Spear, B. B., et al., Clinical application of pharmacogenetics. *Clinical Trends in Molecular Medicine* 7: 201–204, 2001.

5）Davies, H., et al., Mutations of the *BRAF* gene in human cancer. *Nature* 417: 949–954, 2002.

6）Kolch, W., Coordinating ERK/MAPK signaling through scaffolds and inhibitors. *Nature Reviews/Molecular Cell Biology* 6: 827–837, 2005.

7）Chapman, P. B., et al., Improved survival with vemurafenib in melanoma with BRAF V600E mutation. *N. Engl. J. Med.* 364(26): 2507–2516, 2011.

8）Verhaak, R. G. W., et al., Integrated genomic analysis identifies clinically relevant subtypes of glioblastoma characterized by abnoemalities in *PDGFRA, IDH1, EGFR,* and *NF1.* *Cancer Cell* 17: 98–110, 2010.

9）Barber, M. J., et al., Genome-wide association of lipid-lowering response to statins in combined study populations. *PLoS ONE* 5: 1–10, 2010.

10）Pao, W., et al., New driver mutations in non-small-cell lung cancer. *Lancet Oncol.* 12: 175–180, 2011.

11）Rikova, K., et al., Global survey phosphotyrosine signaling identifies oncogenic kinases in lung cancer. *Cell* 131: 1190–1203, 2007.

12）Soda, M., et al., Identification of the transforming *EMA4-ALK* fusion gene in non-small-cell lung cancer. *Nature* 448: 561–566, 2007.

13）堀井郁夫「創薬に向けたヒト細胞・組織の利用：Precision Medicineへの展開」『レギュラトリーサイエンス学会誌』 6(1): 71–79, 2016.

②不可欠の創薬研究ツール
――製薬会社におけるヒト組織利用の現状とニーズⅠ

森　脇　俊　哉

1　製薬会社におけるヒト組織利用の現状

現在、製薬会社においては、ヒト組織は欠くことのできない研究ツールとなっている。その理由は、動物やその組織を用いて得られた研究結果が必ずしもヒトを外挿できず、ヒト組織の利用なしに前臨床段階におけるヒトに最適な薬物の選択が困難だからである。しかしながら、ヒト組織利用の歴史は比較的浅く、細胞の取り扱い技術の進展や使用ニーズの高まりにより、商業ベースの供給ルートが整備され、1990年代後半からようやく医薬品の研究開発にヒト組織が用いられるようになってきた。

このヒト組織利用の黎明期において最も大きな恩恵およびインパクトを受けたのが薬物動態の研究活動である。

薬物動態とは薬物がどのように吸収、分布、代謝、排泄するかを研究する学問であり、医薬品の探索から開発段階まで幅広く適用されている。その中でも代謝研究で肝細胞等のヒト組織が多用され、探索段階における候補化合物の絞込みのためのスクリーニング系にも使用されてきた。これは体内からのより多くの薬物の消失過程で腎排泄に比べ代謝が関わっていること、代謝を司る酵素の種差が大きく、動物の結果が必ずしもヒトを反映しないこと、多剤併用時に問題となる薬物間相互作用に代謝酵素が重要な役割を果たしていることなどによる[1),2)]。事実、ヒト組織を用いて化合物の最適化を行っていなかった1990年以前では薬物動態が原因で開発が中止となる割合が40％であったが、2000年になり、10％前後に激減した[3)]。最近の報告によると５％まで低下しており[4)]、ヒト組織を探索段階で適切に使用することで、ヒトにおいてより良い薬物動態特性を示す化合物が選択されていることを示唆している。

また、2000年前後から分子生物学の発展にともない多くの新規薬物トランスポーターが同定され、これらが体内動態や薬物間相互作用に大きく影響していることが明らかになってきた[5),6)]。最近では、この薬物トランスポーターの機能解析のため、ヒト肝細胞だけでなく小腸や腎臓などヒト組織を用いた研究がより活発化している。さらに米国、欧州および日本の当局から発出されている薬物間相互作ガイダンスおよびガイドラインの中でもヒト組織を用いた研究が求められており、開発段階でも新薬の承認申請のためにこれが実施されている。

このようにヒト組織は探索から開発段階まで薬物動態研究に不可欠なツールとなっている。

近年、トランスレーショナル研究の発展にともない、ゲノミクス、プロテオミクス、メタボロミクスなどのオミックス技術を用いたターゲットおよびバイオマーカー探索にヒト組織の利用が重要な役割を果たしてきている。バイオマーカーは薬効だけでなく毒性についても検討されており、薬物動態だけでなく薬理、安全性などの広範な創薬研究においてヒト組織利用の必要性が高まっている（詳細は、本書所収の、堀井郁夫「創薬研究とヒト組織利用――Precision Medicineへの展開」参照)。

2　主なヒト組織の入手方法

現在、製薬会社において商業ベースで欧米から輸入されるヒト組織を用いることが一般的である。ヒト組織として最も利用ニーズの高い肝細胞を販売している主な代理店とその特徴を示す（表１)。

ただし、細胞の調製技術は日進月歩で各社製品改良を行っており、各社で差別化につながる特徴が随時変化していることに留意する必要がある。また、この表以外にも高品質な肝細胞を提供している代理店も存在するので、各研究者が研究目的に合致した細胞を提供できる代理店情報を入手することが重要である。現状、米国からの輸入の場合、移植不適合例を含む死体ドナー由来である一方、欧州の場合では、手術時の摘出組織由来であることが多い。これは、主に米と欧州でのドナーの絶対数や組織供給体制の違いによる。

表１　主な市販肝細胞の日本代理店とその特徴

日本代理店	調製元	特　徴
㈱ベリタス	Bioreclamation-IVT（米）	最大50人のドナーの浮遊プールド凍結肝細胞を提供。生存率が高く（＞70–80％）、パーコール処理を必要としない細胞を市販。
オリエンタル酵母工業㈱	Life Technologies（米）	接着肝細胞のロットが充実しており、代謝試験用、トランスポーター試験用などグレード分を行って提供。生存率が高く（＞80％）、パーコール処理を必要としない細胞を市販。
㈱ジェノメンブレン	In vitro ADME（米）	肝細胞研究の大家 Dr. Albert Li が提供。浮遊だけでなく接着性プールド凍結肝細胞も市販。
積水メディカル㈱	Xenotech（米）	１回凍結法で得られた浮遊プールド凍結肝細胞のため酵素活性が高い製品を提供。
㈱ケーエーシー	SciKon（米） Biopredic international（仏）	凍結肝細胞だけでなく、凍結融解操作は行わず、新鮮肝細胞に近い性質を有する細胞もプレートに播種した形で提供可能（手術由来正常細胞）。
倉敷紡績㈱	Kaly-Cell（仏）	肝細胞取り扱い技術にノウハウおよび研究実績を持つ調製元からの製品を提供（主に手術由来正常細胞）。
コーニング	Corning（米）	調製元と代理店の系列が同一。安価でロット間バラツキの小さい不死化肝細胞も提供可。

一部、非凍結の肝細胞を取り扱っている業者も存在するが、研究者の利便性のため、多くの肝細胞は凍結された状態で販売され、解凍して利用されている。

肝細胞は浮遊と接着性細胞に分けられ、それぞれ浮遊状態では薬物代謝研究などに、培養状態では酵素誘導研究などに用いられる。一般に、ヒト肝細胞はその酵素活性に大きな個体差が存在する。以前はドナーごとの肝細胞しか入手できなかったため、肝細胞のロットを変えると試験結果が大きく異なる可能性があった。しかし、最近の細胞凍結技術の進展により、非接着細胞だけでなく、接着細胞でも複数ドナーの肝細胞をミックスしたいわゆるプールド肝細胞が販売されるようになり、個体間ばらつきの問題は改善されてきている。このため、化合物の比較選択を行う探索段階ではこのプールド肝細胞が多用される。

一方、前述の薬物相互作用ガイダンスおよびガイドラインでは、酵素誘導試験時には3名以上のドナー由来の肝細胞を用いることが求められており、プールド肝細胞が利用できる現在でも個体別肝細胞のニーズは高い。この場合、実験の目的に応じて、適切なロットやそれぞれの調製元でノウハウを有する最適な培地を選択することが肝要である。

肝細胞以外のヒト組織についても市販されている。㈱ケーエーシー、㈱ベリタス、㈱ビジコムジャパンおよび倉敷紡績㈱などでは米国やフランスの調製元から、様々なタイプのヒト正常および病態組織および血液の提供を行っている。このように欧米から輸入されるヒト組織ラインアップは充実しており、製薬会社の研究者は必要なヒト組織を用いた検討が可能となっている。

市販品と一線を画し、特定非営利活動法人のエイチ・エー・ビー（HAB）研究機構では、正会員または賛助会員に米国National Disease Research Interchange（NDRI）から主に移植不適合として入手したヒト組織を1995年以来供給している。これまで肝臓(単離細胞含む)、腎臓、膵臓(膵島)、肺、皮膚、小腸、大腸、気管、泌尿器試料(膀胱、尿道など)、乳房、眼球、脳、爪、軟骨、骨格筋などが研究者に提供されている。このように肝臓のみでなく、様々な臓器が研究者によって使用されており、エイチ・エー・ビー研究機構は創薬研究に貢献をしてきた[7]。NDRIから提供されるヒト組織が高品質なこと、エイチ・エー・ビー研究機構事務局が研究者のニーズに合わせたきめ細かい対応を行っていることなどの理由により、アカデミアだけでなく製薬会社からもその活動が支持されている。

3 ヒト組織のスペック

通常、市販品には研究者がヒト組織の品質を判断するためスペック表が添付されている。一般にはウイルスチェックとしてHIV、B型肝炎、C型肝炎が検査されており、これらが陰性の場合に製品として供給される。これらに加えて、マイコプラズマ、梅毒、HTLV-IおよびHTLV-IIなどのウイルスチェックがされている製品もある。ドナー情報として、性別、年齢、身長、体重、人種、既往歴、投薬歴、嗜好品、死亡原因（死体の場合）等に関する情報などが入手できる。もちろん、市販品はドナーよりインフォームド・コンセントが取得されており、倫理面で使用が問題となることはないと考えられる。個人情報保護を含めた法的な遵守についても研究者が安心して使用できる体制が整っている。

品質として生存率や酵素活性の情報が重要な肝細胞にはcell viabilityや標準基質を用いた酵素活性値が添付されている。浮遊細胞には、代表的な酸化代謝酵素であるチトクロムP450（CYP）および抱合代謝酵素であるUDP–グルクロン酸転移酵素（UGT）および硫酸転移酵素（ST）活性値が、接着性細胞にはこれらに加えて、CYP誘導活性だけでなくトランスポーター活性値が添付されることがある。これらの情報は研究者が実施したい実験に最適なロットを選択する際に有用である。

4　日本人組織の利用ニーズ

ヒト組織の商業的な供給体制が整備されている今日、まだ製薬会社のニーズが十分に満たされていない領域は、日本人組織の提供である。外科手術時に摘出された日本人組織であれば現在でも病変部および非病変部共に取り扱う官学を中心としたバイオバンクは複数存在する。詳細は本書の「Ⅱ．1　日本のバイオバンク」の章を参照されたい。

例えば、特定非営利活動法人臨床研究・教育支援センターでは大阪大学と連携して、主にがん手術で摘出された日本人組織の会員への分譲を行っている。また、国立研究開発法人医薬基盤・健康・栄養研究所のJapanese Collection of Research Bioresources（JCRB）バンクには財団法人ヒューマンサイエンス振興財団のバンク事業を引き継いだ外科手術時に摘出された日本人組織がバンキングされており、希望する研究者への分譲が可能である。しかしながら、入手できる組織ががん非転移部位であること、高齢な患者から摘出した検体が多く、量も十分でないことなどから、そのニーズは限定的なものとなっている。

このような状況から、製薬企業は特定の目的に対して合致する日本人組織を大学との共同研究の形で入手し、研究に使用してきた。近年、筑波大学付属病院でのつくばヒト組織バイオバンクセンターの設立や日本医療研究開発機構（AMED）におけるバイオバンク事業部の設置など主要大学や研究機関でバイオバンク設立の重要性が認識されてきており、今後、製薬会社も容易に利用できる様々なバイオバンクの増加が期待される。

さらに、移植時に摘出される健常日本人組織が利用できるようになると、そのニーズがさらに高まる可能性がある。その理由は以下の三つである。

一つ目は、人種差を詳細に解析することが可能になるからである。現在、薬物動態では酵素の遺伝多型情報などが集積され、ある程度人種差が説明できるようになっているが、今後現在の情報では説明できない差を解釈する際に健常日本人組織は有用である。また、バイオマーカーについては人種差についての研究が進んでおらず、潜在的ニーズは高いと考えられる。

二つ目は、新鮮で質の高い組織が入手できる可能性があるからである。細胞凍結技術は発展しているものの非常に不安定な酵素やバイオマーカーは凍結中に失活する可能性もあり、摘出後すぐに実験に使用したいという研究者のニーズは常に存在する。

三つ目は、iPS細胞技術の発展にともなうiPS細胞のコントロールとしての位置づけが必要になるからである。事実、すでにiPS細胞のコントロールとして正常ヒト組織が使用されている例が報告されている[8)]。今後、日本人のiPS細胞を詳細に機能解析する際には健常日本人から採取した正常組織が必要となってくると考えられる。これら研究者側のニーズだけでなく、現在の完全に欧米人の善意に依存する体制から脱し、自国で自国の研究に利用する材料を準備するという点からも健常日本人組織提供の体制整備を推し進めていく必要があろう。ただし、別章で論じられているように日本人の移植臓器の絶対的な不足や、法的、倫理的側面からの制約に加え、欧米から商業的に入手できるヒト組織と同様なスペック表の提供を研究者サイドから求められる可能性があるなど、健常日本人組織提供のハードルは低いものではなく、利用者のニーズを聞きながら段階的に進めていくことが必要であろう。

【参考資料】

1）Wienkers, L. C. et al., Predicting *in vivo* drug interactions from *in vitro* drug discovery data. *Nat. Rev. Drug Discov.* 4: 825–833, 2005.

2）加藤隆一、横井毅、山添康共編『薬物代謝学——医療薬学・医薬品開発の基礎として』（東京化学同人、2010年）.

3）Kola, I., et al., Can the pharmaceutical industry reduce attrition rates? *Nat. Rev. Drug Discov.* 3: 711–715, 2004.

4）Waring, M. J., et al., An analysis of the attrition of drug candidates from four major pharmaceutical companies. *Nat. Rev. Drug Discov.* 7: 475–486, 2015.

5）Mizuno, N., et al., Impact of drug transporter studies on drug discovery and development. *Pharmacol. Rev.* 55: 425–461, 2003.

6）Keogh, J. P., Membrane transporters in drug development. *Adv. Pharmacol.* 63: 1–42, 2012.

7）『エイチ・エー・ビー研究機構　20周年記念誌』（2013年）.

8）Kunisada, Y., et al., Small molecules induce efficient differentiation into insulin-producing cells from human induced pluripotent stem cells. *Stem Cell Res.* 8: 274–284, 2012.

③探索・開発ステージでの薬物動態研究
——製薬会社におけるヒト組織利用の現状とニーズⅡ

泉　高司

1　薬物動態研究におけるヒト組織利用

前章で報告されたように、現在、製薬会社において、ヒト組織は重要な研究開発ツールになっている。本稿では、新薬開発の探索ステージ、開発ステージでの薬物動態研究におけるヒト組織の実際の事例を紹介する。

薬物動態研究に関する探索ステージでの候補化合物の選択や、開発ステージにおける薬物動態に関するトランスレーショナル研究に、1990年後半からヒト組織が積極的に利用されるようになってきた。第一三共株式会社では、1998年からドイツのミュンヘンにある弊社の研究室（現在、Tissue and Cell Research Center Munich：TCRM）との共同研究を進めてきた。現在、肝細胞を用いた薬物代謝試験、酵素誘導試験、胆汁排泄試験、トランスポーター試験、小腸を用いた薬物代謝試験、膜透過性評価、トランスポーター評価、腎臓を用いたトランスポーター評価を実施している。以下、その共同研究で実施しているヒト組織利用例をいくつか紹介する。

2　欧州におけるヒト組織利用

欧州におけるヒト組織の利用の状況についてはすでに報告されている[1)]。TCRMでは、ドイツにある2000年に設立された、Human Tissue & Cell Research(HTCR)Foundationから主にヒト組織を入手している。また、TCRMの近くの病院からも、インフォームド・コンセント（IC）等の手続きを取得した上で、ヒト組織を入手している。ドイツでは、主に手術時の摘出臓器の正常な部位を利用することが主流である[2)]。TCRMとの共同研究の大きなメリットは、ドイツ国内から提供される臓器であるため、数時間で、新鮮臓器として利用でき、臓器のviabilityも高く、信頼性、有用性の高い情報が取得できることである。

3　探索ステージにおけるヒト組織利用

薬物動態における重要な評価の一つに薬物の消化管吸収の予測評価がある。薬物の消化管吸収の因子として、薬物の溶解性、膜透過性、消化管内での安定性があり、探索ステージにおいて、*in vitro*試験や動物を用いた*in vivo*試験によって評価が行われる。膜透過性評価に関しては、多くの製薬会社では、ヒト消化管由来の培養細胞（Caco-2等）を用いた評価が行われているが、細胞間間隙を形成するtight junctionの形成が従来の小腸よりも密であることや[3]、小腸に発現している各種トランスポーター（取り込み、排泄）においてもヒト小腸に比べ大きな差があることも報告されている[4),5]。TCRMでは、消化管（小腸、大腸）組織をUssing Chamber法を用いて、薬物の膜透過性評価を実施している。図1に示すように、25名のドナーからのヒト小腸、大腸を用いて、Ussing Chamber法を用いて得られた11化合物の見かけの膜透過係数（Papp）は、ヒトにおける吸収率（Fa）と良い相関を示した[6]。また、tight junctionのマーカーであるlucifer yellowと経細胞透過されるmetoprololの小腸と大腸のPappはほぼ同じことや、大腸に多く発現されている排泄トランスポーターであるP-糖タンパク質（P-gp）の代表的な基質であるdigoxinの膜透過性がP-gpの阻害剤で変化することも確認されている。この方法は、探索ステージにおいて消化管の膜透過性を評価する優れた評価法であるが、小腸は他の臓器に比べ劣化しやすいため、ドナーからの数時間での入手が可能な条件がそろう必要がある。

4　開発ステージにおけるヒト組織利用

開発ステージにおける薬物動態研究の重要な課題として、ヒトの薬物動態における個体間変動因子の検討がある。弊社で高血圧治療薬として販売されているアンジオテンシンⅡ受容体阻害剤であるオルメサルタン（商品名：オ

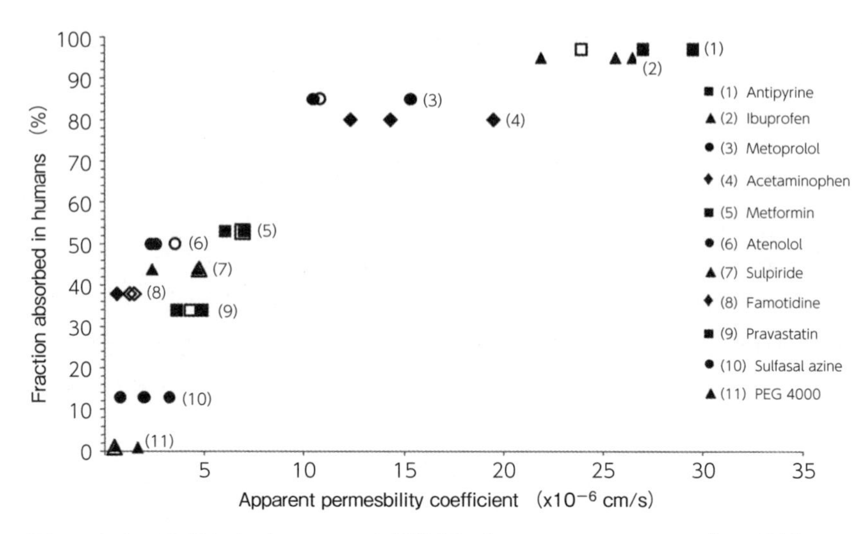

図１　ヒトでの吸収率（Fa；%、文献情報）とUssing chamberモデルで測定したヒト消化管に見かけの膜透過性（Papp；cm/s）の相関性

（Rozehnal, V., et al., *Eur. J. Pharm. Sci.* 46: 367–373, 2012から引用）

ルメテック）は、薬物の脂溶性を増加し、消化管吸収を増加するようにデザインされたプロドラッグで、体内に吸収された後、加水分解を受け、活性体が薬効を示す[7]。このオルメサルタンの活性化に寄与する酵素として、carboxymethylenebutenokidase homolog（CMBL, EC 3. 1. 145）が新規に同定された[8]。加水分解酵素として有名なCarboxylesterase（CES）とは異なり、新規に同定された酵素のため、個体間変動に関する情報がなかった。そのため、TCRMと共同し、40名のドナーの肝臓と30名のドナーの消化管を用いて、個体間のばらつきも含めた活性化に関する情報を取得した[9]。図２には、消化管各部位におけるCMBLのタンパク発現量（A）と加水分解活性（B）を示している。この結果から、CMBLタンパク発現量と加水分解活性は、消化管上部で高く、下部（大腸）で低いことが示された。一方、十二指腸や空腸の加水分解活性は２～３倍の間と比較的低いのに対し、肝臓での加水分解活性は約７倍と大きな個体間変動を示した。CMBLのタンパク発現量と加水分解活性が高い相関性（R＝0. 958）を示すことから、小腸においてCMBLが主の加水分解酵素であることも示された。また、性差に関しても加水分解活性に大きな差はないことも確認されている。

このように、ヒト組織を用いることにより、*in vitro*からのアプローチにより、個体間変動に関する情報を得ることができ、ヒトの薬物動態の変動に対する理解や、臨床試験における用量設定の有益な情報を得られる。

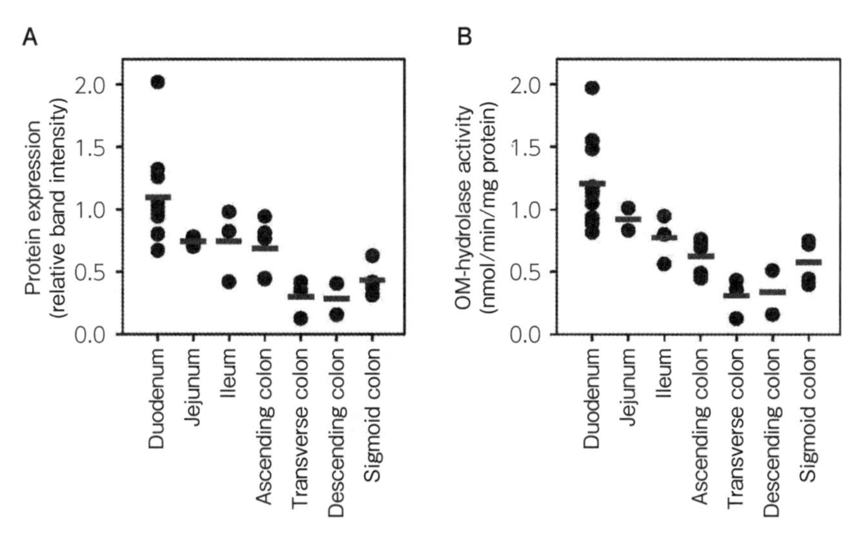

図２　ヒト消化管各部位におけるCMBL発現量（A）と加水分解活性（B）
（Ishizuka, T., et al., *Drug Metabolism and Disposition* 41: 1156–1162, 2013から引用）

最近、薬物トランスポーターが薬物動態に大きく寄与していることが多くの研究により示され、最近の薬物相互作用のガイドライン、ガイダンス[10),11)]でもその評価が求められている。このガイドライン、ガイダンスでは、薬物だけでなく、血液中の主代謝物の動態に関して代謝やトランスポーターの評価が要求されている。弊社で開発され発売されている抗凝固剤エドキサバン（製品名：リクシアナ）の臨床試験から、薬理活性を有した代謝物M–4が観察され、そのトランスポーターに関する評価の一部をTCRMとの共同研究により実施した[12)]。新鮮ヒト肝細胞を用いた取り込み実験から、エドキサバンはorganic anion transporting polypeptide（OATP）の基質ではないが（図３B）、代謝物M–４はOATPの阻害剤であるcyclosporine Aやrifampicinによる取り込み阻害から、OATPの基質であることが示された。この結果は、OATP1B1を発現させたアフリカツメガエル卵母細胞（oocytes）の取り込み実験でも同様の結果が得られている。

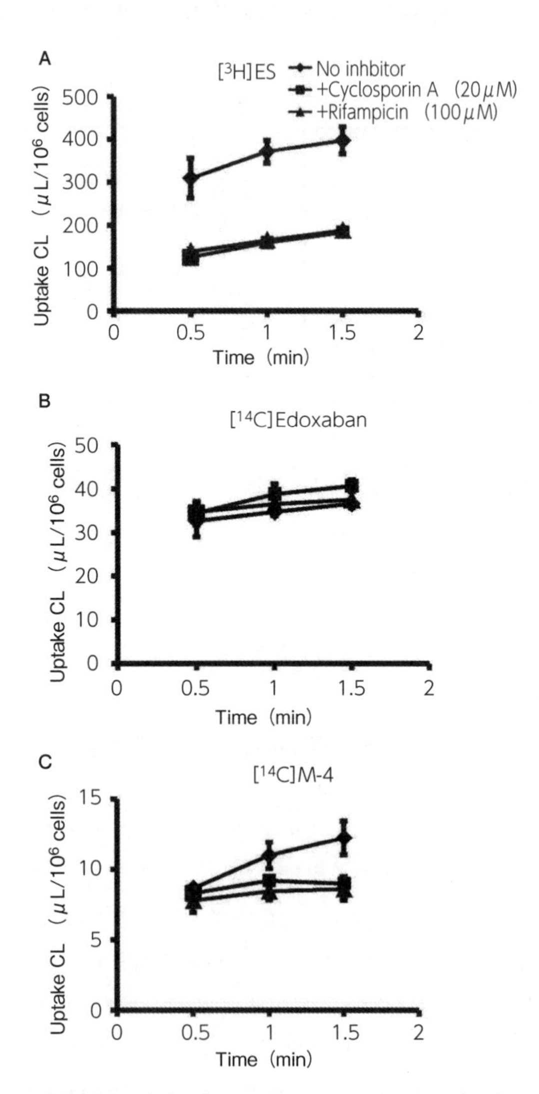

図３　新鮮ヒト肝細胞への［14C］edoxabanおよび代謝物［14C］M-4の取り込み
（Mikkaichi, T., et al., *Drug Metabolsim and Disposition* 42: 520–528, 2014から引用）

今回、紙面の都合上、一部の事例について紹介したが、薬物動態研究の探索・開発ステージにおいて、多岐にわたる薬物動態情報を取得するためにヒト組織が利用されている。また、前述したように、薬物間相互作用に関するガイドライン、ガイダンスに関しても、ヒト組織を利用した*in vitro*試験を実施した後、必要な場合、臨床での*in vivo*試験を実施することが指示されている。こうした状況において、新薬開発におけるヒト組織の利用は、今後とも、重要かつ必要な課題であり、国内におけるヒト組織の利用に関する整備も進める必要があると考えられる。

【参考資料】

1）町野朔、辰井聡子共編『ヒト由来試料の研究利用――試料の採取からバイオバンクまで』（上智大学出版、2009年）.

2）Wolfgang, E. T., et al., Charitable state-controlled foundation human tissue and cell research: ethic and legal aspects on the supply of surgically removed human tissue for research in the academic and commerial sector in Germany. *Cell and Tissue Banking* 4: 49–56, 2003.

3）Artursson, P., et al., Selective paracellular permeability in two models of intestinal absorption, cultured monolayers of human intestinal epithelial cells and rat intestinal segments. *Pharm Res.* 10: 1123–1129, 1993.

4）Englund, G., et al., Regional leveles of drug transporters along the human intestinal tract, co-expression of ABC and SLC transporters and comparison with Caco-2 cells. *Eur. J. Pharm. Sci.* 29: 269–277, 2006.

5）Hayeshi, R., et al., Comparison of drug transporter gene expression and functionality in Caco-2 cells from 10 different laboratories. *J. Pharm. Sci.* 35: 383–396, 2008.

6）Veronika, R., et al., Human small intestinal and colonic tissue mounted in the Ussing chamber as a tool for characterizing the intestinal absorption of drugs. *Eur. J. Pharm. Sci.* 46: 367–373, 2012.

7）Scott, L. J., et al., Olmesartan medoxomil: a review of its use in the management of hypertension. *Drugs* 68: 1239–1272, 2008.

8）Ishizuka, T., et al., Human carboxymethylenebutenolidase as a bioactivationg hydrolase of olmesartan medoxomil in liver and intestine. *J. Biol. Chem.* 285: 11892–11902, 2010.

9) Ishizuka, T., et al., Interindividual variability of carboxymethylenebutenolidase homolog, a novel olmesartan medoxomil hydrolase, in the human liver and intestine. *Drug Metab. Dispos.* 41: 1156–1162, 2013.

10) EMA, Guidline on the investigation of drug interactions. European Medicines Agency, London, 2012.

11) FDA, Guidance for industry—Study design, data analysis, implications for dosing, and labeling recommendations. Center for drug evaluation and research, Silver Spring, MD, 2012.

12) Mikkaich, T., et al., Edoxaban transport via p-glycoprotein is a key factore for drug's disposition. *Drug Metab. Dispos.* 42: 520–528, 2014.

3　ヒト組織の提供と移植医療

①救急医療の歴史と現状

猪　口　貞　樹

はじめに

ヒトが脳死に陥る主な病態は、脳血管障害や頭部外傷等の頭蓋内病変と心肺停止後の脳障害（いわゆる蘇生後脳症）である。後者の蘇生後脳症が見られるようになった経緯には、心肺蘇生法と救急医療システムの発展が深く関わっている。本稿では、これらの歴史について概説するとともに、現在の救急医療において脳死が発生する状況を説明する。

1　心肺蘇生法

⑴　近代まで

現生人類（ヒト）は約20万年前から存在し、約10,000年前に新石器時代に入ったと推定されているが、自身の生理学的機能を理解するようになったのはごく最近のことである。したがって、長い間、ヒトが死亡したか否かを他者が判定するのは、現在よりも困難であり、効果的な心肺蘇生法も行われていなかったと考えられる。

このような状況では、死んだと思われたヒトが再び動き出し、あるいは意識を取り戻すことも、それほど珍しくはなかったはずである。また、人為的に死んだヒトを生き返らせようとする試みも、繰り返し行われてきたであろうと想像される。旧約聖書の中にも、現在の心肺蘇生法に類似した記載のあることが指摘されている。

　そしてエリシャが上がって子供の上に伏し、自分の口を子供の口の上に、自分の目を子供の目の上に、自分の両手を子供の両手の上にあて、その身を子供の上に伸ばしたとき、子供のからだは暖かになった。

こうしてエリシャは再び起きあがって、家の中をあちらこちらと歩み、また上がって、その身を子供の上に伸ばすと、子供は七たびくしゃみをして目を開いた。(旧約聖書列王紀略下第4章)

ギリシャ・ローマ時代には、ヒポクラテスをはじめ多くの医学学派が現れ論争が行われたが、2世紀頃ギリシャの医学者ガレノス(Galenus)によって書かれた一連の著書が、その後西欧およびイスラム社会における医学の古典となった。この中では、ヒトには静脈と動脈の二つの異なるシステムがあり、血液は肝臓で作られ静脈を経由して全身諸臓器に栄養を運び、一部の血液は心臓で呼吸により取り入れた生命生気(Pneuma)を含む動脈血となり、動脈を経由して脳や全身に運ばれ、さらにPneumaは脳から神経を通して運ばれる、とされていた。血液は循環せず、静脈や動脈の血液は、それを必要とする部分に「吸引」されて双方向性に流れ、また心室中隔に微小な穴があって静脈血が左心室へ「吸引」されるという説明である[1)]。

ガレノスの学説はキリスト教やイスラム教にも受け入れられ、著書は17世紀まで広く教科書として用いられていた。

英国の医師であり解剖学者でもあったWilliam Harveyが、ガレノスの学説とは異なり、血液は体内を循環しているという「血液循環説」を発表したのは、1628年のことである[2)]。フランスの化学者Antoine-Laurent de Lavoisierが、燃焼とは元素の結合であることを示し、この元素を酸素と命名、呼吸も燃焼の一つであることを証明したのは、さらに100年以上を経た1777年である。したがって、血液循環や呼吸のメカニズムが科学的に解明されていくのは17世紀後半〜18世紀以降であり、それまでの間、心肺蘇生法に対する科学的なアプローチは困難であったと思われる。

(2) 心肺蘇生法と救助組織

18世紀になると、様々な心肺蘇生法が行われた記録が散見されるようになり、心肺蘇生を行うための組織も作られている。

英国の外科医William Tossachは、1732年に起きた鉱山事故で、死んだと思われた被害者に対してmouth-to-mouth人工呼吸法を行い救命できたことを、初めて医学論文に詳細に報告した[3]。1740年に、パリ科学アカデミーはmouth-to-mouth人工呼吸法を推奨している。

18世紀の中頃には、ヨーロッパの諸都市で主に溺水者を助けるための救助組織が次々に作られた。1767年にアムステルダムに設置されたDutch Humane Societyは、運河に転落した溺水者に対するボランティア救助組織である。1769年にはハンブルグ、1774年にはロンドンに、同様の救助組織が作られた。この中で様々な心肺蘇生法が試みられ、効果のない方法も多かったと思われるが、救命したとされる症例も多数記録されている[4]。

当初はmouth-to-mouth人工呼吸も行われていたが、他人と唇を重ねるのには抵抗があり、また酸素の発見により呼気で呼吸をするのは難しいと考えられたことも重なって、次第に行われなくなった。

1861年には、胸部圧迫と両上肢を上げ下げする人工呼吸法（上肢挙上胸部圧迫法（Silvester法）および類似の方法）が開発され、第二次世界大戦後まで標準的な人工呼吸法として用いられていた[4),5]。ふいごを用いた陽圧換気も報告されているが、圧外傷が発生したため禁止されている。

19世紀後半になると、閉胸式心マッサージ（胸骨圧迫法）の有効性も報告されている。1891年ドイツのFriedrich Maassは、口蓋裂手術時にクロロフォルム麻酔下で心肺停止となった９歳男児を、剣状突起部の速い連続圧迫により蘇生し、社会復帰したことを報告しているが、この方法は一般化しなかった。1901年、ノルウェイの外科医Kristian Igelsrudは、麻酔時に起きた心肺停止を開胸心マッサージ（胸部を開き、術者の手で心臓をポンピングする方法）により救命した。その後、手術中もしくは病院内で起こった突然死は、開胸心マッサージにより治療されるようになったが、直ちに開胸できない状況下での標準的な循環補助の方法はなかった。

一方、1899年、ジュネーブ大学の生理学者PrevostとBatelliは、イヌの心臓に0.1Aの電流を流すと心室細動を来たし、２分以内に0.8A流すと「除細動」されることを発見した。1901年には、オランダのWillem Einthovenが体外から測定できる心電図を発明して、無侵襲な心電図診断が可能になった。1933年には米国のWilliam Kouwenhovenが、動物実験により体外からの通電で除細動が可能なことを示している。

このように、19世紀から20世紀前半にかけて、現在の心肺蘇生法の基礎となる多くの知見が得られているが、実際にヒトの心肺停止に対する有効な心肺蘇生法が確立されるのは、第二次世界大戦後のことである。

(3) 現在の心肺蘇生法へ

1947年、米国のClaude Beckは、術中に心停止した17歳男児に対して開胸式心マッサージと電気的除細動を行って救命したことを報告した[6)]。これがヒトに対する電気的除細動による最初の救命例である。また1955年、Paul Maurice Zollは、閉胸式除細動によって除細動に成功した初めての症例を報告している。

1958年には、米国ジョンスホプキンス大学のGuy Knickerbockerが、イヌの胸骨圧迫により良好な心拍出量が得られることを、Friedrich Maassによる胸骨圧迫法の報告以来約70年後に再発見した。Knickerbockerは、さらに同僚のJames Jude、William Kouwenhovenと共に研究を進め、胸骨圧迫と体外式除細動を用いた心肺蘇生法を開発した[7)]。1960年には、院内発生の心肺停止20例に対してこの方法で蘇生を行い、70%が回復したことを報告している。当時としては、これは画期的な成績であった。

一方、1954年に米国のJames Otis Elamらは、呼気に残った酸素で人工呼吸が可能なことを示した。さらに1956年より、Peter Safar、Archer Gordonと共に一連の臨床研究を行い、気道確保とmouth-to-mouseによる人工呼吸法が、当時標準的とされた胸部圧迫―上肢挙上法より優れていることを証明した[8)]。1957年にmouth-to-mouse人工呼吸法は米軍に採用された。

このようにして、1960年頃には心肺蘇生に必要な、気道確保、mouth-to-mouse人工呼吸、閉胸式心マッサージ（胸骨圧迫)、閉胸式除細動がそろったことになる。

その後、Safer、Elamらは気道確保、人工呼吸とKouwenhovenらの胸骨圧迫を組み合わせて心肺蘇生法を標準化し、テキストを作るとともにマネキン人形を用いた訓練法を開発して普及を図った。この心肺蘇生法は「A（Airway）B（Breath）C（Circulation）of resuscitation」として全米に普及した。

また、Saferらは1966年から定期的に心肺蘇生法に関する国際会議を行い、国際標準を作成した。現在、この会議体はILCOR（International Liaison Committee on Resuscitation）と改称、世界中の多くの国が参加し、最新の臨床研究の結果に基づいて、定期的に新しい心肺蘇生法ガイドラインを作成している[9]。

2　救急医療システム

(1)　近代まで

18世紀まで、社会システムとしての救急医療は存在しなかった。当時は医療水準が低く、重症外傷や救急疾病を救えるほどに至っていなかったこと、また生産性の低い社会では社会システムとしての救急医療を支えることはできなかったことなどが、救急医療の存在しなかった理由と考えられる。急病や外傷への対応は自己責任であり、重症になれば家族や友人、近隣のコミュニティなどがある程度対応していたと想像される。

18世紀の欧州では、しばしば戦争が行われていたが、戦傷者に対する組織的な救護は行われていなかった。一方で武器の性能が向上し、手足に銃弾が当たると、挫滅した銃創から感染して高率で死に至るため、早期の四肢切断が行われるようになった。当時、全身麻酔や抗生剤はもちろん、輸血もなく、開胸や開腹の手術は不可能であり、四肢切断の直接手術死亡率は50%を超えていたが、それでも一定の治療は行われていた。

(2)　救急医療システムの発明と普及

現在の救急医療システムは、多発する戦傷者に対応するため、18世紀末にフランス軍の軍医であったDominique Jean Larreyが考案したものである[10),11]。1792年のラインの戦いにおいて、Larreyは救急車を用いた救急医療システムを考案し、翌1793年に試験運用を行った。1796年のナポレオン軍イタリア遠征の際に、Larreyは軍医のチーフとなり、救急医療システムは正式に運用された。このシステムにより優れた成果が得られたことから、その後フランス軍全体で組織化された。

Larreyは、横になった傷病者を1名収容できる「救急車（Ambulance Volante)」と名付けられた機動性の高い軽量二輪馬車を用い、現場から傷病者を搬送して1箇所（野戦病院）に集積してから治療することをシステムの基本とした。さらに、集積した傷病者を重症度によって選り分け（Triage)、最も治療効果の高い傷病者から優先的に治療を行った。

この救急医療システムは、医療需要が供給を上回った状態で、可能な限り多くの命を救うための合理的なものであり、現在もなお救急医療や災害医療の基本コンセプトになっている。

なお、隊の構成は次のようなものである。

① 分隊3隊（合計340名）で1軍を形成。

② 1分隊に、12台の軽量救急車と4台の運搬車。それぞれに7名配置（合計113名)。

③ 軍医は馬に乗り、医療機材を入れたバッグを馬に取り付けもしくは背負い、救急車とともに移動する。

Larreyは、その後ナポレオンの軍医として、すべての会戦に参加した。1815年ワーテルローの戦いで重傷を負い、プロシア軍の捕虜となったが、以前に将軍の息子を助けていたことが判明して釈放された。パリに戻った後も外科医として活躍し、1842年に76歳で死去した。

救急医療システムは、その後次第に各国の軍隊に採用されるようになり、輸送手段は、馬車から自動車に、さらにヘリコプターに変更されて、現在も発展している。一方、社会制度としての救急医療システムは、第二次世界大戦までは、ウィーン、シカゴなどごく一部の大都市において見られたのみであった。

⑶ 第二次世界大戦後の状況

第二次世界大戦後に、先進各国では急速に自動車の普及が進み、これにともなって、1950年代には交通事故が急増した。このため、外傷を対象とした救急医療システムが必要になり、米国、欧州、日本などにおいて、ほぼ同時期に救急医療システムが整備され、交通外傷に対応することになった。20世紀前半までに医療技術が急速に進歩し、救急患者の受け入れ体制も拡充され、搬送が迅速に行われれば、救命が可能になってきたことも、救急医療システムが整備された大きな要素である。

わが国においても、自動車の急激な増加のため、交通事故による死者数は1950年の約4,000人から1970年には4倍に増加し、交通戦争と呼ばれるまでに至った。1963年には消防法が一部改正され、救急車による負傷者の救急搬送が業務となり、救急告示病院による受け入れが開始された、1975年には救命救急センターが指定され、さらに1991年には救急救命士法が成立し、病院前の高度な救命処置が行われるようになった。

社会における救急医療システムの拡充とともに、外傷以外の一般疾病にも救急医療システムが利用されるようになった。このため、近年になって交通事故死が減少した後も救急車搬送数は継続的に増加し続けており、2014年の救急出場数は年間約600万件に達している[12)]。欧米においても状況はほぼ同様であり、どのようにして重症・重篤傷病者に重点対応するかが、今後の共通課題となっている。

(4)　院外心肺停止への対応

心肺蘇生法と救急医療システムは密接に関連しながら、発展してきた。

当初は搬送後に病院で行っていた除細動は、救命救急士によって現場で行われるようになり、さらには自動除細動器（AED）によって、講習を受けた一般市民が実施できるようになっている。Saferらの標準化された心肺蘇生法はA（気道確保）B（換気）C（胸骨圧迫）の順に行われていたが、現在では、一般市民による心肺蘇生は胸骨圧迫、除細動の順となった。また救急救命士は、気管挿管などの器具を用いた気道確保や薬剤投与などの二次救命処置（特定行為）も実施できるようになっている。現在、救急救命士の特定行為は、メディカル・コントロール体制の下で救急医が指示・指導・助言を行い、その質を管理している。

このような体制の拡充にともなって、院外心肺停止例の転帰も改善している。総務省「平成26年版　救急・救助の現況」[12)]によれば、2014年に一般市民により目撃された心原性心肺停止25,469人のうち、13,015人（51.1%）に対して一般市民による心肺蘇生法が実施されている。また、目撃された心原性心肺停止の１ヶ月生存率は2005年の7.2％から2014年には11.9％となり、社会復帰率もそれぞれ3.3％から7.9％に上昇しており、特に一般市民によってAEDを用いた除細動が行われた場合の社会復帰率は、それ以外の6.6倍も高くなっている。

3　院外心肺停止の現状

⑴　心肺蘇生と脳機能障害

以上のように、近年の救急医療体制の拡充により、多くの院外心肺停止に対して迅速な心肺蘇生が行われるようになり、社会復帰率も増加した。一方、残念ながらすべての傷病者が回復するわけではなく、心拍が再開した時点で、すでに臓器が重大な障害を受けている場合や、治療困難な原病がある場合には、再び心肺停止に陥ることも少なくない。さらに、一旦循環動態が安定しても、脳機能が障害されていると、重篤な機能障害を残し、あるいは脳死となることもある。現在も蘇生後の脳機能を保護するための様々な方法が開発され、臨床研究も行われているが、院外心肺停止では、脳の障害を完全になくすことは容易ではないと考えられる。

一定時間を経て、臨床的に脳死と判断された場合、臓器提供の意思があるか否かを確認し、その意思があれば、法律に従って法的脳死判定が行われることになる。

⑵　救命救急センターにおける脳死の状況

救命救急センターに搬送された主な重篤症例とその入院死亡率を表１に示す。死亡率、死亡数ともに院外心肺停止によるものが最も多い。前述の総務省の統計より死亡率がやや高いのは、非心原性心停止や目撃のない心肺停止が多く含まれているためである。この他に、頭部外傷や脳血管障害の診療経過中にも脳死に陥ることがある。

表１　救命救急センター搬送症例の主な重篤救急疾病と死亡退院率
（2013年４月～2014年３月；東海大学高度救命救急センター）

来院時病名	症例数（例）	死亡退院数（例）	死亡退院率（%）
院外心肺停止	231	215	93.0
外傷	770	22	2.8
熱傷	52	4	7.6
急性中毒	178	1	0.5
脳血管障害	321	40	12.0
心・大血管疾患	415	37	8.9
呼吸不全	92	18	19.5
敗血症	60	15	25.0

心肺停止例の年齢分布を図１に示す。ピークは70歳代にあり、社会の高齢化にともなって心肺停止例も高齢化していることがわかる。

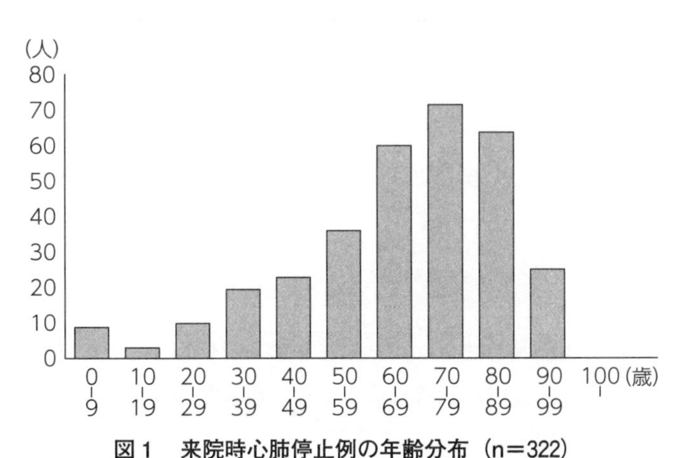

図１　来院時心肺停止例の年齢分布（n=322）
（2012年１月～2013年３月：東海大学高度救命救急センター）

心肺蘇生後からの経時的な転帰（脳機能）の状況を表２に示す。心肺蘇生後に脳死と思われる状態に陥った場合、脳幹機能の失調によって循環動態は不安定となり、またしばしば尿崩症を合併して水・電解質の喪失が起こる。この状態からの回復は望めないため、通常は抗利尿ホルモン投与などの適応とはならない。したがって次第に循環の維持が困難となり、多くの場合、比較的短期間のうちに再び心肺停止に至る。

表２　来院時心肺停止例の経時的転帰（n＝322, 不明例は記載していない）

（2012年１月～2013年３月：東海大学高度救命救急センター）

転　帰	来院後の時間		
	24時間後 （例）	７日後 （例）	30日後 （例）
死亡	259	276	285
良好	6	9	7
中等度障害	4	3	6
重度障害	32	12	6
植物状態	2	17	8
脳死の可能性	0	3	1

以上のように、院外心肺停止に対する心肺蘇生後の死亡率は高い。その後の診療経過中に、一時的に脳死と思われる状態に陥ることがあるが、多くは比較的短期間のうちに再度心肺停止に至る。

4　まとめ

① 救急医療システムが社会システムとして一般化し、また標準的な心肺蘇生法が確立して回復例が認められるようになったのは、いずれも第二次世界大戦後のことである。

② 救急医療システム、心肺蘇生法ともに、現在もなお改善が続けられており、院外心肺停止からの社会復帰例も増加し続けている。しかしながら、依然として死亡例や脳機能障害を呈する症例も多く、救命救急センターへの搬送例で最も死亡率が高いのは、院外心肺停止例である。

③　院外心肺停止に対する心肺蘇生の経過の中で、脳死は一定の確率で一時的に生ずる状態である。社会の高齢化が進んでいることもあり、臓器提供の対象となることは、多くはない。

【参考資料】

1）種山恭子訳、内山勝利編『ガレノス　自然の機能について』（京都大学学術出版会、1998年）.

2）Harvey, W., *Exercitatio anatomica de motu cordis et sanguinis in animalibus.* Frankfurt, 1628. 九州大学蔵書は下記URL。https://www.lib.kyushu-u.ac.jp/hp_db_f/igaku/expl/harvey.html

3）Tossach, W. A., A man in appearance recovered by distending the lungs with air. *Med Essays and Obs Soc Edinb.* v（part 2）: 605–608, 1744.

4）Specht, H., Back-pressure arm-lift artificial respiration. *Public Health Rep.* 67（4）: 380–383, 1952.

5）Safar, P., et al., A comparison of the Mouth-to-Mouth and Mouth-to-Airway methods of artificial respiration with the Chest-Pressure Arm-Lift methods. *N Engl J Med.* 258: 671–677, 1958.

6）Sternbach, G. L., et al., The resuscitation greats. Claude Beck and ventricular defibrillation. *Resuscitation* Mar; 44（1）: 3–5, 2000.

7）Sladen, A., Closed-Chest Massage, Kouwenhoven, Jude, Knickerbocker. *JAMA.* 251（23）: 3137–3140, 1984.

8）Acosta, P., et al., Resuscitation great. Kouwenhoven, Jude and Knickerbocker: The introduction of defibrillation and external chest compressions into modern resuscitation. *Resuscitation* 64（2）: 139–143, 2005.

9）ILCORのURL　http://www.ilcor.org/home/

10）Brewer, L. A. 3rd. Baron Dominique Jean Larrey（1766–1842）. Father of modern military surgery, innovater, humanist. *J Thorac Cardiovasc Surg.* 92（6）: 1096–1098, 1986.

11）Skandalakis, P. N., et al., “To Afford the Wounded Speedy Assistance”. Dominique Jean Larrey and Napoleon. *World J Surg.* 30: 1392–1399, 2006.

12）総務省「平成26年版　救急・救助の現況」URLは下記。http://www.fdma.go.jp/neuter/topics/houdou/h26/2612/261219_1houdou/03_houdoushiryou.pdf

②わが国における臓器移植・提供の現状

福嶌教偉

はじめに

1997年10月に「臓器の移植に関する法律」（臓器移植法）が施行され、改正法が施行された2010年７月17日までの約13年弱に86人の脳死臓器提供が行われた。この数は、人口100万人当たりに年間0.05件に過ぎず、欧米の10～25件、東アジアの台湾の3.7件、韓国の1.3件と比較しても極めて少ない。脳死臓器提供が進行しない状況のなかで、肺、肝、腎臓では、大多数の症例で生体間移植が行われてきた。また、心臓の場合には、一縷の望みをかけて海外渡航心臓移植をする人が後を絶たない状況であった。

このような現状を受け、また「自国人の移植は自国内で行うように」というイスタンブール宣言を受けて、2009年７月に臓器移植法が改正された。2010年１月17日に親族への優先提供が施行され、７月17日には残りの部分の改正法が施行された。このことで、本人の意思が不明な場合には、家族の書面による承諾で脳死臓器提供ができるようになったため、脳死臓器提供数は約５倍に増加し、長らく閉ざされていた、小児の心臓移植への門戸が開かれることとなった。しかし、心停止後の腎提供が激減し、腎臓移植を待つ人には大変な状況になってきている。

改正法施行後４年半が経過したが、年間10件程度であった脳死臓器提供は約５倍に増加し、７例の児童（１例６歳未満、４例10～15歳）からの脳死臓器提供が実施された。

1　改正法施行後のわが国の臓器移植の現状

さて、改正法が施行され５年半余りが経過し、改正前の年間最高13件から、2011年には44件に急増し、その後も漸増し、2015年は58件となった（図１）。

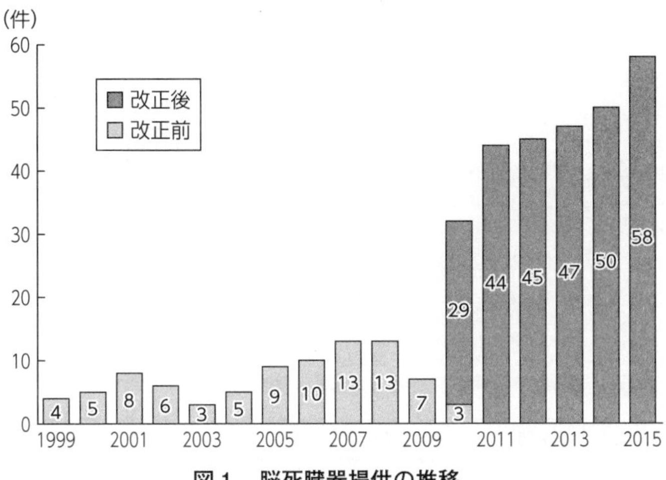

図１　脳死臓器提供の推移

しかし、この間、心停止臓器提供は漸減しており、2012年までは心停止と脳死臓器提供の総計は約110件であまり変わらなかったが、2013年に入り心停止臓器提供はさらに減少し、ついに脳死臓器提供より少なくなった（図２）。しかし、2015年に提供施設の負担軽減策が打ち出されたことなどで、2015年には脳死・心停止ともに増加し、年間91例になっており、このままＶ字回復することが期待されている（図３）。

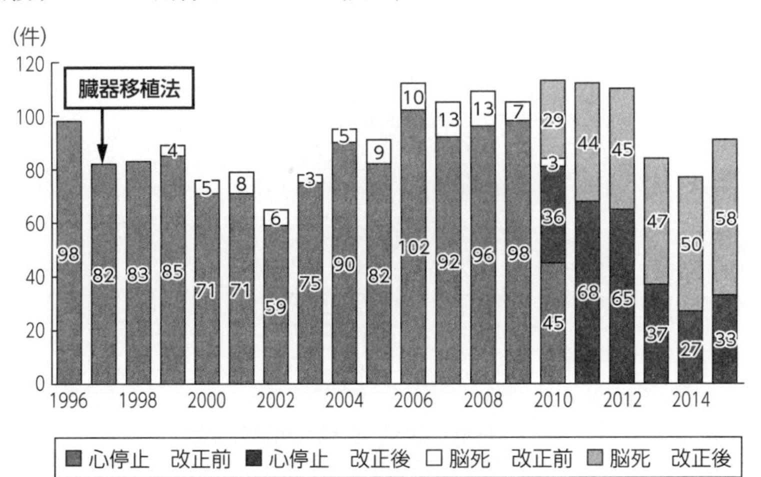

図２　死体臓器提供の推移

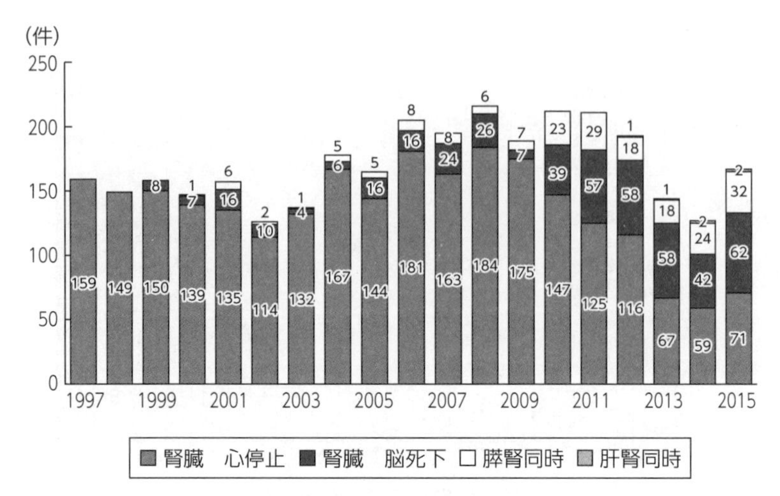

図３　死体腎移植の推移

2015年６月末現在、160施設で330件の脳死臓器提供が行われたが、78施設は１回の提供である。43施設が２回、20施設が３回、９施設が４回、３施設が５回、２施設が６回と７回、１施設が８回、９回と12回の提供を行い（図４）、数回の脳死臓器提供を経験した施設が増加している（図５）。

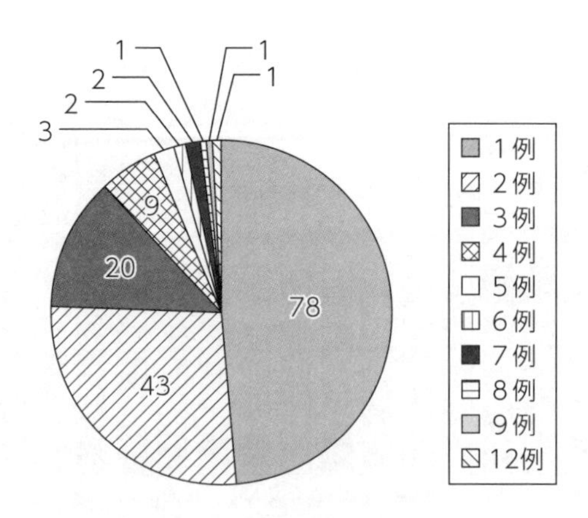

図４　提供施設別脳死臓器提供経験数

（総計160施設・330件、2015年６月30日現在）

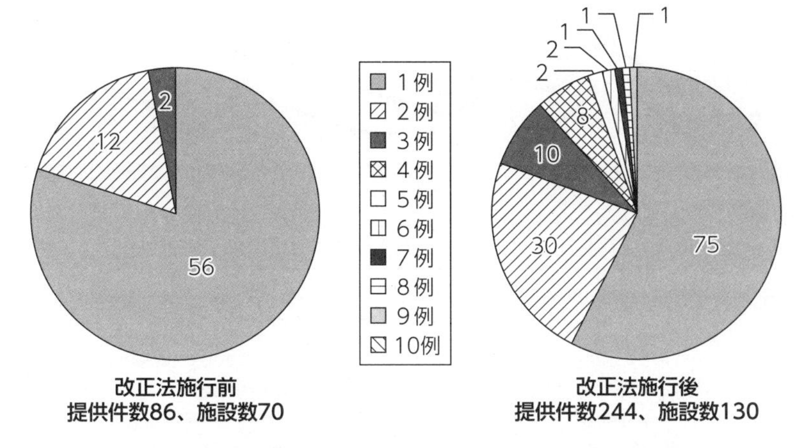

図５　提供施設別脳死臓器提供経験数（改正法前後の比較）
（提供件数330・施設数160、2015年６月30日現在）

2　臓器移植数を増加させる試み

改正法施行後、脳死臓器提供数は増加したが、人口100万人当たりに換算すると0.45人に過ぎない（欧米諸国10〜20人、台湾5.8人、韓国9.5人）。また、ドナーの方とそのご家族の尊いご意思を反映させるためにも、ドナーの方一人当たりから移植できる臓器を増加させることは重要である。

そのため、わが国ではメディカルコンサルタント制度といって、どの臓器が可能かを評価し、ドナーの方の全身状態を安定させることを専門とする医師を提供施設に派遣している。また移植実施施設では、やや機能が低下している臓器であっても様々な工夫をして移植し、できるだけ多くの患者を救うように心掛けている。その結果、ドナーの方一人当たりの移植臓器数は５臓器を超えており（欧米諸国の３〜４臓器）、改正法施行後もその制度を継続し、高い移植臓器数を維持している（図６）。なお、改正法施行後、脳死ドナーの年齢が高齢化したため、主に心臓の提供率が減少している。

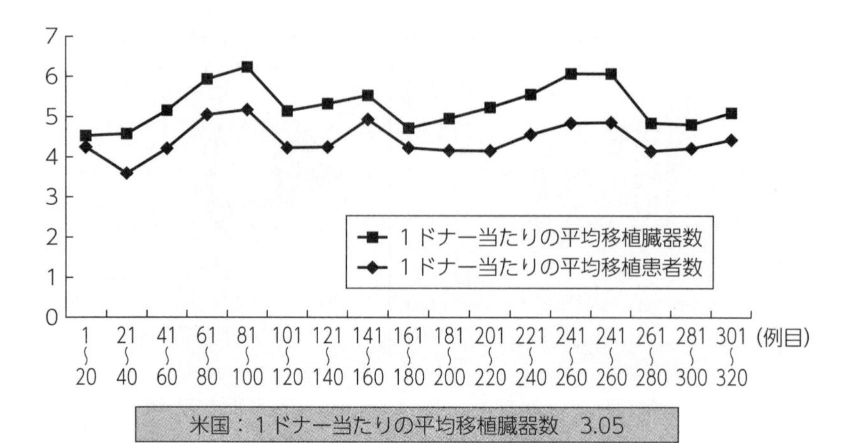

図６　脳死ドナー１人当たりの移植臓器数と移植患者数
(2015年３月21日現在)

3　各臓器移植の推移

改正法施行後、前述したように死体腎臓移植は減少した（図３）が、心（図７）、肺（図８）、肝（図９）、膵（図10）の死体臓器移植は増加している。詳細は省くが、その成績はアメリカと比較しても遜色はない（表１）。

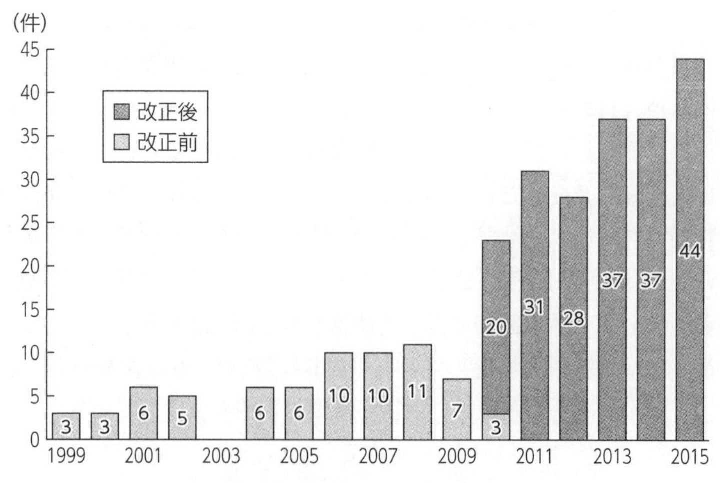

図７　心臓移植の推移（2015年12月31日現在）

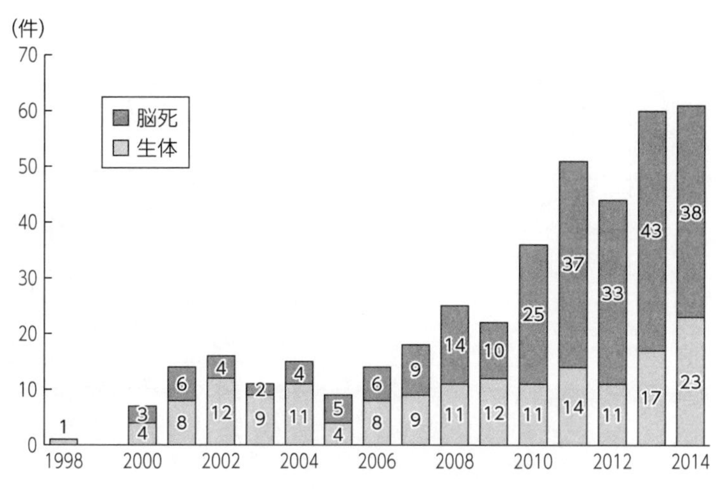

図８　肺移植の推移（2014年12月31日現在）

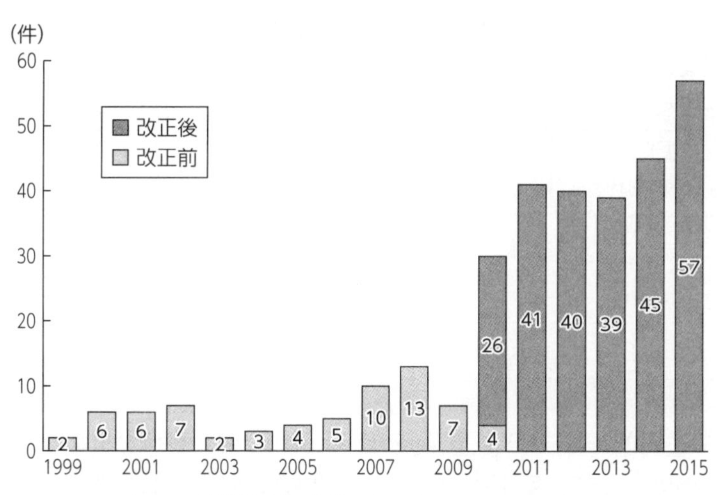

図９　肝臓移植の推移（2015年12月31日現在）

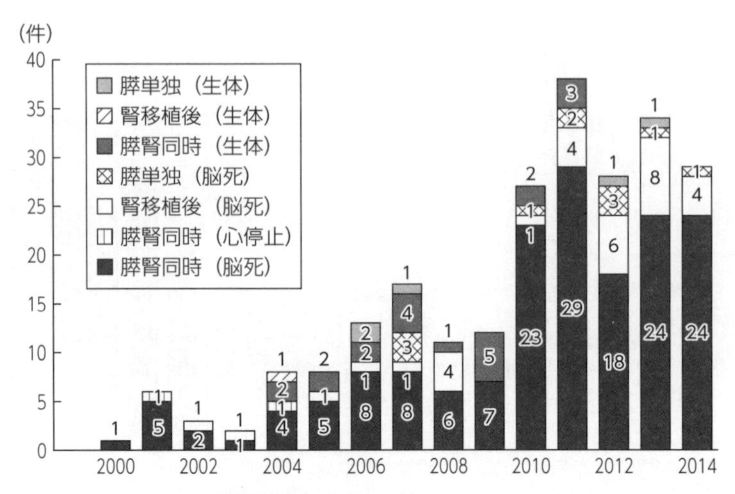

図10　膵臓移植の推移（2014年12月31日現在）

表１　臓器移植後の５年生存率（日米の比較）

５年生存率 （%）	心臓	肺	肝臓	膵臓
日本 （All：N＝319） （1999. 2–2015. 3）	91. 0 （N＝222）	71. 2 （N＝255）	81. 1 （N＝280）	75. 3 （N＝222）
アメリカ （1997–2004）	71. 5 （N＝5, 871）	46. 2 （N＝1, 589）	67. 4 （N＝10, 153）	78. 2 （N＝1, 049）

臓器提供が少ないため、腎臓移植ではABO不適合移植が増加し、生体腎臓移植が増加している（図11）。一方、生体肝臓移植は、2004年に生体ドナーが死亡して以来、生体ドナーの基準が厳しくなり、減少傾向にある（図12）。

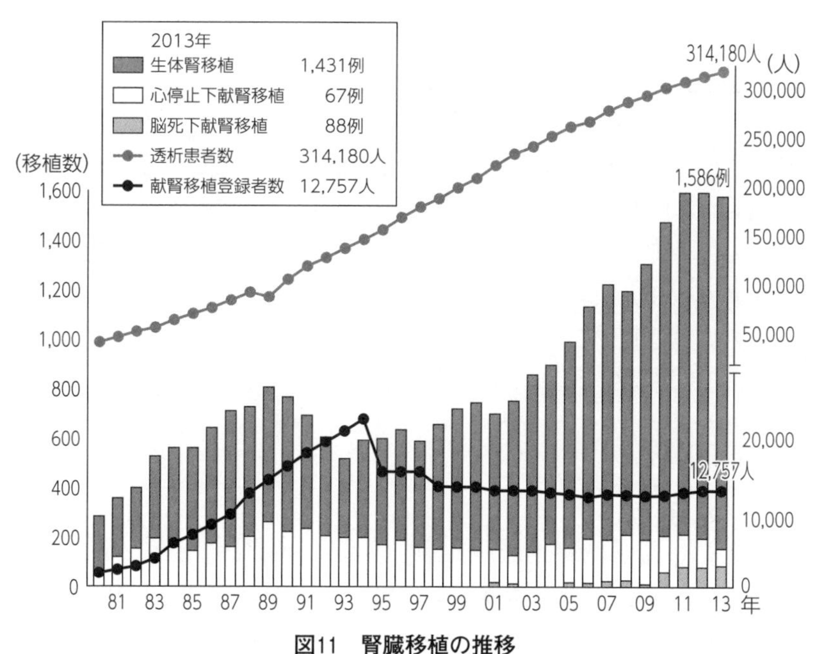

図11　腎臓移植の推移
（2014臓器移植ファクトブックより引用）

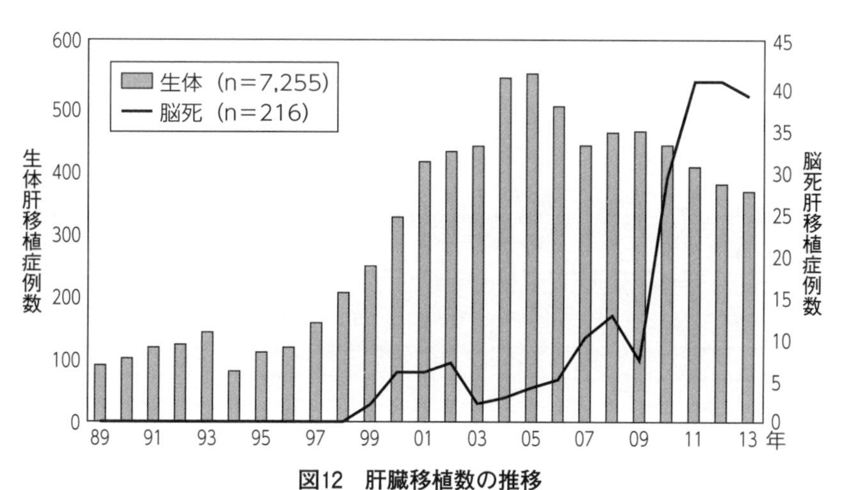

図12　肝臓移植数の推移
（2014臓器移植ファクトブックより引用）

4　小児ドナーからの脳死臓器移植

法改正により、15歳未満からの脳死臓器提供が可能となってから２年以上が経過した2011年４月13日に、15歳未満のドナーから脳死臓器提供が行われた。その後、同年９月４日に15～18歳の児童から、ついに2012年６月15日に６歳未満の小児から脳死臓器提供が行われ、2016年１月末現在、13人の小児から脳死臓器提供が行われた。心臓では18歳未満のドナーからは、登録時18歳未満の小児を優先するルールがあるため、すべて小児が心臓移植を受けている（表２）。

おわりに

臓器移植法の改正、ガイドラインの修正などを経て、脳死臓器提供が増加し、小児心臓移植が開始された。しかし、いまだに移植を必要とする人の数に比べて、臓器を提供する人の数の方が圧倒的に少ない現状である。今後も、臓器提供という、尊いご意思が叶えられるような国になるような、体制整備が必要である。

【参考資料】
2014臓器移植ファクトブック（日本移植学会編）：http://www.asas.or.jp/jst/pro/pro8.html

表２　改正法施行後の児童からの脳死臓器提供

提供日	2011. 4. 13	2011. 9. 4	2012. 6. 15	2013. 5. 11	2013. 8. 10	2013. 12. 7	2014. 7. 25	2014. 11. 24	2015. 1. 14	2015. 10. 13	2015. 11. 30	2015. 12. 18	2016. 1. 19
ドナー年齢	10–15歳	15–18歳	6歳未満	15–18歳	10–15歳	10–15歳	10–15歳	6歳未満	6歳未満	6歳未満	10–15歳	6–10歳	15–18歳
性別	男児	男児	男児	男児	女児	男児	女児	女児	女児	男児	男児	男児	男児
原疾患	関東地方の病院	関東甲信越地方の病院	富山大学附属病院	国立病院機構呉医療センター	長崎大学病院	国立病院機構長崎医療センター	北海道大学病院	順天堂大学医学部附属順天堂医院	大阪大学医学部附属病院	千葉県内の病院	都城市郡医師会病院	金沢医科大学病院	伊勢赤十字病院
	頭部外傷	頭部外傷	低酸素脳症	脳血管障害	低酸素脳症	低酸素脳症	脳血管障害	低酸素脳症	心原性脳梗塞	急性脳症	低酸素脳症	低酸素脳症	脳血管障害
ドナー備考									心移植待機者				心移植待機者
心臓	10代男児 （237日） RCM 強心剤	10代男児 （341日） DCM Nipro VAS	＜10歳女児 （267日） DCM Status 2	10代女児 （264日） DCM/AMI Nipro VAS	10代男児 （865日） DCM Nipro VAS	10代女児 （871日） DCM 強心剤	10代男児 （940日） DCM Nipro VAS	＜10歳男児 （172日） NCLV/RCM Berlin Heart		＜10歳男児 （134日） DCM 強心剤	10代男性 （263日） DCM Jarvik2000		
両肺	50代女性	40代女性			30代女性			＜10歳男児	＜10歳男児		10代女性	10代男児	50代女性
肝臓	20代男性	＜10歳女児 10代女児	＜10歳女児	60代男性	30代女性	40代男性		10代女性	50代女性	＜10歳女児	10代女性	＜10歳女児	10代男性
膵腎同時	30代女性	30代女性		30代女性 膵単独	40代女性	40代男性					40代女性	60代男性	40代男性
腎臓	60代男性	60代女性	60代女性 （２腎）	40代女性	50代男性	40代男性		10代女性 60代女性	40代女性 60代女性	30代女性	60代女性	50代男性	60代男性
小腸		30代女性											

③ヒト組織提供と移植医療 ——組織移植の現状

明　石　優　美

1　わが国の組織移植

組織移植とは、機能不全や障害を起こした組織・臓器に対して機能回復を図るため、ヒト組織を移植することである。

移植医療を通して国民の生命を守り、生活の質（QOL）的向上に寄与することは、この分野に携わる人々の使命である。心・肺・肝・膵・腎・小腸・眼球の臓器の移植に関しては「臓器の移植に関する法律」が定められているが、治療・研究を目的としたヒトからの組織・細胞採取に関する法律はない。しかしながら、平成９年10月16日に施行された「『臓器の移植に関する法律』の運用に関する指針（ガイドライン）」（以下、「指針」という）には、次のように定められている。

第12　死体からの臓器移植の取扱いに関するその他の事項

２　法令に規定されていない臓器の取扱い

臓器移植を目的として、法及び施行規則に規定されていない臓器を死体（脳死した者の身体を含む。）から摘出することは、行ってはならないこと。

第14　組織移植の取扱いに関する事項

法が規定しているのは、臓器の移植等についてであって、皮膚、血管、心臓弁、骨等の組織の移植については対象としておらず、また、これら組織の移植のための特段の法令はないが、通常本人又は遺族の承諾を得た上で医療上の行為として行われ、医療的見地、社会的見地等から相当と認められる場合には許容されるものであること。

したがって、組織の摘出に当たっては、組織の摘出に係る遺族等の承諾を得ることが最低限必要であり、遺族等に対して、摘出する組織の種類やその目的等について十分な説明を行った上で、書面により承諾を得ることが運用上適切であること。

このように、「指針」には法令に規定されていない臓器を死体から摘出することはできないとある。しかし、法が規定しているのは臓器の移植等についてであって、組織の移植については対象としていない。「指針」第14は、組織移植においてはドナー・家族(生体からの提供の場合には、提供者本人、15歳未満の生体を含む死体からの提供の場合には家族（遺族を含む））の同意を得た上で医療上の行為として行われる場合は、組織の種類と目的について十分な説明を行い書面による同意を得れば、組織の提供を受けることが可能であると明示している。

現在、わが国ではヒト組織のうち、心停止後に採取される膵島、心臓弁、大血管・末梢血管、皮膚、骨・靭帯、網膜を対象としている。また、生体より採取される皮膚や骨・靭帯、羊膜（卵膜）等に関しても同様に、採取・保存が行われ医療に応用されており、一部では組織バンクとして保存・供給を行っている。

わが国の組織バンクは全国22バンクがあり、組織バンクが運用されるにあたっては、組織利用における倫理的妥当性および安全性に係る問題について一定の指針を定めるとともに、採取されたヒト組織が研究および医療等に利用されるための条件についても、日本組織移植学会にて定めている。ヒト組織の移植あるいは研究への利用を目的とした組織バンクは、当然その運用の公共性、透明性を十分に配慮し、倫理的妥当性および具体的な安全性の確保がなされなければならない。

このように、日本組織移植学会が定めるガイドラインにより運営される組織バンクにおいて保管されている組織を、研究機関・教育機関・企業等に適正かつ円滑に譲渡するにあたっては、日本組織移植学会適正利用審査委員会にて定められたガイドライン（バンキングされたヒト組織供給のためのガイドライン）を遵守しなければならない。また、バンキングされた組織の適正利用にあたっては、書類審査および実地審査により適正と認められた研究機

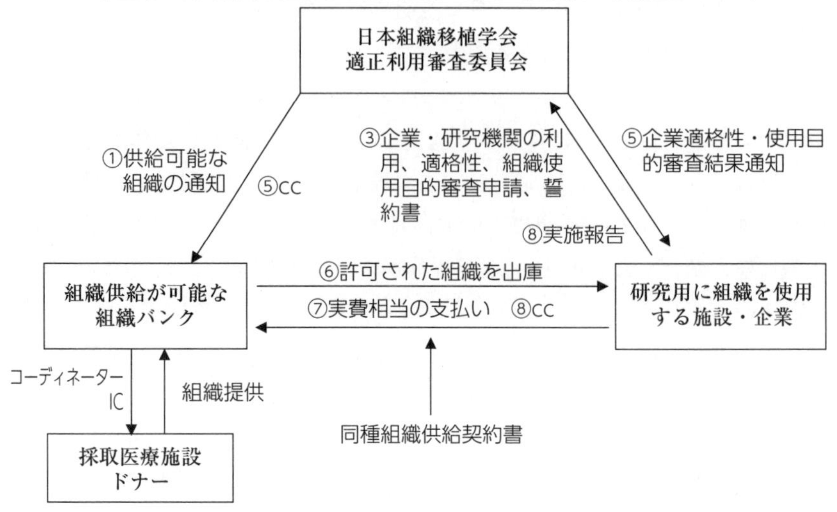

図１ バンキングされた組織の適正利用審査委員会の流れ
（日本組織移植学会適正利用審査委員会「バンキングされた組織の適正利用審査委員会の流れ」より）

関等にのみ組織が供給されることとなる（図１）。

2 臓器と組織の違い

臓器と組織の違いは、対象そのものが違うことはいうまでもないが、上述したとおり組織移植は法律の範疇外であることから、日本組織移植学会のガイドラインを遵守して提供・移植が行われている。

また、心停止後６時間から12時間以内であれば提供が可能（膵島・羊膜以外の組織）であることから、家族は患者の看取りの時間を十分設けることができる。

さらに、提供組織は、組織バンクに持ち帰り組織保存を行う必要がある。よって、提供から移植に至る期間が長い点も、臓器移植との違いとなる。組織の保存期間は、多くの組織バンクが５年としており、これは組織をパッキングしているパックの耐用年数でもある。よって組織採取後、最長５年以内に移植に至るが、組織によって保存期間は異なる。

組織の提供後、組織バンクにて組織保存を行うが、その際血液検査とともに組織の培養検査も行われる。これらの検査にて、陽性と判明した場合には移植に用いることができなくなるが、この場合には組織移植医療推進のための教育・研究に使用することが可能である。これは、組織移植コーディネーターによる、組織提供に関するインフォームド・コンセントの際に家族に説明がなされ、同意が得られた場合にのみ教育や研究に用いられる。

これらの違いについては、組織提供に関する説明を希望されるドナー家族に、組織移植コーディネーターより丁寧に説明がなされる。

さらに、臓器提供が行われると日本臓器移植ネットワークから費用配分があるが、組織提供については費用配分がない。

3　日本組織移植学会の設立

日本における組織移植は、移植を行う大学病院等がそれぞれで組織のバンキング～移植を行っており、運営方法や摘出・移植等で統一された見解が持ちにくい状況であった。そのような中で、1993年に「組織移植医療研究会」が近畿を中心に発足し、その後1998年には関東でも「関東臓器・組織移植研究会」が発足した。さらに、2001年にはこの両者の活動の中でも、学術面を引き継ぐ形で「日本組織移植学会」を発足させ、実務面である、ドナーからの提供やレシピエントへの組織供給・移植等のバンキング活動については「東日本組織移植ネットワーク、西日本組織移植ネットワーク」へと名称を変えて引き継ぐこととなった。

日本組織移植学会は、これまで組織移植に関わる医学的・社会的研究とシステム構築や組織提供のあり方、また倫理的諸問題について社会に発信してきた。2003年には、組織移植コーディネーター育成のため、組織移植認定コーディネーター制度を立ち上げ、同時に品質管理、透明性の高いバンクの運営を示した「組織バンク運営基準」を提示するとともに認定組織バンク制度を構築した。さらに、2015年には組織移植認定医制度が制定された。今後、組織の研究転用に関する問題やコーディネーター教育等にも積極的に取り組み、組織移植を取り巻く環境整備を行っていく必要がある。

4 組織バンクと認定組織バンク

組織バンクの条件として、公正・公平でかつ透明性の高い信頼される組織バンクの運営が行われることが望まれ、安全性、有効性ならびに倫理的、技術的妥当性を担保する必要がある。日本組織移植学会では、レジストリー委員会において実績調査だけでなく、年に1回、組織バンクの施設調査として、基本理念や施設としての要件、またドナー適応や組織提供に関する説明と同意、組織採取、組織の安全かつ有効な保存と供給、有害事象調査・追跡調査について各組織バンクに回答を求めている。未実施のバンクがあった場合には、早急に改善を求め、報告を義務化している（ヒト組織バンク開設における指針）。2016年3月現在、組織バンクは22施設ある（表1）。

これらの組織バンクは、東日本と西日本に分けられ、それぞれ「東日本組織移植ネットワーク」、「西日本組織移植ネットワーク」に属している。前述したとおり、東/西組織移植ネットワークは、実際のドナー対応や組織保存、組織供給に関して各組織バンクを統括する立場にあり、その業務としては①ドナー情報の第一報取得と

表1 組織バンク一覧

組織の種類	組織バンク
膵　島	福島県立医科大学 東北大学病院 千葉東病院 国立循環器病研究センター 信州大学病院 大阪大学病院 京都大学病院 徳島大学病院 福岡大学病院 長崎大学病院
心臓弁・血管	東京大学医学部附属病院 国立循環器病研究センター
皮　膚	日本スキンバンクネットワーク
骨	北里大学病院 はちや整形外科病院 熊本骨バンク協会 鹿児島大学
羊　膜	東京歯科大学市川総合病院 けいゆう病院 大阪大学医学部附属病院 京都府立医科大学病院 愛媛大学医学部附属病院

(H28年3月現在　日本組織移植学会レジストリー委員会)

対応コーディネーターの采配、②提供推進のための啓発、③ドナー情報の管理、④会議等の開催、⑤コーディネーターの教育等である。

さらに、日本組織移植学会では、品質の高い組織バンク業務を保証し、組織移植の向上と進歩を図ることを目的として、組織移植業務に係る組織バンクの認定を行っている。認定組織バンクは、①組織の摘出に係る医師または部門があること、②組織の保存を行う衛生的で管理された設備を有すること、③組織移植に関する資料を保管する場所を有すること、④専属コーディネーターを有すること、⑤日本組織移植学会員が１名以上いること、の条件を備えていることが求められる。さらには、100項目を超える認定基準において実施されていることも必須であり、組織バンクの機能からCategory Ⅰ～Ⅲに分けられる。

CategoryⅠは他施設へ供給が可能となる施設、CategoryⅡは自施設のみ供給が可能な施設、CategoryⅢは他施設で採取が可能であるが、保存ができないため他の認定バンクへ採取組織を搬送して保存を行う施設、となる。それぞれにおける組織バンクの体制や組織採取医、クオリティーアシュアランス・クオリティーコントロール(QA・QC)の違いは表２のとおりである。

表２　カテゴリーⅠ～Ⅲ施設の機能

	Category　Ⅰ	Category　Ⅱ	Category　Ⅲ
機能	他施設へ供給可能	自施設のみ供給可能	多施設で採取可能 認定バンク施設への 採取組織の移送
Co.	JSTT認定Co.(専任)	JSTT認定Co.(兼任可)	JSTT認定Co.(兼任可)
組織バンクの体制	24時間対応	24時間対応が望ましい	24時間対応
摘出医	責任医師・複数の摘出医師	責任医師 複数の摘出医師(最低限)	責任医師・複数の摘出医師
QA & QC	組織採取に関してのQA & QC	組織採取に関してのQA & QC（最低限）	組織採取に関してのQA & QC
実施共通項目	組織提供の適切なコーディネーション・組織の適切な採取・組織の適切な保存・適切な組織運営（QA & QCを含む）		

（日本組織移植学会　組織バンク認定委員会組織バンク認定制度施行細則第12条より）

また、2016年４月現在、Category Ⅰは８施設、Category Ⅱは３施設が認定を受けており（図２）、書類による審査と査察員による実地調査が行われる。

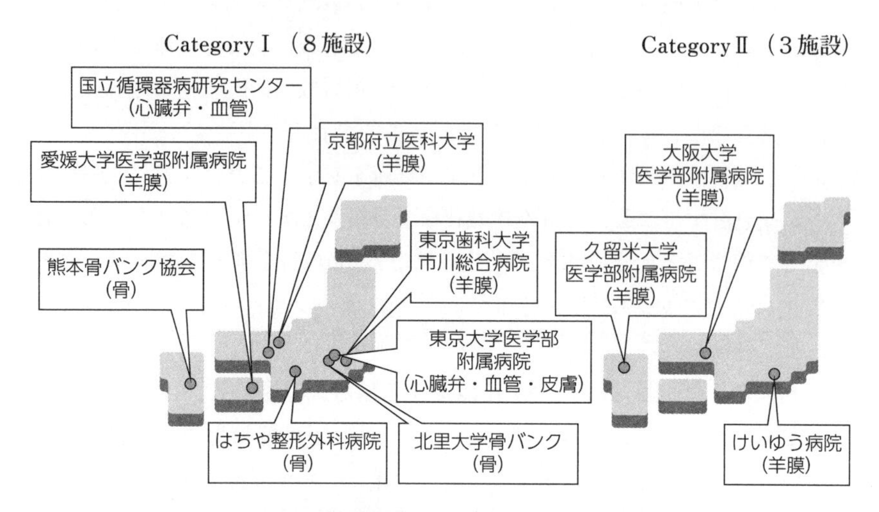

図２　認定組織バンク（2016年８月現在）
（日本組織移植学会認定組織バンク一覧より）

5　組織移植認定コーディネーター

組織移植認定コーディネーターは、組織移植医療の水準を向上させ、国民の福祉に貢献することを目的とし、善意による組織提供者への礼意を保持した対応と、普及啓発活動等の提供者拡大に努めるとともに、提供側、移植側の権利が脅かされることなく、移植医療が円滑に遂行されるようその責務を自覚し、行動することを使命とする。

認定制度の位置づけとして、GTP（Good Tissue Practice）の存在しないわが国においては、組織バンクの活動・規約はパブリックアクセプタンスに則って実施せざるをえない。ことに、①承諾の公正性確保、②安全な保存技術の担保の２点が保証すべき点となる。よって、法的根拠のない組織移植におけるコーディネーターの認定制度として、日本組織移植学会が定めることが現実的な対応と考える。認定証の交付にあたっては、いくつかの要件を満たすことが必須となり、筆記試験・面接試験が行われる。また、認定を継続する場合には更新が必要となる（図３）。

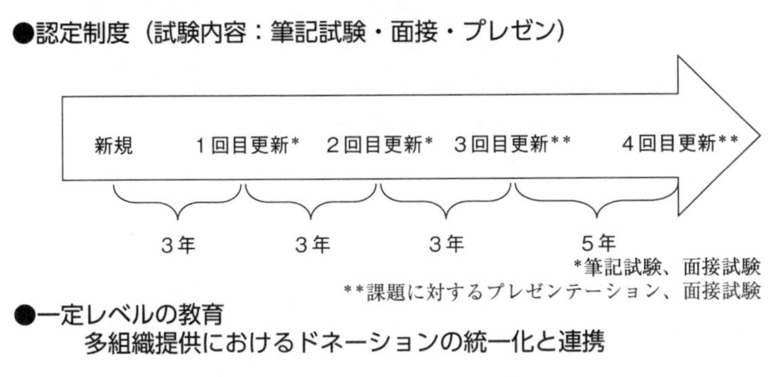

図３　コーディネーター認定制度

（第13回日本組織移植学会学術集会シンポジウム：移植Co.の現状とこれから～組織移植Co.の立場から～2014、明石）

組織移植コーディネーターの認定を行うにあたっては、組織移植コーディネーター委員会が開催するセミナーに規定回数参加する必要があるが、これらの教育により一定レベルのスキル修得や多組織提供におけるドネーションの統一化、コーディネーター同士の連携等を図ることができる。

6　組織の提供の流れ

脳死下臓器提供後に組織提供が行われる場合、また心停止後臓器提供の後に組織提供が行われる場合、心停止後に組織提供のみ行われる場合が考えられるが、いずれも組織提供のタイミングは最後となる。臓器提供後に組織提供が行われる際は、手術室の使用時間が長くなるため、提供病院での事前の調整が非常に重要となる（図４）。

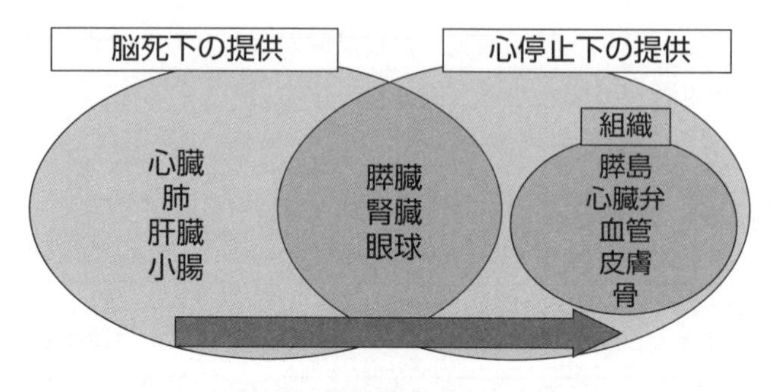

図４　組織提供のタイミング

組織提供の流れとしては、提供病院または日本臓器移植ネットワーク・各都道府県臓器移植コーディネーターから東／西組織移植ネットワークへドナー情報第一報が入る。第一報を受信した際に確認する事項として、施設名・ドナーの年齢・性別・原疾患・既往歴・搬入からの簡単な経過・感染症の有無・現在のバイタルサイン・情報提供のきっかけ・家族の様子等をうかがう。また、心停止後の連絡の場合には死亡確認時刻、検視検案の有無を確認する。これらの情報より、提供可能な組織について伝え、組織移植コーディネーターが提供病院に向かう。ドナー適応基準は以下のとおりである（表３）。

組織移植コーディネーターが提供病院に到着し、ドナー情報収集および院内体制の確認を行う。組織提供を初めて行う施設については、「施設使用許可書」を作成する必要がある。「指針」第14項は、「医学的見地・社会的見地等から相当と認められる場合には許容されるものであること。したがって、組織の摘出に当たっては、組織の摘出に係る遺族等の承諾を得ることが最低限必要であり、遺族等に対して、摘出する組織の種類やその目的等について十分な説明を行った上で、書面により承諾を得ることが運用上適切であること。」としている。これらについて、書面にて組織提供の必要性と目的を明示し、提供病院内での家族との面会、組織採取について施設の許可を得るためのものである。取得できた場合には、施設長が代わっても再取得する必要はないが、組織提供の際にはその都度確認を行う。また、可能な限り組織提供前に取得されていることが望ましく、病院啓発等で事前に説明を行うべき

表３　ドナー適応一覧

	膵島	心臓弁 血管	骨	皮膚	角膜	羊膜(生体)
おおよその 年齢制限	≦70	≦70	なし	≦75	なし	帝王切開 予定の妊婦
心停止から 摘出までの 時間	30分以内	12時間以内（ただし６時間以内が望ましい）				—
共通の 除外項目	１．全身性の感染症 ２．悪性腫瘍（原発性脳腫瘍、術後５年以上経過し完治したと判断される固形癌）　※角膜を除く ３．膠原病などの自己免疫疾患 ４．中枢神経系の疾患 ５．原因不明の死亡 ６．海外渡航歴を確認					
特有の 除外項目	糖尿病 アルコール依存症 急性・慢性膵炎など	弁疾患 心外傷 開心術後 Marfan症候群 動脈硬化 血管疾患	重篤な代謝性・内分泌系の疾患による骨質の異常	皮膚の感染・皮膚炎 褥瘡などの組織破壊 薬物中毒 熱傷創	先天性風疹 活動性ウイルス脳炎 原因不明の脳炎 進行性脳症 アルツハイマー病 内因性眼疾患など	多胎妊娠 羊水混濁 輸血・移植の既往
摘出に 要する時間	１時間	２時間	２時間	２時間	１時間	

（日本組織移植学会「ヒト組織を利用する医療行為の安全性確保・保存・使用に関するガイドライン」より）

である。

院内体制等の確認やドナー情報の確認が取れた後、家族がコーディネーターからの説明を希望された場合には面談（インフォームド・コンセント）が行われる。組織提供に関わるインフォームド・コンセントは、臓器提供がある場合と組織提供のみの場合とで状況が異なるため注意する。臓器提供のインフォームド・コンセントがすでに終わっている場合には、家族の様子や会話の内容等を臓器移植コーディネーターと事前に共有する必要がある。臓器提供に関するインフォームド・コンセントの内容と重複する内容、例えば採血を行うことやカルテの閲覧許可、問診内容については一部省略するなど、家族の負担軽減に努める。

インフォームド・コンセントの内容としては、臓器提供との違いや、提供部位（部位の選択ができる組織もある）、提供後の傷の処置、採血、検査結果により移植に用いられない可能性、研究転用、組織採取にかかる時間、傷等についてである。家族の提供の意思が家族の総意であることを確認し、承諾書の作成へとうつる。

承諾書の作成にあたっては、家族と一つ一つ確認をしながら進める必要がある。特に、多組織の提供の場合には、提供部位を図で示しながら記入を進める。また、組織採取前まで組織提供承諾書の撤回が可能であることを説明し、インフォームド・コンセントが終了しても手術室等へ移動する前まで家族の総意を確認することに努める。

組織提供承諾書および問診票の作成が行われたら、組織提供に向けてカルテ等よりドナー情報収集を行い、ドナーの２次評価を行う。このとき、ドナースクリーニングを行うことは非常に重要であり、理学的所見の確認を注意深く行う。例えば、交通外傷による骨折や擦過傷の程度、褥瘡等の皮膚病変、発赤等は皮膚・骨提供の適応判断材料となる。また、多組織提供の場合には、各組織バンクとドナー情報を共有しスムーズな適応判断が行われるようにする。臓器・組織提供の場合には、臓器移植コーディネーターと情報共有を図り円滑に提供が進むよう調整を行う。

同時に、組織提供に承諾が得られた場合には組織採取医チームを提供病院に派遣する。多組織提供の場合には、膵島（腹部臓器の提供がある場合にのみ提供可能）、心臓弁・血管、皮膚、骨、角膜の順に提供が行われる。採取時間が長くなるので、組織採取チームの手術室への入退室は時間をあけることがないように調整を行うことが重要である。また、心臓弁・血管、皮膚、骨の提供については、部位を限定することが可能であるため、家族より承諾をもらった部位について、対応したコーディネーターは採取医師と必ず確認を行う。組織採取にあたっては、最初と最後に黙祷を行うなど、ドナーへの礼意の保持に努める。手術室対応コーディネーターは、タイムテーブル等の記録を行うとともに、組織採取チームの入退室の時間調整等の対応を行う。一方、家族対応コーディネーターは家族の状況把握に努め、経過の報告を行うなどする。組織採取が終了したら、家族と面会できる環境を設定し、組織採取の報告を行う。このとき、家族の心情に十分配慮し、家族の希望があれば一緒にエンゼルケア等の処置を行う。その後、お見送りを行う。使用した手術室については、掃除を行いゴミは組織バンクに持ち帰る。

手術室にて一次保存した組織は、各組織バンクへ持ち帰られ二次保存が行われる。膵島については、膵臓より膵島を分離する作業が行われ、一定の収量が得られた場合は新鮮膵島移植が行われる。一定の収量が得られなかった場合には保存される。その他の組織については、トリミング後二次保存が行われ、移植に用いられるまで超低温にて厳重に保管されることとなる（図５）。

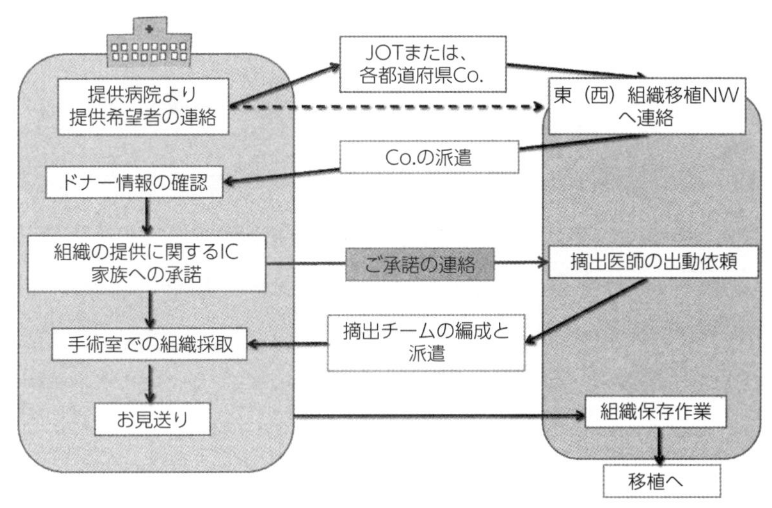

図５　組織提供の流れ

7　実績（ドナー数・レシピエント数）と問題点

ドナー数の推移は改正臓器移植法が施行された2010年以降減少している。臓器提供数については、脳死下臓器提供数は年々増加しており、家族からは「臓器を提供するから組織までは提供したくない」という声を聞くことが多い。組織バンクにとっては、保存組織が減少し移植に対応できなくなるという危機的状況であり、早急に対策が必要である。

一方で、ドナー数の減少にともないレシピエント数は横ばいまたは減少傾向にある。より多くのレシピエントに保存組織を供給する必要があるが、組織によっては保存組織の減少により、供給を制限するなどの対応を取らざるをえない状況である（図６）。

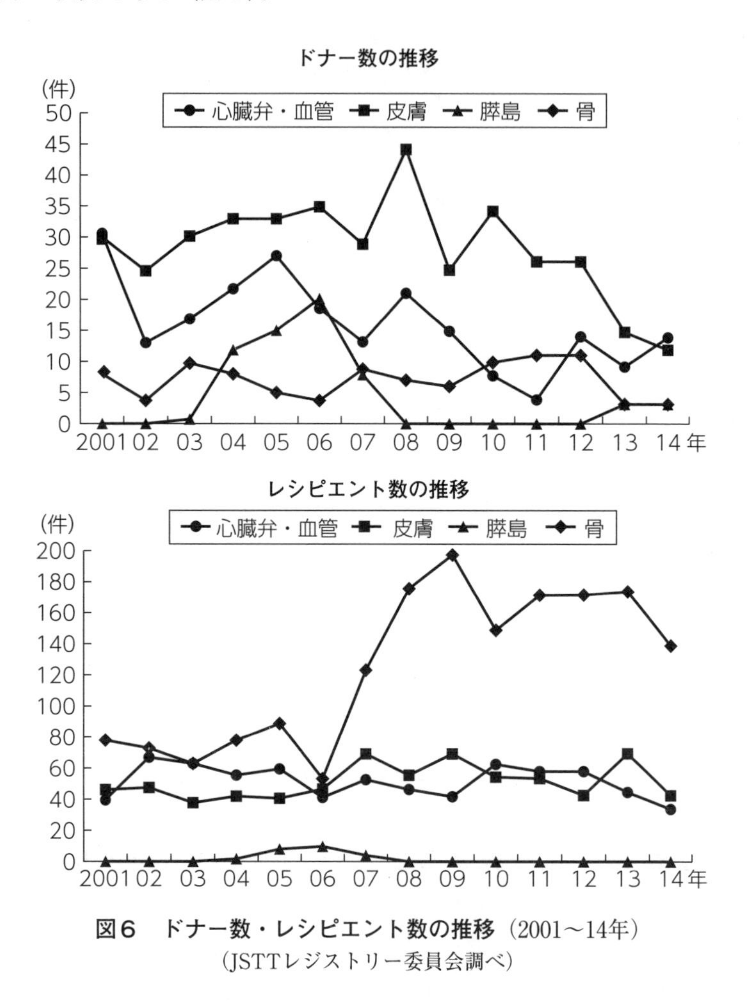

図６　ドナー数・レシピエント数の推移（2001～14年）
（JSTTレジストリー委員会調べ）

このように、保存組織の減少や、それにともなうバンク運営に必要な収入の減少、組織移植コーディネーターのマンパワー不足などが問題点として挙げられる。これらの解決に向け、各組織バンクが主体となり対策を講じる必要があるが、未だ解決には至っていない。

④死体からの研究用組織の利用

福　嶌　教　偉

はじめに

現在、わが国では、ヒト組織のうち膵島、心臓弁、大血管・末梢血管、皮膚、骨・靭帯、網膜、羊膜（卵膜）等の採取・保存が行われ医療に応用されており、一部では組織バンクとして保存・供給がシステム化されている。しかし、ヒト組織移植に関する法律はなく、「臓器の移植に関する法律」では、同法5条の規定する「臓器」および同法施行規則1条の規定する「内臓」のみが対象となっている。ただ、この法律においてヒト組織の移植に関しては、「法律」の運用に関する「指針」の中で、「通常本人又は遺族の承諾を得た上で医療上の行為として行われ、医療的見地、社会的見地等から相当と認められる場合には許容されるものであること」（第14）という基本的な考え方のみが示されている。すなわち、死体からの研究用組織の利用についても、この考え方を当てはめて、ルール作りならびに体制整備を行う必要があると考えられる。

日本組織移植学会では、「ヒト組織を利用する医療行為の倫理的問題に関するガイドライン」を策定し、死体組織を利用した医療行為（組織移植など）が行われてきて、これまで皮膚移植だけだったのが、2016年4月には心臓弁・血管および骨・靭帯の移植が保険収載される予定である。これらのガイドラインでは、組織の採取、保管、供給を担うものとして認定組織バンクを定めている。認定組織バンクは、移植への利用を主たる目的としてヒト組織の提供を受けるものであるが、ヒト組織を移植に用いることができない場合または家族の希望がある事例において、家族の書面による承諾が得られた場合には当該ヒト組織を研究機関および一般研究者（企業を含む）における研究・教育・研修等への利用目的のために提供することができるものとしている。これまで、認定組織バンクが採取した組織が研究利用された例はないが、これに準拠したルール作りが、HABなどにおける死体からの研究用組織の利用の体制整備には必要と考える。

ここでは、日本組織移植学会の定める研究用組織利用のガイドラインの概略を紹介するとともに、将来わが国で死体からの研究用組織の利用を行われるようになった場合に想定される、組織の採取の流れを述べることにする。

1 ヒト組織を利用するに当たって遵守すべき基本原則(案)

将来、死体からの研究用組織のみの採取ができる時代がくれば別であるが、現在の日本の臓器または組織移植の現状を考えると、研究用組織は、臓器または組織移植のドナーから採取されることになることが必須である。したがって、臓器または組織移植のための臓器または組織の採取を最優先した上で、研究用組織を採取することが、最も重要な基本原則である。つまり、研究用組織についてのドナー家族への説明や同意の取得、組織採取の順番も臓器移植、組織移植の後にしなければならない。ドナー家族や組織提供施設の医療スタッフへの対応に注意し、臓器または組織の提供に支障がないように努めることが原則である。また、たとえ研究用組織であっても、人の組織であるから、死体臓器または組織移植と同等のガイドライン作成と体制整備をする必要がある。

日本組織移植学会ガイドラインに、ヒト組織を利用するに当たって遵守すべき基本原則が示されているが、死体からの研究用組織の利用もこれに準拠した基本原則を策定する必要がある。したがって、臓器移植に関係する種々のガイドラインと日本組織移植学会のガイドラインを基に、死体からの研究用利用の基本原則を考案した。

まず、ヒト組織を利用するに当たっては、倫理的妥当性および安全性を確保するために次の6つの原則を遵守しなければならない。

① ヒト組織の提供に係る任意性の確保

ヒト組織の提供は、組織提供者（以後、ドナー）・家族（遺族を含む）の自由意思に基づくものであり、提供の意思決定の過程において、ドナー側に不当な圧力がかかることがあってはならない。

② ヒト組織の採取および移植の際の十分な説明と同意（インフォームド・コンセント）

ドナー・家族がヒト組織提供の意思決定をするに当たっては、提供の手続、採取の方法、利用目的等についての説明が十分に行われなければならない。この業務は、組織を利用する研究者とは独立し、専門的な教育を受けたコーディネーター（Research Resource Coordinator：RRCo）が行う。当面は日本組織移植学会認定組織移植コーディネーターに準じた資格をもっていることが望ましい。

③ ヒト組織の提供の社会性・公共性およびドナーの尊厳の確保

ヒト組織の提供は、ドナー側の善意に基づいて社会全体に対して行われる公共性をもった崇高な行為である。提供を受けた研究組織バンク（Research Resource Center：RRC）および利用施設等は、ドナーの尊厳を確保し、ドナー側の意思と社会に対する善意を尊重して組織を取り扱わなければならない。また、提供がなされた後、ドナー側は提供したヒト組織について財産上の権利を主張することはできない。

④ 無償の提供

ヒト組織の提供は無償で行われるべきものである。ヒト組織の採取に当たっては、その対価として財産上の利益をドナー側に供与してはならない。

⑤ 個人情報の保護

RRC事業に携わる者および施設は、ドナーにつながる情報、ドナー・家族が知られることを望まない情報を厳格に管理し、それらの情報が漏洩することがあってはならない。個人情報法保護法が改定されたが、施行細則などが決定されていないので、現時点で詳細を決定できないが、ドナー情報を匿名化すると同時に、研究者に必要な情報(年代、性別、原疾患、臓器機能等)を提供できるようにすることが重要である。

⑥ 情報公開

組織バンクは、社会的・公共的な活動主体として、個人情報の保護に留意しつつ、その活動全般について広く社会一般に情報を公開する体制を整備しなければならない。

これに加えて、実践的な原則であるが、ドナー家族が研究用組織の提供を同意した場合には、必ず組織採取の人員を派遣できる体制をとらなければならない。つまり、もしHAB内にRRCを設置する場合には、RRC内に複数名のRRCoを配置し、RRCoが24時間ドナー情報に対応できるようにし、常に組織採取を行える医師チーム（Research Resource Doctors：RRDr）と常に採取組織を試料化できる技術者（Research Resource Technologist：RRT）を備えておかなくてはならない。また、RRCには、組織提供の都度、ドナー情報を匿名化できる個人情報管理者を設置する必要がある。

死体からの研究用組織の採取はまだ黎明期であるので、研究用組織の採取を行える施設は、臓器または組織の提供を行う病院であり、かつ、予めRRCから依頼を受けて研究用組織提供事業に協力することを、当該施設の倫理委員会で承認し、施設として当事業に協力することを承諾した病院に限ることとする。

2　日本組織移植学会の定める研究用組織利用に関するガイドラインの概要

「Ⅶ　研究機関及び企業等における研究・教育・研修への利用及びその他の利用について」に、後述のようなガイドラインが定められている。

ヒト組織を利用可能な研究とは、ヒューマンサイエンス振興財団、大学等の研究機関、医療機関もしくは企業の一般研究者等により行われ、またはこれらの者の協力により行われる疾病治療に役立つ医学研究とし、教育・研修はヒト組織の処理技術に係る研究ならびに組織バンクの技術者の技術習得・向上を目的とした研修としている。その上で、認定組織バンクが、採取したヒト組織を移植医療に関する研究機関あるいは研究目的で企業に提供する際には、本ガイドラインに定める倫理委員会等において当該研究の内容の妥当性について確認し、提供の可否を判断するとともに、その判断の過程を明確にすることを義務づけている。一方、研究・教育・研修以外の目的でのヒト組織の提供についても、生物由来製品等の製造等を行う企業に限定し、ガイドラインに定める諸要件を備えた企業であればよいことにしている。研究用組織を提供する際には、ガイドラインに定める倫理委員会等において内容の妥当性について確認し、提供の可否を判断するとともに、その過程を明確にすることを定めている。

企業で用いられるヒト組織については、企業はその提供を受けた日時、提供を受けた機関名、利用目的等の記録を作成・保存し、認定組織バンクは、取扱い主体、提供数の記録を作成・保存することになっている。なお、認定組織バンクは、採取したヒト組織を企業に提供する際にも、非営利・公的機関として、いわゆる「対価」とみなされないヒト組織の採取・保存および移植等に係わる経費・費用以外は請求してはならない。また、企業が備えるべき要件として、①日本組織移植学会が定める「ヒト組織を利用する医療行為の安全性確保・保存・使用に関するガイドライン」のための要件を満たし、かつ日本組織移植学会からヒト組織の提供許可を受けていること、②「細胞組織利用医薬品等の取扱い及び使用法に関する基本的な考え方」（旧厚生省医薬安全局、平成12年12月26日）の規定を遵守した運営がなされることを担保している企業であること、③日本組織移植学会に所属している企業であること、を定めている。

3　研究用組織の採取・保管・供給に関わる部署ならびに職種

⑴　Research Resource Center（RRC）

RRCは、研究用組織の採取、試料化、およびそれにともなう匿名化作業を行う部署であり、ヒト組織を研究に利用する部署や施設とは機能的に隔離され、研究用組織提供の第一報とともに実体的に運営される。研究用組織の採取に当たっては、この中に情報本部を設置する。

⑵　RRC情報本部

RRC情報本部は、研究用組織採取および採取に関連する作業の円滑を図るため、ドナーの第一次情報受領と同時に、RRC内にAd Hocで設置される。情報本部は、研究用組織採取の作業終了まで設置され、構成員は、RRC情報本部担当者と個人情報管理者とする。

⑶　Research Resource Coordinator（RRCo）

RRCに所属する研究用組織採取のコーディネーター。臓器あるいは組織の移植のための提供に関わる専門的教育を受けたもので、RRCに所属し、研究用組織提供に関しての業務を行う。日常は、研究用組織利用に関する普及啓発を一般国民ならびに提供施設の医療スタッフに行うとともに、研究用組織提供事業に協力できる病院を増やす。

⑷　Research Resource Docotor（RRDr）

研究用組織の採取に従事する医師で、予めRRCが契約を結んだ移植臓器あるいは組織の採取を担当する医師をいう。

⑸　Research Resource Technologist（RRT）

組織の細分化・保存ならびに、細胞浮遊液等に処理・生成する技士。

4　研究用組織の採取の流れ

⑴　RRCでの初期作業：情報本部の設置

情報提供者（臓器および組織移植Co（以下、「移植Co」）、院内Co、ドナー病院職員、遺族など）から、電話で第一報が入ったときには、第一報受領者は、直ちに情報内容を記録し、メモする。まず、研究用組織採取について協力契約のある病院であることを確認する。

研究用組織採取および関連する作業の円滑を図るため、第一報受領とともにRRC内に情報本部が設置される（以下、「本部」）。第一報受領者は直ちにRRCoに連絡すると同時に、RRC情報本部担当者を招集する。

本部担当者の業務は、内外部からの情報連絡を受け、情報を整理し、RRCoおよびRRDrの支援をする。提供組織の匿名化終了まで、RRC職員が設置期間に限って併任する。本部担当者は、RRC情報本部内にいることが望ましいが、状況に応じて一時的にRRCが兼任する場合もある。

⑵　ドナー情報収集

RRCoは、RRDrに連絡するとともに、移植Coとの協議・連携の下で、院内Coまたは提供施設スタッフと情報を収集する。具体的には、臓器または組織移植Coが業務（提供候補者の情報収集、家族への説明、摘出手術・臓器あるいは組織搬送の準備、摘出手術、臓器あるいは組織搬送、見送りまですべて）の中心になる。まずRRCoは電話で提供候補者の情報の概略を臓器移植Coから入手した上で、臓器移植Coに、提供施設内での面談を依頼し、可能であれば、院内Co、組織移植Coの同席の下、提供候補者のより詳細な医療情報の収集、提供が予定されている臓器・組織の確認、具体的詳細な手順打ち合わせを行う。提供施設での打ち合わせは、臓器または組織の提供の承諾が得られた後で行われることが多いと考えられる（最初からJOTCoあるいは組織移植Coが研究用組織提供の話をすることはないと考えられるため）。

⑶　研究用組織採取の器材・書類の準備

RRCoは、提供病院に出向する前に器材（組織採取器材、保存・搬送器材等）、書類（採取手術記録書、研究用組織採取のための説明書・承諾書等）の確認を行う。また提供病院にこれらを搬送する。

⑷　研究用組織の利用の説明と採取の同意の取得

家族との面談を含め、家族との接触作業は終始一貫して一人のRRCoが当たることが望ましい。研究用組織の提供についての家族への説明は、臓器または組織提供等の移植関連の説明が充分に理解されたと判断された後に行う。研究用組織提供の説明は、騒がしい所を避け、家族の判断が少しでも冷静にできるように配慮する。また。家族への説明の内容ははっきりと、平易な言葉で、相手の心情を理解しつつ行う。この際、これらの説明等が強制ではなく、家族がいつでも任意に拒否できることを説明することを忘れてはならない。また、家族の結論を急がせることなく、充分な時間と猶予を与えることも重要である。なお、家族との面談は、原則として臓器または組織移植Co、および提供施設のスタッフと同席して一緒に行う。

研究用組織の利用ならびに採取については、わかりやすいパンフレットなどを使用し、採取を希望する組織名、採取方法、採取部位、採取容量、所要時間等を説明する。遺体表面に研究用組織採取のための新切開を加えないことと、すべての操作が移植操作に付随して行われることを説明する。その上で、組織採取の目的が研究開発で移植用ではないことを説明し、採取された組織は、非営利RRC、または、その協力機関に委託され、倫理的科学的に適切と考えられる研究のために、研究者に配分されることを説明する。すなわち提供を受ける時点では研究目的は特定できないため、包括的承諾をとり、特定の研究を目的とした提供は受けられない。採取された組織は、主に細胞の形に処理されること、細胞保存された時点、または研究者に組織片として配分される時以前に連結不可能匿名化され、その後は希望があっても返還できなくなること、匿名化してもドナーの死因、年齢、性別、病歴、薬歴、生活習慣歴は組織情報として残されること、遺伝子解析を行うことも想定されるが、十分な倫理審査を行い、プライバシーの守秘に努めること、提供による費用・謝礼の発生がないこと、研究成果は学会や学術誌などで公開される場合があること、成果は研究者あるいは研究機関に所属することを説明する。その上で、提供の諾否は自由であり、拒否によって診療や臓器提供等にまったく影響のないことを説明する。

⑸　研究用組織採取のスケジュールの調整

移植用臓器の摘出は、心停止ドナーでは腎または膵臓が、脳死ドナーでは多臓器（心、肺、肝、膵、腎、小腸）が対象になる。研究用ヒト組織の採取は腎摘出の終了直後またはグラフト用血管採取の直後、移植用組織採取の直前あるいは同時並行の処置となるので、臓器または組織の採取手術が始まるまでに、どのようなタイミングで研究用組織を採取するか調整しておく。

脳死ドナーでは、法的脳死判定の予定に合わせて、死亡時刻を予め設定でき、研究用組織採取のタイミングもある程度予定することができるので、予定時刻をRRDrに連絡可能である。一方、心停止ドナーでは、いつ心停止となるか不明なので、提供手術の予定は不明であり、病室外でRRCoは待機し、一般的に血圧が40-50mmHg程度になった時点でRRDrを招集する。臨床上の脳死診断が行われている場合には、心停止直前に体内臓器冷却灌流のためのカニュレーションが行われることがある。

以上については、表1を参照（次頁）。

⑹　研究用組織採取術

ドナーの手術室への搬送は、臓器摘出チームあるいは主治医側チームと臓器移植Coが行う。RRCoは摘出手術開始に合わせ、臓器提供者とは別ルートで手術室へ向かう。依頼があればRRCoも協力する。

脳死ドナーでの臓器摘出は、概ね心臓、肺、小腸、肝臓、膵臓、腎臓、眼球の順に行われる。一方、心停止ドナーから提供される移植臓器は腎臓と膵臓、眼球に限られる。その後、移植用組織が採取されるが、その作業後または並行して研究用組織を採取する。

RRCoは、手術室内での器材・保存液の準備、組織採取医RRDrの介助、組織の保存、後片付け等を行う。できれば手術室の清潔区域に専属のRRCoを置くことが望まれる。臓器摘出術の進行に合わせて、手術室に入室し、手術の準備を行う。

組織採取後、RRCoは、研究用組織提供経過記録および手術室記録を完成させ、RRCoは後片付けを行い、医療廃棄物は持ち帰り、所定の手続きで処理する。採取組織を直ちに、RRCに持ち帰る。

⑺　匿名化と組織情報

提供された研究用組織は、包括的研究目的のために遺族の承諾を得たものである。すなわち、組織は将来、不特定の研究目的のために、不特定多数の研究者に供与されるものであるが、予想される研究目的に関係しない情報は最初から消去される。研究に必要な組織に関する情報も匿名化されなければならない。

研究に必要な情報は、性別、人種、死亡時年齢、体型（肥満）、死因、感染症、病歴、薬歴、嗜好（喫煙、飲酒）、温阻血時間（WIT）、総阻血時間（TIT）、viabilityなどであり、匿名化した上で、研究利用者に伝達する。

表１　心停止後・脳死下臓器提供の流れ

心停止ドナー	脳死ドナー
脳死臨床診断→	←脳死臨床診断
JOTCo来院、第１次評価→	←JOTCo来院、第１回目ミーティング、第１次評価
Ｉ・Ｃ、提供承諾→	←Ｉ・Ｃ、提供承諾
	←第２回目ミーティング、提供確認作業
	←第１回目法的脳死判定
	←第２次評価（提供適応臓器の決定）
	←第２回目法的脳死判定、死亡宣告
	←移植施設への連絡
腎摘出チーム来院、第２次評価→	←各臓器摘出チーム来院、第３次評価
	←術前ミーティング
	←臓器摘出 心臓 小腸 肺 肝臓 膵腎または腎
	←移植用組織採取
	←閉胸、閉腹
≈	
カニュレーション→	
呼吸器停止→	
心停止、死亡宣告→	
死体内灌流開始→	
腎摘出術→	
閉腹→	

おわりに

わが国では死体からの臓器または組織移植はすでに臨床応用されているが、死体からの研究用組織の利用は始まっていない。その状況下で作成した基本原則と組織採取の流れを述べてきたが、改正個人情報保護法の動きや、様々な社会的状況により、実際の運用は異なったものになる可能性がある。しかし､提供する人の尊厳を失うようなシステムにならないことを期待する。

この稿では、組織採取のみを記したが、今後は、どのような組織を採取するか、それぞれどのように試料化・保存するか、そして如何に供給するかについてもガイドラインを作成する必要があると思う。

⑤HAB研究機構の役割と現状 ——ヒト試料の有効活用

鈴木 聡・深尾 立

1 HAB研究機構の設立

1990年初頭まで医薬品開発は実験動物を用いた非臨床試験で候補化合物を選択したのち臨床試験を行っていたが、臨床第Ⅰ相試験から審査・承認まで進む薬物の成功確率は非常に低く、開発費用の増加および開発期間の長期化が問題となっていた。また、承認後多くの患者に投与されるようになってから有害事象、副作用が起こるケースが起こりうることも開発側、審査側の両者で認識されていた。これらの問題は当時様々な角度から検討されていて、ヒト由来試料、特に肝細胞画分、肝細胞を用いた*in vitro*試験が副作用防止の可能性の面から注目され、薬物代謝酵素の阻害、誘導といった薬物相互作用が検出できるとの報告が続いた。このような経緯のもと1997年には、アメリカ食品医薬品局（FDA）、欧州医薬品庁（EMEA）から開発研究でヒト由来試料を用いた薬物相互作用研究を行うことを求めるガイダンスが発表された[1),2)]。こうして欧米で医薬品開発、特に薬物代謝研究でヒト由来試料を用いた研究の重要性が認識され、医薬品開発研究の場で利用が進むなか、わが国ではヒト肝細胞画分、肝細胞の入手が不可能であったため、FDA、EMEAの求める薬物相互作用研究ができないという問題、いいかえれば副作用の少ない医薬品を開発するための研究が困難であるという問題に直面していた。

そこで、この問題を打開するために産学官の有志が集まって、国内の創薬研究環境を整えること、特に日本人の臓器・組織を研究の場に供することを目的として、1994年にHAB協議会（HAB研究機構の前身）が設立された。

HAB協議会では、ヒト由来試料を研究の場に供するための法的、倫理的問題を検討するとともに、わが国でヒト組織を創薬研究に供するための環境整備を進めるには、ヒト由来試料の学術研究分野での有用性を示す研究結果の蓄積が必要と考え、学術年会、機能研セミナーを開催し欧米から演者を招聘し情報を共有することとした。また、FDAから学術年会演者として招聘したDr. Harman Rheeからは、このヒト由来試料を用いた薬物相互作用研究の重要性から、国内でヒト組織が研究に供せる環境が整備されるまでの間、手をこまねいているのではなく、米国からヒト組織を入手して薬物相互作用研究を行うことを勧められ、Philadelphiaに本部を置く非営利団体National Disease Research Interchange（NDRI）を紹介された。そこで、HABはNDRIを訪問してわが国の現状を説明した結果、International Partnershipを締結するに至り、1996年から米国人ドナーから提供されたヒト臓器、組織を国内の研究者に提供していく事業を開始した。

その後、HAB協議会は任意団体では活動が制限されるため、2002年に発展的に解散し、内閣府から認証を受け、特定非営利活動法人エイチ・エー・ビー（HAB）研究機構に改組し、NPO法人の活動として市民公開シンポジウムを開催し、身近な疾患を主題として、その治療薬の開発にはヒト組織、細胞が有用であることを啓発するとともに、産官学の研究者へのヒト試料の供給を今日まで続けている（表１）。

2　ヒト組織の有用性に関する検討

HABの行ってきた事業は、表１に示すように設立から10年間行ってきたヒト組織の有用性を示していく活動と、2005年から開始した国内からのヒト組織の調達に向けた事業に大別することができる。

すでに述べたとおり、1990年代に入り創薬研究の場で、実験動物を用いた薬物動態試験結果からヒトでの代謝様式を正確に予測することは困難と考えられるようになっていた。そして、欧米で非臨床試験の段階からヒト肝細胞画分、肝細胞を用いた*in vitro*試験からヒトでの代謝様式がより正確に予測できるといった報告が増えて、欧米の創薬研究でヒト組織・細胞を用いた研究に比重が移るなか、HABでは欧米の創薬研究の現状を会員間で学ぶことを必要性から学術年会を開催することとした。第１回学術年会は主題を「医

表１　HAB年譜

内外の出来事	HABの事業	
	有用性に関する検討	国内からのヒト組織の調達にむけて
	1994年　HAB協議会設立	
	1994年　第１回学術年会開催（以降毎年開催）	
	1996年　NDRIとPartnership締結	
1997年　USA、EUで相互作用ガイドライン	以降ヒト試料の供給開始	
1998年　黒川答申	1998年　第１回機能研セミナー	
	1999年　第２回機能研セミナー	
	1998～2000年　薬物相互作用データベース研究班	
	2002年　HAB研究機構に改組	
	2000～2004年　ヒト肝 S9 を用いたAmes試験研究班	
		2005年　アンケート調査（対象：市民）
		2005～2007年　第１次人試料委員会
2010年　臓器移植法の改正		2011年　アンケート調査（対象：製薬企業）
2014年　厚生労働省より相互作用ガイドライン		2014～2015年　第２次人試料委員会

学・薬学領域におけるヒト組織の有効利用に関するシンポジウム—日本と欧米の現状—」として1994年５月17日に開催した。以降今日まで毎年開催している。年会のプログラムは組織委員会を設置して検討し、毎年のトピックに従って、特別講演、招待講演、シンポジウム等を企画している。協議会時代の年会には、海外の産官学各界から演者を招聘し、欧米の現状の報告を受けるとともに、国内の法律倫理学者を招聘し、わが国でヒト組織・細胞を研究に供するための法的・倫理的諸問題について解説を受けた。

また、欧米で制定された薬物相互作用のガイダンスが制定された際、そして黒川答申がまとめられた際にはアドホック的にセミナーを開催して、それぞれ関係者を演者として招聘し会員間でその情報を共有した（表２）。

表2　HABセミナー

第1回機能研セミナー 主題：薬物相互作用ガイドラインの国際化は可能か―基礎、臨床と行政の対応― 期日：1998年8月3日	
「薬物相互作用により生じる薬物体内動態変動の定量的予測」	杉山雄一　東京大学大学院薬学研究科
「酵素分子レベルからみた相互作用」	山添　康　東北大学大学院薬学研究科
「臨床薬理からみた薬物相互作用」	立石智則、小林眞一　聖マリアンナ医科大学
「薬物相互作用―製薬企業の立場から―」	池田敏彦　三共株式会社
「Issues in the Use of in vitro Metabolism Data using Human Biomaterial to Predict in vivo Metabolic Drug-Drug Interactions」	Shiew-Mei Huang　FDA, USA
「Drug-Drug Interaction Guideline in the European Union」	Tomas Salmonson　MPA, Sweden

第2回機能研セミナー 主題：手術組織に関する厚生省答申の実施に向けて―あるべき姿と問題点― 期日：1999年11月30日	
「答申内容の基本的な考え方」	三宅真二　厚生省健康政策局 神崎俊彦　財団法人ヒューマンサイエンス振興財団
「手術現場からの意見―問題点の明確化―」	雨宮　浩　国立小児病院 小林英司　自治医科大学 伊藤洋二、九島巳樹　昭和大学医学部
「倫理委員会の必要性とその役割」	小林眞一　聖マリアンナ医科大学 川島一郎、増田　裕　三共株式会社
「移植コーディネーターの役割と現状」	菊池耕三　日本移植ネットワーク Charles J. McCluskey OPO, Univ. of Florida, USA

3　ヒト由来試料の有用性の実証

(1)　薬物相互作用データベース研究班[3)]

米国、EUで薬物相互作用が制定されたのを受けて、1998年にわが国では非臨床薬物動態試験ガイドラインが厚生省医薬安全局審査管理課長通知としてまとめられたものの、「動物及び*in vitro*試験系を用いた非臨床試験で被検物質の体内動態を明確すること」を目的とし、「毒性、薬理及び臨床試験との対応を考えて適切な動物種及び*in vitro*試験系を使用する。」という表現にとどまっていた。当時の*in vitro*試験系といえば、ヒト肝がん由来細胞株であるHepG2細胞やヒト薬物代謝酵素を強制的に発現させた昆虫細胞等で、これらの細胞を用いた薬物動態試験が行われるようになったものの、ヒト肝細胞を用いた試験の一部分のみしか代替することができず、研究者はヒト肝細胞画分、肝細胞を求めるようになっていった。

そして、黒川答申がまとめられたものの、国内におけるヒト組織の研究利用環境の整備は遅々として進んでいなかった状況を打開する必要性があると考え、HABでは1998年から薬物相互作用データベース研究班を設置しヒト肝試料の有用性を証明する計画を立てた。

HABの趣旨に賛同して、研究班に参加した会社は31社にも及び、HABはそれらの会社とコンソーシアムを形成し、各社が上市している医薬品をHABで供給するヒト肝ミクロソーム、そして同一標準プロトコールにて10種類の薬物代謝酵素の阻害定数（Ki）値を求めデータベース化した。この研究班には以下のような特徴がある。

①　それまで、薬物相互作用の評価法については標準的な試験法もなく、製薬会社では方法論を模索していた。プロジェクトの幹事会社（三共株式会社、武田薬品工業株式会社、田辺製薬株式会社、藤沢薬品工業株式会社）が中心となって標準測定法を検討し、確立した方法を各社に開示した。

②　HABがNDRIより供与を受けた10人分の肝臓からプールドミクロソームを調製し、各社に供給した。

③　各社は自社で上市している医薬品を用いて、薬物代謝酵素の阻害定数（Ki）値を求めた。

この研究に参加した会社は、次のようである（表３）。

表３　薬物相互作用データベース研究班参加会社

旭化成工業株式会社、味の素株式会社、エーザイ株式会社、エスエス株式会社、大塚製薬株式会社、株式会社大塚製薬工場、小野薬品工業株式会社、科研製薬株式会社、杏林製薬株式会社、協和発酵工業株式会社、三共株式会社、株式会社三和化学研究所、第一製薬株式会社、大日本製薬株式会社、大鵬薬品工業株式会社、武田薬品工業株式会社、田辺製薬株式会社、東レ株式会社、鳥居薬品株式会社、日産化学工業株式会社、日本オルガノン株式会社、日本化薬株式会社、日本新薬

株式会社、日本ベーリンガー・インゲルハイム株式会社、日本ロシュ株式会社、藤沢薬品工業株式会社、富士レビオ株式会社、三井製薬株式会社、明治製薬株式会社、持田製薬株式会社、山之内製薬株式会社

薬物代謝酵素に対するKi値の公開は、その後、類薬との比較で不利益になることも予想されるため、当初、分析データ等の公開は困難なことであった。しかしながら、欧米で相次いで出された薬物相互作用のガイドラインでヒト由来試料を使うことを求めていたものの、わが国ではその研究環境が整備されないといった背景もあり、各社がデータの公開に踏み切ることができ、株式会社富士通九州システムズ(FQS)の協力を得てデータベース化し、オープンアクセスとして公開した。

世界に先駆けて行った薬物相互作用のデータベース化ということで、FQSの担当者からは同社で扱うデータベースの中で最も高いアクセス数があったとの報告を受けたり、FDAからデータベース使用に関して連絡を受けたりしたため、関係者間では本データベースを通じて日本から世界へヒト試料の有用性を発信することができ、国内のヒト組織を用いる研究環境の整備に弾みが付くことになるだろうと考えたものである。

なお、厚生労働省は2014年になって「医薬品開発におけるヒト初回投与試験の安全性を確保するためのガイダンス」[4]を発表し、ヒト細胞等を用いた*in vitro*試験の必要性について初めて言及したが、ヒト組織、細胞の入手方法に関しては触れられていない。

(2)　ヒト肝S9を用いたAmes試験研究班

ヒト肝細胞画分、肝細胞を用いた研究は、薬物動態研究分野から安全性研究分野にも広がっていった。遺伝毒性試験は、医薬品や化学物質が遺伝子の突然変異を誘発しないかどうかを確認する試験で、非臨床試験の一環として行われている。その評価試験は、カリフォルニア大学のBruce Ames教授が発案したサルモネラ菌を使ったAmes Testが広く用いられているが、この試験では、医薬品が体内で代謝的に活性化され、毒性を発現する可能性を検出するために、被検物質とともにラット肝細胞画分S9を添加している。し

かしながら薬物相互作用研究同様、種差により試験結果が大きく変わる可能性があると考えたため、HABは遺伝毒性試験を通常の業務としている会社と研究班を形成し（表４）、約50種類の薬物および典型的な変異原物質をHABで供給するヒト肝プールドS9、そして同一標準プロトコールにてAmes Testを行った。そして、実験動物との種差がこの変異原性試験の結果にも影響を及ぼすことを証明し、さらにラットを用いた実験から強力な変異原性物質と考えられていた魚の焦げやタバコの煙に含まれるベンゾ[a]ピレンは、ヒトでは変異原性がほとんどないことなど、当時の常識をくつがえすような知見を得て、遺伝毒性試験においてもヒト試料を使う有用性を示すことができた。この研究班で行った研究は多くの科学雑誌に投稿され、薬物相互作用データベースプロジェクト同様に、日本から世界へヒト試料の有用性を発信することができた[5)-8)]。

表４　ヒト肝S9を用いたAmes試験研究班参加会社

株式会社UBE科学分析センター、エーザイ株式会社、エスエス製薬株式会社、株式会社新日本科学、キッセイ薬品工業株式会社、キヤノン株式会社、国立医薬品食品衛生研究所、株式会社実医研、株式会社ツムラ、株式会社三菱化学安全科学研究所、環境バイリス株式会社、株式会社富士バイオメディックス、財団法人食品薬品安全センター、財団法人食品農医薬品安全性評価センター、財団法人日本食品分析センター、三共株式会社、塩野義製薬株式会社、住友化学工業株式会社、社団法人日本油料検定協会綜合分析センター、第一製薬株式会社、大正製薬株式会社、大鵬薬品工業株式会社、帝人ファーマ株式会社、東洋インキ製造株式会社、富山化学工業株式会社、大日本製薬株式会社、日産化学工業株式会社、日研化学株式会社、日本新薬株式会社、日本大学、日本バイエルアグロケム株式会社、日本メナード化粧品株式会社、八戸工業高等専門学校、富士フイルム株式会社、ホーユー株式会社、明治製菓株式会社、三井化学株式会社、山之内製薬株式会社、ライオン株式会社

4　ヒト組織供給事業

NDRIとInternational Partnershipを締結した1996年当時は、薬物相互作用試験の必要性から、薬物の代謝・排泄に関わる臓器である、肝臓、腎臓、小腸、肺などの供給希望が薬物動態研究者からあった。その後、研究分野も探索薬理研究、評価研究へと広がり、供給臓器、組織の種類も大きく増え、皮膚（腹部、背部）、泌尿器組織（膀胱、前立腺、尿管、尿道）、膝関節組織、膵島、心筋など多種にわたるようになってきている（表５・図１）。

表５　HAB研究機構が供給してきたヒト臓器・組織

Adipose	脂肪組織	Kidney	腎臓
Aorta	大動脈	Knee	膝部
Artery	動脈	Liver	肝臓
Bladder	膀胱	Lung	肺
Blood	血液	Lymph Node	リンパ節
Brain	脳	Muscle	骨格筋・平滑筋
Brain Cortex	大脳皮質	Nail	爪
Breast	乳房	Nasal Tissue	鼻腔粘膜組織
Bronchus	気管支	Pancreas	膵臓
Cartilage	軟骨	Prostate	前立腺
Cerebrum	大脳	Retina	網膜
Colon	結腸	Serum	血清
Conjunctiva	結膜	Skin	皮膚
Cornea	角膜	Spinal Fluid	髄液
Duodenum	十二指腸	Spleen	脾臓
Eyes	目	Stomach	胃
Fascia	結合組織	Synovial Fluid	滑液
Foreskin	包皮	Synovium	滑膜
Iliac Crest	腸骨稜	Testis	精巣
Intestine, Large	大腸	Tonsil	扁桃腺
Intestine, Small	小腸	Ureter	尿管
Jejunum	空腸	Urethra	尿道

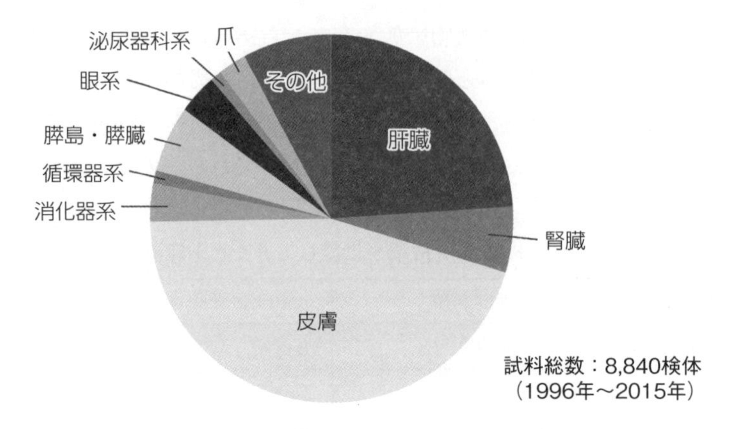

図１　HAB研究機構の提供してきたヒト臓器・組織の内訳

また、健常人組織に加え、病態組織の供給依頼も増えてきており、乳がん患者のがん組織、糖尿病患者の膵臓等を研究対照となる健常人組織とともに供給依頼を受けるようになっている。

一方、化粧品業界では欧米での動物愛護の流れを受け実験動物を使うことが困難となってきたという事情でヒト組織（主に皮膚）を実験に使うようになってきた。

さらに、再生医療分野でも、iPS細胞から分化・誘導させた細胞との比較対照のために、健常人組織が必要となるため、健常人組織の供給依頼を受けるようになっている。

なお、これらの臓器の供給に当たっては、研究者は所属機関の倫理委員会で承認を得た後に、HABに研究用ヒト試料提供同意書（MTA）を提出し、HAB内の倫理委員会で承認を得てから、NDRIに供給依頼を行っている。

5　日本人の臓器・組織を研究に供するために

黒川答申を受け、厚生省が、手術で摘出されたヒト組織のバンキングを進めるため、財団法人ヒューマンサイエンス振興財団（HS）の中に研究資源バンク（HSRRB）を設置し、HSRRBは13の医療機関と協力ネットワークを構築して外科手術時の切除組織の供給を始めたものの、研究者の必要とする質と量のヒト組織が供給されなかった。その後、HSRRBはその業務を2013年４月に医薬基盤研究所に移管、統合しているが、HABでは2013年３月にHS財団野本亀久雄元倫理委員長と、2013年10月には医薬基盤研究所細胞資源バンク（彩都地区）増井徹部長、医薬基盤研究所細胞資源バンク（泉南地区）吉田東歩所長を招いて、バンク事業の現状、経緯の報告を受けた。

⑴　第１次人試料委員会

HABでは、設立来日本国内からのヒト臓器・組織の供給を目標として活動を続けているが、2005年12月から「移植用臓器提供の際の研究用組織の提供・分配システムの構想に関する準備委員会、通称：人試料委員会」を設置した。この委員会は町野朔教授(上智大学法学部)を座長とし、心臓死ドナーから移植用腎臓を摘出する際に、他の腹腔内組織を摘出し研究試料として研究者に提供する構想である。2007年８月まで、計11回の委員会を開催し法的・倫理的問題を中心に検討して、報告書をまとめ、意見書と共に上智大学出版から『バイオバンク構想の法的・倫理的検討―その実践と人間の尊厳―』を上梓した。この報告書を受けて、東京都内の大学病院と交渉を行い、腎臓を摘出する際に、他の腹腔内組織（特に肝臓、小腸）を摘出して、研究者に配分するプロジェクトを立ち上げた。

⑵　アンケート調査

１）市民を対象にした調査[9)]

臓器移植法９条および同法施行規則４条で、移植に用いられなかった部分の臓器の焼却処分を規定しているが、2005年には財団法人静岡県腎バンク、財団法人富山県腎バンクの協力を得て、ドナーカードを保持して、脳死の際には臓器の提供の意思を示している者を対象に、この焼却処分についてアンケート調査を行った。両県では、ドナーカードが登録制となっているため、カード保持者を特定でき、無作為に抽出した3,000人を対象にアンケート用紙を郵送し調査への協力を依頼した。1,218名（回答率40.8%）から回答を得た結果、焼却せずに研究に供せるようにするべきであるとの回答49%、家族の同意が得られればという条件付きではあるが、研究に供せるようにするべきであるとの回答46％ということで、95％の方から、焼却処分するのではなく、研究に供すべきというご回答を得たのである。このアンケート調査はドナーカード保持者という移植医療に賛同している市民ではあるが、移植不適合臓器を焼却処分するという現行の規定と市民の尊い意思とは乖離していることを明らかにした。

2）創薬研究者を対象にした調査[10)]

2011年には、日本製薬工業協会加盟会社加盟61社を対象に、日本人の臓器、組織の研究利用の必要性に関してアンケート調査を行った。28社（回答率46％）から回答を得た結果、日本人の心停止ドナーから肝臓が研究目的に使用できる環境が整備された暁には使用したいとの回答は66％、希望しないとの回答は34％ということであり、肝臓以外では、消化管組織、腎臓、皮膚、眼球、脳、鼻腔粘膜、膀胱、膵島、肺。血管、気管等の臓器、組織の希望があった（図２）。

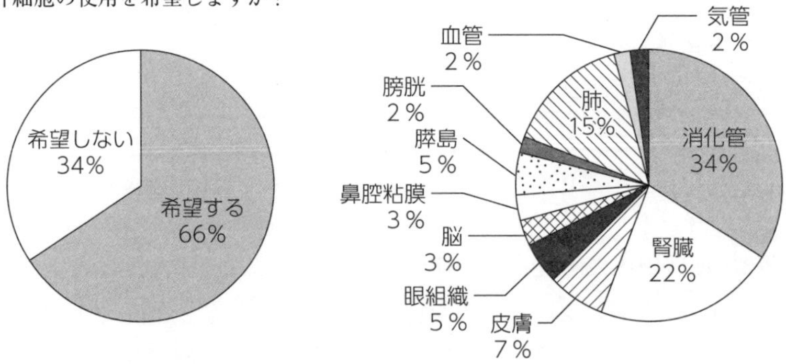

図２　臓器・組織の研究利用についての希望調査

6　ま　と　め

HABは日本人の臓器・組織を研究の場に供することを目的として設立され20余年となるが、国内でその環境整備が進まないなか、NDRIとPartnership を締結して、創薬研究者らと共にコンソーシアムを立ち上げヒト組織の有用性を学術的に示してきた。また、アンケート調査からは、移植不適合臓器を焼却処分するという現行規定は市民の意思と乖離していることが判明したこと、そして第１次人試料委員会では、現行法下でも移植不適合臓器を研究に供せるという報告を受けたが、この焼却処分規定はシンボリックな法として拡大解釈されうるとの判断もあった。そこで、HABは、移植不適合臓器を焼却処分するのではなくアメリカと同様研究に供せるよう、臓器移植法９条および同法施行規則４条の改正を求めて、厚生労働大臣宛に要望書を提出した[11)]。

山中伸弥博士のノーベル賞受賞で、iPS細胞が難治性疾患の画期的治療法として期待されている。2015年には理化学研究所を中心に開発されたiPS細胞から分化誘導された網膜色素上皮シートが加齢黄斑変性患者に移植された。また、大阪大学を中心にしてiPS細胞から分化誘導された細胞が心筋細胞シートとして重症心不全患者へ移植されることが計画されている。しかしiPS細胞から分化誘導された細胞が正常細胞とまったく同じ機能をもっていて、がん化等の危険性がないかどうかは慎重に検査されなければならない。1990年前後に承認された医薬品が副作用を多発させたことを反省して、欧米で*in vitro*試験ガイダンスが迅速に整備された。iPS細胞から分化誘導された細胞の移植治療も、わが国で健常人の臓器・組織を用いた比較研究を行い、将来副作用が多発することがないよう、国を中心とした健常人ヒト組織のバンキングできる環境整備が急務である。

また、欧米を中心にがん等の難病の分子標的薬が開発され、治療法のなかった難病患者に光明をもたらせている。いわゆる、ジェノミクス、プロテオミクス研究から難病患者に特有な遺伝子変異やタンパクのアミノ酸の変異を検索し、創薬のターゲットとしていくものであるが、このような研究には、がん組織と共に比較対照となる健常人の組織も必要となってくる。多種多様の研究を支えるための組織のバンキングに関しては、ライブラリー的に健常人組織およびすべての難病組織が網羅されていることが望ましい。実際に、堀井委員からの発表では、欧米のメガファームでは自社内にそのようなバンクを設置して研究者の要望に応じて試料提供がなされているとのことであった。しかしながら、日本人の臓器・組織を研究の場に供するため、質と量を備えたバンクを整備することは容易ではない。また、すぐには使われない臓器・組織を蓄積していくことは、近視眼的な批判を受ける可能性もある。そこで、わが国では、研究者の必要とする臓器、組織に重点を置いたオンディマンド的なバンキングを行っていくことが比較的早期実現可能で、かつ持続可能な研究資源バンクの姿であると考える。

HABは1996年にNDRIとInternational Partnershipを締結し、以来20年間わが国の研究者にヒト臓器・試料を供給している。この間に供給してきた試料数も9,000検体にも及び、わが国の医療・創薬研究者間では、着実にその成果を出してきている。欧米で調製された様々な種類のヒト細胞や遺伝子が市販されるようになった昨今、日本人の臓器、組織には手を付けられないというようなことは国際的に認められないであろう。また、日本発の創薬、あるいは日本人に有効な創薬開発のため、今回の第２次人試料委員会の報告書を受け、関係機関の協力を得て、日本人の臓器、組織の供給を開始したい。

【参考資料】

1）FDA, Guidance for Industry-Drug Metabolism/Drug Interaction Studies in the Drug Development Process: Studies *In Vitro*, 1997.

2）EMEA, Committee for Proprietary Medicinal Products（CPMP). Note for guidance on the investigation on drug interactions, 1997.

3）池田敏彦他「酵素阻害に起因する薬物相互作用のインビトロ評価―HABプロトコール―」『薬物動態』16: 115–126, 2001.

4）厚生労働省「医薬品開発におけるヒト初回投与試験の安全性を確保するためのガイダンス」2014年.

5）Hakura, A., et al., Advantage of the use of human liver S9 in the Ames test. *Mutat. Res.* 438: 29–36, 1999.

6）Hakura, A., et al., An improvement of the Ames test using a modified human liver S9 preparation. *J Pharmacol. Toxicol. Methods.* 46: 169–172, 2001.
7）Hakura, A., et al., Use of human liver S9 in the Ames test: assay of three pro-carcinogens using human S9 derived from multiple donors. *Regul. Toxicol. Pharmacol.* 37: 20–27, 2003.
8）Hakura, A., et al., Salmonella/human S9 mutagenicity test: a collaborative study with 58 compounds. *Mutagenesis* 20: 217–228, 2005.
9）「医療研究開発のための移植不適合臓器の提供についての意識調査」HAB NEWSLETTER 12: 26–27, 2005.
10）「製薬協アンケート調査結果の報告」HAB NEWSLETTER 18: 26–27, 2012.
11）『エイチ・エー・ビー研究機構　20周年記念誌』pp. 182–183, 2013.

4　ヒト組織研究の法的・倫理的検討

①自己決定権は死後の身体利活用に及ぶか？

奥　田　純一郎

はじめに

バイオバンクは、人体の組織等(以下、ヒト試料)の提供を受けて保存し、病態の解明や疾患の治療のための研究に試料を供給する機関である。その事業にはヒト試料が十分に提供されていることが前提である。また研究の目的により、収集するヒト試料も多様である。できる限り多くのヒト試料の提供を受け、供給に適した形に加工して保管しておくことが、バイオバンク事業には欠かせない。しかしながら、日本においては諸般の事情により、前提となるヒト試料提供が進んでいない。そのために海外のバンクからヒト試料供給を受けての研究が主流であるが、このことが研究の進展を阻害している。それは単に数量の問題に留まらない。死後にしか提供できないもの（脳や心臓*1など）についてもバンクの需要はある。また日本人に有意に多いとされる疾患の研究には日本人のヒト試料によるバンクは不可欠である。しかしいずれについても試料提供が不十分であり、バンクとしての機能は質的にも十分に果たされていない。

本稿では、まず日本においてヒト試料の提供が進んでいない原因を概観する。その際、現在「臓器の移植に関する法律」(1997年制定、2009年改正。以下、臓器移植法）において認められている、移植のための死後の臓器提供における正当化の論理としての「自己決定権」の機能を比較の対象として検討し、それが試料提供に及ばないとされる現況を確認する（第1節)。その

＊1　心臓についてはクライオライフ社など、心臓弁組織を加工し移植に供する企業が多数存在し、脳研究における脳バンクについては、参照、加藤忠史＆ブレインバンク委員会編『脳バンク――精神疾患の謎を解くために』(光文社新書、2011年)。

後、自己決定権の含意、特にその背景となる人間の存在論的構造に遡って明らかにする（第２節）。その後、自己決定権が死後の身体の一部ないし全部に関する処分（いいかえれば、死後の身体の利活用）に及ぶか否かを考察する。特にここでは、移植のための臓器提供とバイオバンクへのヒト試料提供について焦点を当てる（第３節）。

1　現況――なぜ「自己決定権」が問題になるのか？

上述のように、バイオバンクへのヒト試料提供、すなわち研究利用のための提供は、日本では期待ほどには進んでいない。その理由として特に主張されるのは、研究利用に対する懐疑・不信感である。確かに研究のためと称してヒト試料の提供を受け、研究成果を私物化（創薬による利益享受も含む）したり功名心満足の手段としたりする例は少なくない[*2]。また数々の研究不正が広く報じられたこと[*3]も研究への懐疑・不信感を増幅させる。そもそもヒト試料を用いた研究は、提供者の人体を物として扱うこと・提供者を手段としてのみ扱うことであり、人間の尊厳に反する、との意見も根強い。

本書の母体たる第２次HABヒト試料委員会でも、同様な懸念が示された。臓器移植法における脳死下の臓器提供の際、移植に不適合とされた臓器をバイオバンクに提供し研究利用に供することの可否を論じた同委員会の議論では、臓器移植法制定時の立法者意思に反するとされている、との言及[*4]が再三なされた。また移植医療に長年従事してきた委員からは、死体からの移植は提供者の意思・自己決定権を最大限生かす営みであり提供者への礼意を尽くしているが、研究利用はそうした礼意を欠く、との意見も出された。

＊2　ヒト試料を研究目的と称して提供させ、研究者が成果を事業化して利益を得たにもかかわらず提供者には還元しなかったことが問題になった例として、ムーア対カリフォルニア大学理事会事件（Moore vs Regents of the University of California 1990, 793 P 2d 479）。

＊3　近年でも、STAP細胞事件やディオバン事件が記憶に新しい。

＊4　臓器移植法制定時の国会質疑において、移植不適合となった提供臓器は廃棄し研究利用には供さない、と提案者が明言したことによる。これにともない厚生労働省も、移植に用いられなかった臓器は焼却処分とするよう通達を出している。

このように現状では、移植のための臓器提供と研究のためのヒト試料提供で結論が分かれている。しかし提供者の死後の自身の身体の一部（臓器もヒト試料も含まれる）提供という点では共通である。だとすれば両者を分けるものは何か？　移植のための臓器提供を正当化する論拠として最も有力なものは「自己決定権」であるが、それはこの事態を説明しうるか？　そもそも自己決定権とはどういうものか？　以下ではまず「自己決定権が正当化される・論拠となる理由は何か」に遡って考察し、それが死後の身体の処分・利活用にまで当然に及ぶものであるかを検討する。

2　自己決定権とはどういうものか？

医療において自己決定権の尊重は、今日ほぼ自明の原理とされている。その最たるものがインフォームド・コンセント（IC）の法理である。それは「医療行為といえども、患者の承諾なしにその身体に侵襲を加えることは違法であり、患者に十分な説明を行った上での同意があって初めて正当化される」と定式化しうる。この法理は第二次世界大戦以降の医師の職業的・専門的権威に対する信頼の動揺を契機に急速に受容された[*5]。その背景には、社会の構成員全員に共有される価値観が失われた、近代以降の多元社会の現実にこの法理が適合的であることが拠り所となっている。すなわち多元社会においては、各人は自身の善の構想（生き方に関する理想・価値観・人生観）を自ら選択・遂行する自由（自律権もしくは自己決定権）を有し、この自由は他者の同様の自由を害しない限りで制約を受けないとされる。

この理解によれば、医療は医師患者関係という閉じた二者関係である。しかし臓器移植は提供者という、この二者以外の第三者を必要とする。提供者は臓器を摘出され（さらに以後の健康も損なわれ）る不利益のみを課され、何ら利益を得ない存在者である。しかし提供者はこの二者関係の中に現れな

＊5　各国でその旨の立法が行われていることに加え、世界的な文書としてはニュルンベルク綱領（1947年）、世界医師会のヘルシンキ宣言（1964年、その後その時々の医学の進歩を背景に、逐次改定されている）等があり、2005年10月に開催されたユネスコ総会において「生命倫理と人権に関する世界宣言」が採択された。

い、外在的な与件とされている。提供者と医師との関係を、並行するもう一つの医師患者関係と解しても、治癒やQOLの改善など通常の医療で考えられる「患者の利益」は存在せず、正当化根拠は提供者の同意以外にありえない。

さらに、提供者の同意がありさえすればよい、というものでもない。自己決定権至上主義ともいえた1990年代までの風潮は、二つの方向で弊害を生じていた。一方は自己決定能力を欠く存在者を無視・軽視する議論（いわゆるパーソン論）に流れがちになることである。もう一方は、あらゆる医療上の問題を自己決定権に関連させようとして牽強付会に陥ること（代行決定（すなわち、自己決定の他者による代行）、という一見背理な言葉はその一例）である。後者の傾向は医療者の専門職としての自律性を危うくしている。過剰な要求をし叶えられないと医療者を詰る患者（モンスター・ペイシェント）を生み、それに耐えかねた医療者が職場を去り必要な医療が維持できなくなる事態（いわゆる医療崩壊）も生じている。こうした状況から自己決定権やICに対する再検討が行われている[*6]。

しかしこうした再検討は、いずれも医療の原型たる医師患者関係、医療者と患者の閉じた二当事者関係の構造と捉えたままである。この構造を維持する以上、上記の「代行」決定の背理を生じてしまう。また近時の医療技術は、この二当事者関係では説明できない要素を必要とするものがある。第三者による臓器・組織・細胞（体細胞・生殖細胞）・情報等の提供を必要とする医療の領域は急速に拡大している。またこうした医療を支える研究も、医療のあり方の変遷と連動している。バイオバンク事業はまさにそのためにある。

重要なのは、医療が究極的には患者の生死、すなわちその存在のあり方に関わらざるをえない営みである、ということの確認である。患者という人間の全存在に関わる事態であるのに、再検討も含めた従来の理解は二当事者間の、それも意思に関わる側面のみに触れることで扱おうとしている。必要なのは、患者の存在全体と関わる形で、医療と法の関係・その役割を考察することである。

＊6　その例として、清水哲郎「合意を目指すコミュニケーション」清水哲郎・伊坂青司『生命と人生の倫理』（放送大学教育振興会、2005年）162-176頁、および樋口範雄『医療と法を考える――救急車と正義』（有斐閣、2007年）9-26頁。

筆者はかつて別稿*7で、安楽死と自己決定権という問題を論じ、その際、個人の内心の意思を絶対化し人生のすべてをこれによって規律する「強い個人」のあり方を批判し、流動的な意思を持ち他者や社会によって支えられている「弱い個人」のあり方を前提にすべきとした。これは自己決定権の前提であり、同時にその射程と限界を画する。ここで提唱した私＝自己としての人間存在の枠組みは、死の問題を超えた一般論足りうる、と思われるので、以下に略述する。

手がかりとなるのはヴラジミール・ジャンケレヴィッチの死の考察*8である。彼は概念的には一つの死が、人称の視角によってまったく異なる様相を呈する、とする。死には、私以外の誰にも代替不可能な、語りえない絶対的恐怖としての「私」の死（一人称の死）、「人は必ず死ぬ」という客観的事実・統計学的な必然としての「彼（抽象的な、誰か）」の死（三人称の死）、この二つの対極的な死のイメージの断絶をつなぐ、私にとってかけがえのない存在である身近な他者としての「あなた」の死（二人称の死）、という互いに還元できない三つの死が併存している。このことは私＝自己としての人間存在が、相互に還元できない一人称・二人称・三人称の生という、三つの層からなる生を生きてきたことを、その喪失という形で示す。私は「私」であると同時に、「あなた」「彼（誰か）」としても生き、存在構造の中に自我（私の意思・一人称）のみならず他者（二人称）や社会（三人称）を内在させている。すでに完成された「自己」としての人間存在が他者や社会と出会うのではなく、三つの人称的視角（存在の三つの層）全体をつなぐ理念、三つの層を貫く扇の要として、自己は存在している。

かかる人間存在の理解におけるキーワードは「固有名詞性・かけがえのなさ」である。確かに自己は三人称的な考慮に基づく「平等な資格」を有する

＊7　奥田純一郎「二つの弱さと自己決定権——死から考える射程と限界」日本法哲学会〔編〕『宗教と法——聖と俗の比較法文化（法哲学年報2002）』（有斐閣、2003年）158–166頁、および奥田純一郎「死の公共性と自己決定権の限界」井上達夫〔編著〕『公共性の法哲学』（ナカニシヤ出版、2006年）330–348頁。

＊8　Jankelevitch, Vladimir, *La Mort*, Flammarion, Editeur, 1966（邦訳、V・ジャンケレビッチ〔仲沢紀雄訳〕『死』（みすず書房、1978年））。

存在の上に成り立ち、その限りでは固有性のない、他の存在と対称的な「かけがえのある」存在である。しかし同時に自己は、固有領域としての「自分」を形成し、固有名詞でしか語れない、他とは非対称的・代替不可能な「かけがえのない」存在となる。自分とは、一人称＝自我と二人称＝他者から構成される、（三人称的視角からは）不可知・不可侵の領域である。自我と他者は、相互に語り関わり合い、共に生きることにより、自己の人格を「その人らしい」ものに形成する。こうした関わり合いを通じて、自我は全体としての自己を解釈し、自己像を再帰的に構成することを繰り返す[*9]。その際他者は、きわめて親密な・固有名詞性が重要な意味を持つが故に、自己の一部であるかの如く感じられる。しかし、あたかも「自身のことの様に」思われる他者も人格の個別性・非対称性の故に隔てられ、一人称と二人称の間には厳然たる壁がある。自身の生において他者を必要としつつも、他者とは一体にはなりえず、他者の身代わりにもなれない。この存在構造＝生の世界の三つの層を反映し、当為・道徳的世界は各々に対応した層を持つ。各層は各々固有の要請を有し、同時に他の層から制約条件を課される。三人称の層は普遍性・平等を要請するが、その上に築かれる「かけがえのなさ」を担う固有領域＝自分の存在に配慮した制約を受ける。また二人称の層は、一人称に対する個別的な（固有名詞性が重要な意味を持ち、当該一人称に対してのみ感ずる）共感・一体性を要請するが、その一人称的自我の存在との非対称性の前に立ち止まる「存在への畏敬」に制約される。そして一人称の層は、二人称の層からも厳然たる壁によって隔てられた、主意主義的・独我論的な意思が支配する。

では「弱い個人」を前提にして考えられる自己決定権とは如何なるものか？この問いは医療におけるICが自己決定権に由来すると考えられる以上、避

＊9　この自己観は、物語的自己同一性を標榜するポール・リクール、および「自己解釈的主体」としての個人を標榜する井上達夫に多くを負うている。しかしながら一人称的自我の絶対的優位性を共有しないため、結論的に両者と私見は大きく異なる。参照、リクール（久米博訳）『他者のような自己自身』（法政大学出版局、1996年）、井上達夫『他者への自由』（創文社、2000年）。また本稿は、臓器移植に関する旧稿における私見の適用範囲を拡大したものである。参考、奥田純一郎「生体移植と死体移植」町野朔・山本輝之・辰井聡子〔編〕『移植医療のこれから』（信山社出版、2011年）63-82頁。

けて通れない。従来の「強い個人」を前提としたICの理解は、この独我論的意思が、そのまま実現されることを「自己決定権(の尊重)」と称してきた。しかしこの理解は、上記の多層性を否定し人間存在を主体的意思、いいかえれば一人称のみに還元している。近年この見解の不都合が指摘される*10のも、存在の多層性を否定するが故の問題を生じるためである。とすれば必要なのは、多層性に配慮した解決策である。各層の命じる規範は相互に緊張関係にあり、自己はその衝突の解決を求められる。すなわち存在の全体を考慮しつつ、衝突の原因たる問題がどこの層に由来しどう波及するのかを見定め(いわば存在の多層性に対応する道徳の地図を作り、問題の本籍地を同定し)、道徳的世界の優先順位をつける、という手順を踏む必要がある。いずれの層が優越的地位に立つかは、その問題の属する本籍地によって定まる。

自己決定は自我の意思に基づくこと、「個人の静謐」を起源とすることに鑑みれば、一人称が本籍地である。また人格の個別性・非対称性が二人称からの、多元社会の現実が三人称からの、容喙を妨げる。しかしそれは「単なる自己決定」に過ぎず、自己決定権、すなわち「権利としての自己決定」として、他者や社会に一定の作為(他手の利用)を求めるには不十分である。そのためには一人称の視点からは独立に、二人称・三人称の層からも許容される必要がある。その許容条件は自己・自分・自我という、存在の構造を反映する必要がある。まず権利・制度の問題は普遍的・抽象的な資格に立脚し、三人称の層に属する。この層において人は普遍的視点から平等な存在として扱われるが、その資格の上に固有領域としての自分=「かけがえのなさ」の根拠がある。この自分と三人称的資格の全体を通して自己は「かけがえのない」ものとなる。存在の資格は普遍的・交換可能なものであるが、存在そのものは交換不可能な固有名詞付きのものである。したがって存在自体を破壊する要請は三人称の層においても拒絶される。次に二人称の層での考察を行う。くり返しになるが二人称とは、「私」を自身の一部をなすとの共感を持ちつつも、人格の個別性の故に隔てられる他者の視点である(近時注目される「ケアの倫理」がこの二人称の性格を最もよく表現している)。「私」の

＊10 前掲注6を参照。

存在に対し畏敬の念を持たないならば、それはすでに二人称ではない。この「存在への畏敬」の念に制約されつつも、共感を以て一人称と三人称の両方の層に働きかけるのが二人称の役割である。このように考える時、二人称・三人称の層における他手利用の許容条件としては、二重の（自己の存在を破壊するのみならず、そのことが自己決定権を支える論理的基盤をも破壊する、という）意味で「自己破壊的」であってはならないことが求められる。存在としての「自己」の全体を尊重する方向でのみ、他手の利用は可能である。IC法理を必要とした、多元社会の現実に基づく自己決定権の尊重には「各人がかけがえのないものとして存在すること」が前提である。なぜならその「かけがえのなさ」は、単なる個人の意思（一人称的自我）のみではなく、存在全体によって担われるものであるからである。ここまでで示された、人称的多層性を踏まえた自己像を図に示すと、以下のようになる。

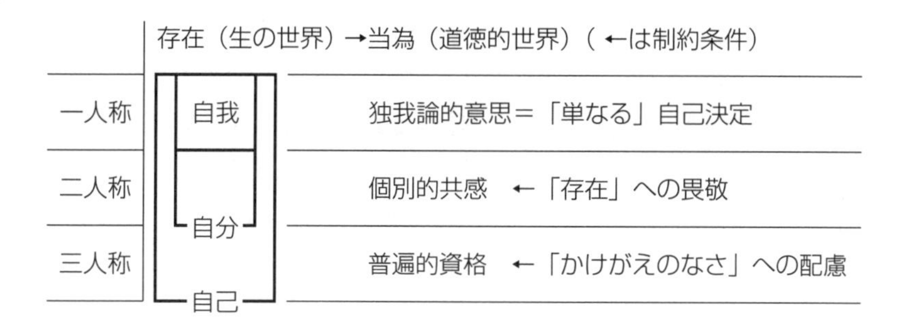

以上の自己決定権の理解に基づき、医療はどう理解されるか？　上記の自己像に、医療における登場人物を当てはめよう。患者個人の意思はいうまでもなく一人称に属する。これに対し、医師は専門的知識を持って診療に臨み、対象たる患者の「病める身体」を抽象的・普遍的な視角から見ることを職分とする。したがって医師は三人称である。また(病状や緊急性のために)患者に意思決定能力がない場合、患者本人の個人的事情を知る者（例えば、近親者）が患者の意向を推測して医師に伝えることがあるが、これは二人称としての役割である。さらに、患者・医師・近親者の間で意見が対立・混乱する場合、倫理委員会が助言者として活動することがある。この時彼らは、

自らは当事者たちから一定の距離を置き、同種事例を踏まえて普遍的・抽象的視点から、当事者たちの抱える問題を整理し判断の手助けになろうとする。これは三人称としての役割である。以上の役割を、自己の三層構造に照らして図に示すと、以下のようになる。

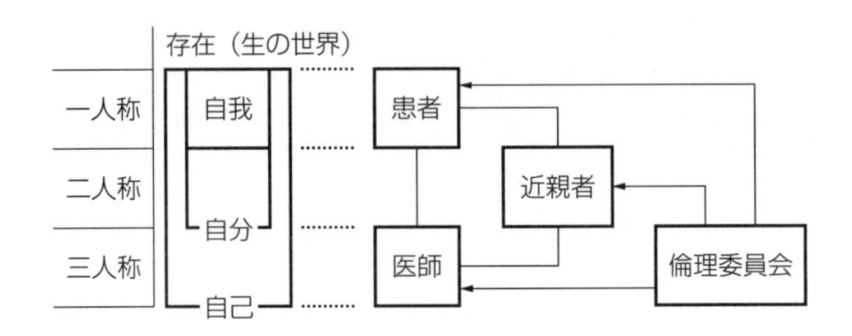

こう考えると、医療とは患者の身体を舞台に多様な登場人物がそれぞれの役割を果たす営み、といえる。各登場人物はそれぞれ「患者の生命・身体・健康の回復・維持・増進」という共通の目的を志向する。ならば従来のIC法理理解のように、売買・サービス提供契約を念頭に対立する二当事者モデルで医療を捉えることは（患者の権利運動が消費者運動から学んだという経緯に鑑みれば、無理からぬとはいえ）適切ではない。むしろ資質や能力や情報において多様な当事者が、共通の目的を志向して結合し、各自の果たすべき役割を担うこと・各当事者が対立する場合や、当事者が自らの役割を逸脱した場合の処理を規定すること、それが必要である。とすれば同様な人的結合を前提とする会社法（特に、株主総会、取締役、監査役を設置する株式会社法）の理論枠組みが参考になる。患者は自身の身体の所有者であり、自らの存在を舞台として提供する、という意味では株主（あるいはその総体としての株主総会）に匹敵し、判断の最終的な権限を有すべきである。医師は患者の信認を受けその専門的知識により治療実践を行い、取締役に匹敵する。一方近親者は患者との親密な関係に基づき、患者の個性に沿ったケアと助言を供与すると同時に医師の専断をチェックする、いわば監査役に匹敵する。倫理委員会は当事者たちから一歩離れて専門的見地から助言するのであり、

公認会計士に匹敵する。各登場人物はそれぞれの職分を、自らがその位置にいる根拠、すなわち患者の存在構造を踏まえ、「患者が、その人の存在を全うする」ために生命・身体・健康を守ることを目的としている。具体的には、患者本人は自身の身体＝存在の場を舞台として提供すると同時に、その運命につき判断・意思決定する最終的な権利と責任を負う者であり、他者の自分の剥奪（いいかえれば、他者にとっての部分的な他殺）に当たる意図的な死以外のあらゆることを決断しうる。また近親者は患者本人との親密な関係に基づき本人の個性に従った形で、患者の意思が不明な場合の方針決定に関与しうるが、患者本人の「存在への畏敬」に基づき、これに反する決定（死を早めたり治療を停止したりする決定）は行いえない。そして医師は、自身の有する専門的知見への患者の信認に応え、患者の「かけがえのなさ」を担った生を全うする医療を提供する権限と責任を負うが、患者の生＝存在そのものを破壊することは、それが患者の意思によるものであっても許されない。そして各職分は、他の職分によって決して代行・代理されるものではない。

以上の自己決定権の理解を媒介として、医療と法のあるべき関係が明らかになる。すなわち医療とは、固有名詞つきの患者の存在を全うすることを志向する営みであり、法は「基本的人権の尊重＝その人の存在のかけがえのなさを守る」という限りで、医療と志を同じくしている。法は医師が自らの患者のために専心することを要請し、同時にそれが昂じて他の者を害さないように医師を規律する。これこそが医療において法が果たすべき役割である。それは会社の取締役が自社の利益を図るあまり、他社や第三者の権利を害したり公正さ等の社会的価値に反したりせぬよう、法が規律するのと同様である。これを逸脱した場合、もはや法の保護に値する「医療」とはいえない。

3　自己決定権は死後の身体利活用に及ぶか？

それでは医療における自己決定権は、死後の身体利活用に及ぶであろうか？　すでに見たように、自己決定権を尊重するということは、決定を行う「自己」の人間としての存在構造を踏まえたものでなくてはならない。

移植目的の臓器提供は、臓器移植法で認められており正当化しやすいもののように見える。しかし上記の考察からは疑問である。移植には脳死・心臓死を問わず提供者とすべく死体を必要とし、それを匿名の存在とせざるをえない。しかも受容者の固有名詞性の生物学的な表現である免疫の否定を必要とする。すなわち臓器移植技術は、三人称の層が考慮すべき「かけがえのなさ」の端的な否定の上に成り立つ。「それによって救われるかけがえのない生命がある、生命の尊重になる」という主張があるが、この主張は提供者と受容者の二つの生命を秤にかけることを意味している。それは三人称の層が尊重すべき生命が「固有名詞つきの生命」であることを忘却した詭弁に他ならない。提供者と受容者の各々の個別性を否定し、固有名詞のつかない「生命（一般）」のレベルで捨象すること、その上で提供者と受容者の「生命（一般）」を秤にかけることは、正にかけがえのなさの否定である*11。端的にいえば、受容者の治療のために提供者が死体＝かけがえのなさを否定される存在となること・死体が作られることを必要とする。したがって医療における自己決定権によって正当化できるか、疑わしい。

バイオバンクへの死後のヒト試料提供はどうか？　臓器提供の場合と異なり、具体的な「固有名詞付きの生命」を担った誰かの利益に直接はつながらない。したがって「かけがえのなさ」を尊重していない営みである、との直観的反感も理解できる。しかしこのことは、受容者と提供者の生命を「秤にかけ」てはいないことを意味する。自己決定権も基本的人権の一つとして尊重されるのであり、その中核にあるのは「何人も、その存在を他者の利益のために犠牲にされてはならない」という確信である。そうであれば、臓器提供の場合の難点を逃れ、「かけがえのなさ」を尊重しているとさえいえる。差し詰め「臓器移植なほもて許容さる、いはんやヒト試料提供をや」*12とい

＊11　注８で言及した『移植医療のこれから』の土台となった研究会で、心臓疾患児の親の会の代表がその趣旨の報告をしたことが今なお記憶に新しい。心臓疾患児の生命のかけがえのなさを強調し、小児心臓移植を事実上不可能としていた当時（2009年改正前）の基準を不正と詰る一方、提供者となる小児については「どうせ助からないのだし」と発言し、そのかけがえのなさを否定した。

＊12　いうまでもなく親鸞『歎異抄』第三章の「善人なほもて往生をとぐ、いはんや悪人をや」を捩ったものである。参照、親鸞（金子大栄校注）『歎異抄』（岩波文庫、1931年）45頁。

うことになろう。

おわりに

本稿ではバイオバンクへの死後のヒト試料提供を、当人の自己決定権で正当化できるかを、移植のための死後の臓器提供との対比で検討した。その結果、自己決定権の論拠としての、決定する「自己」の存在論的構造、特に「かけがえのなさの尊重」に遡って考える時、直観的な見方と異なり、移植のための臓器提供よりもバイオバンクへのヒト試料提供の方が許容されやすい、という反直観的な結論に至った。

本来、献体や実験利用など、これ以外の身体の利活用の方法、あるいは葬送の自由までを含めた検討が必要であるが、筆者の準備不足と紙幅の制限のため、今後の課題としたい。

②死体からの研究用組織提供について、遺族の意思と死者の意思
――特に死体損壊罪、死体解剖保存法を支える思考の基盤から考える

野　崎　亜紀子

1　検討の視角

死体からの研究用ヒト組織提供は、死体を何らかの形で祭祀・葬礼に付する以外に利用することの許容の上に成り立つ行為である。現行法上、死体の利用に関してはいくらかの法律が存在し、一定の利用が正当化されている。その根幹には、刑法上の死体損壊罪（190条）がある。すなわち、死体を損壊することは死体に対する国民の宗教的感情および死者に対する敬虔・尊崇の感情を毀損することになるから、これを保護するという目的をもって、死体損壊罪が刑法上の罪として規定されているのである。ただし、死体に一定の介入を行うとしても、当該行為の目的、手段等を踏まえ、一定の要件を充たした場合には、死体損壊罪が成立せず、違法性が無い（違法性阻却）とされる場合がある。

本稿は、死体からの研究用の組織提供によって死体損壊罪が成立しない、つまりはその違法性を阻却しうるか否か、またしうるとすればどのような場合で、それはなぜ、どのように法的に許容しうるのかについて、法的思考に照らして明らかにするという課題を前にして、その前提として検討されるべき倫理的検討課題について論じる。

この問題設定には、法と倫理との関係をどのように捉えるべきかという法哲学的課題が内包される。法は何らかの倫理的価値を志向する善い生き方（善の構想）を基底に置くものであるのか。国家による恣意的専制的な権力行使を規律するためには、国家に、そしてまた国家法に他に優越する価値をもたせることはまかりならぬとしたことが、近代の思想なのではないか。しかしこのとき、近代の社会がなぜ「法の支配」を必要としたのか、そして今

なお必要としているのか、が問われなければならない。端的にいって、法の支配は、一定の価値理念の実現を目指した一つのイズム、すなわちリベラリズムに依拠している。本稿はこのこと自体を論じることを目的としないのでここでは詳細に立ち入ることは控えるが、「個人」を等しく国家の統治者とするという制度は、「国家が独占的に掌握した物理的強制装置が恣意的に発動されるのを防ぐため」*1に、国家による権力行使を法によって規制するということはもとより、またむしろそれ以上に、次のことが要請されている。すなわち、各々に異なる考え方、生き方、そして利害関係をもった個人個人の生の間には、様々な意見の食い違い、軋轢、そしてぶつかり合いがあることは必然である。そしてなお各々の生が等しく尊重されるべき生であるからこそ、それらの対立を調停する際には、既得権益の優位を典型とする恣意的専制的な権力行使ではなく、法的正義の下、そこで調停された結論は尊重に値するものと当事者らに受容されることが要請されるのである。法の支配とはこのことを意味するのであって、それ故にこの意味で、法は個人の生を尊重する（個人の尊重 respect of individuals）という価値理念を目指すのである。

本題に戻ろう。本稿の課題である〈死体からの研究用の組織提供問題〉を検討する際、本来であればその前提として、目的の如何に関わらない死体の利用それ自体について検討をすべきであろう。しかしながら、本稿では論点を明確にするために、主として、社会的有用性という観点から死体の利用が要請される、研究用の組織提供問題に焦点を絞り、既存の法制度の下における死体からの研究用組織提供の倫理性について検討することにする。

死体の利用の中でも、研究という目的をもった利用について考える際には、上述の刑法上の死体損壊罪と、同罪の成立を認めず研究目的による死体の利用を許容する、死体解剖保存法との関係の検討が、必要不可欠である。両者の関係についてはすでに刑法学上の議論の蓄積*2があるが、本稿では、

＊1　平野仁彦・亀本洋・服部高宏〔共著〕『法哲学』（有斐閣アルマ、2002年）39頁（服部高宏執筆部分）。

＊2　辰井聡子「死体由来試料の研究利用―死体損壊罪，死体解剖保存法，死体の所有権―」『法学研究』91号（明治学院大学、2011年）45-86頁。

両法律の関係をめぐる議論を契機として、当該法解釈それ自体というよりは、各々の法律がどのような意図の下で、どのような倫理性への配慮をもって、立法と運用が為されてきたのかを明らかにした上で、研究用組織提供の倫理性問題について論じることにする。

上述の法哲学的課題を踏まえてなお、法的規律と倫理とを直接に結びつけるべきかについては争いのあるところである。しかしながら、死体に対しては何らか一定の尊重をなすべきとするこの社会が共有する価値を前提として立法がなされてきた、というわが国の歴史的経緯を踏まえるならば、次のようにいうことができよう。すなわち、どのようにしてその価値の尊重が図られ、なおかつ死体の利用を受容してきたのかを明らかにすることは、この社会が重要だと考えてきた価値群からは取り扱いの難しい、しかし有用であろう新たな医科学研究の展開とその利用を、私たちの社会がどのように受容することができるのか、そしてまたどのような受容の仕方がありうるのかを問うことになるのであり、これは現代社会における問うべき課題なのである、と。

2　死体解剖保存法――違法性阻却と倫理的要請

死体は生体とは異なるため、死体からの研究用組織の提供を受け、その利用問題を考える際の、ものの考え方の枠組みや検討課題は、基本的に生体からのそれとは一線を画する。生体は、生きている当事者の権利利益という観点から検討すべきことは明らかであるが、死者について、生きている人とまったく同じ権利利益問題として考えることはできないからである。

1949年（昭和24年）に制定された死体解剖保存法は、それまでにも行政の許可の下で認められてきた刑死体、病死体解剖をはじめ、その他公衆衛生や死因調査等の必要性等から諸法が立法される中、医学教育・研究のための解剖を含む死体の解剖・保存についての統一的な法的枠組みを示すものとして立法された。立法に際しては、医学教育・研究の重要性、および公衆衛生の向上の必要性は理解されていたものの、やはり死体をそのような理由によって解剖・保存するというかたちで利用するにあたり、その適法性についての疑義を解消しなければならない、という要請があったのである[*3]。

この立法過程の途上、国会審議等の質疑の中で、死体の解剖に際しての死体の理解と、その理解に基づいて解剖が許容される要件が説明された。すなわち、死体の解剖は「尊厳な人体の取り扱いに関すること」[*4]であるため、医学教育・研究の重要性、および公衆衛生の向上という所定の目的を果たす限りにおいてもなお、死体の解剖を行う場合には、遺族の承諾が必要であるとし、遺族の承諾なくしては死体損壊罪が成立すると考えられたのである（遺族の承諾なしに解剖を行う際には、別途要件が同法７条で定められる）。また、死体損壊罪の成立如何とは独立に、死体解剖保存法独自の考え方として、解剖の実施に際しては、解剖をしようとする地の保健所長の許可を受けなければならない（２条１項）ほか、解剖は解剖室で行わなければならないこと（９条）、引取者のない死体の交付を受けた学校長は、引取者から引渡要求があった場合には、その死体の引渡義務を負うこと（14条、15条）や、死体の保存について遺族の承諾と都道府県知事の許可の取得を求める（19条）などの規定が設けられている。

これらからわかることは、医学教育・研究等のための解剖という実践の必要性が、「死体の尊厳に関する国民の宗教的感情の尊重」[*5]という倫理的価値理念への応答、配慮を要したということである。死体の解剖という行為を行うには、その違法性を阻却し、医学教育・研究のための解剖を含む死体の解剖・保存が社会的に受容されることが必要であり、そのためには、「死体の尊厳に関する国民の宗教的感情の尊重」、換言すれば死者に対する社会的習俗としての宗教感情の尊重という倫理的要請に応えることが必要だったのである。

＊３　第５回国会参議院厚生委員会会議録第19号〔久下勝次〕（昭和24年５月７日）。

＊４　前掲注３。

＊５　前掲注３。

3　社会的法益としての死体の保護要請

死体損壊罪、死体解剖保存法が要請する「国民の宗教的感情としての死体の尊重」の意味するところは、第一に、この要請があくまで国民一般の宗教的感情であって、近親者である遺族が、自身の近親者である故人を悼み尊重するという、個人に帰属する感情ではないということである。刑法上の概念を用いれば、その保護法益は、社会的法益と位置づけられる。第二に、この社会的法益の保護は、社会的儀礼、すなわち死者に対して祭祀・葬礼を執り行い弔うことによって果たされる。そして第三に、その役割は原則として、遺族によって担われることが要請される、ということである。

上記３つの根底には、遺族は死体に対して特別の責務を有する、という倫理的要請がある。なぜ遺族はそうした責務を負うべきであるのか。この法益が社会的法益であることに鑑みれば、本来祭祀・葬礼を執り行い死体を弔うことは、社会が果たすべきであるようにも思われる。なぜ遺族に委ねられるのか、その必然性はどこにあるのかが問われなければならない。この点については、以下のように答えよう。

この社会の歴史的伝統的な事実として、家族は、個人にとって特別な位置づけをもち続けてきた。個人を中心とする近代法制の下においても、民法に親族・相続法の規定があることを典型とするように、家族は、近代的個人という想定の下においても個人と共にあり、これを支える特別の関係と役割とを担うものとして位置づけられている。そうであればこそ、死体をどのように扱うことが尊厳ある身体としてきちんと取り扱うことになるのかについての判断を、その死体と近しい特別な関係にある遺族に委ね、祭祀・葬礼によって弔うよう要請することはすなわち、それによってこの社会が、死体を尊厳ある身体としてきちんと取り扱っていることを表すことになる。したがって、死体の扱いについて、死体を祭祀・葬礼以外の用に供することを認めるためには、遺族による承諾を要する、という制度の下に置くことが社会的に要請され、この制度の下、遺族が承諾を与えることによって、本来倫理的には許容されない死体の利用が、社会的に許容される、とされるのである。

それでは、社会的な要請である、死体を尊厳ある身体としてきちんと取り扱うべきことに対し、遺族がこれと相反する意思表示をした場合はどうか。

遺族が、社会が要請する尊厳ある身体として死体を取り扱うことなく、死体を祭祀・葬礼以外の用に供するための同意を行っていると認められる場合には、当該の同意は倫理的に許容することはできないといわざるをえない。どのような場合が倫理的に許容されない状況であるかは、個別具体的な検討課題となろうが、本稿との関係では、ずさんな研究計画に基づく非倫理的な研究等のために死体が利用される場合には、死体の利用について遺族の同意があるとしても、これを許容することはできない[*6]。

なお、死体の利用について、遺族以外の第三者機関による判断を用いることはありうるだろうか。この点については、研究の非倫理性などがない限りは、遺族による承諾がまずもって必要ということになろう。さらにいえば、国家によって設置された第三者機関が、死体を祭祀・葬礼以外の用に供することへの認定等を行うことについては、回避されるべきである。なぜなら、死体を尊厳ある身体としてきちんと取り扱わなければならないという倫理的要請の下、具体的にどのような取り扱いの仕方が倫理的に正しいかについて、国家機関が具体的に提示し、これに従うよう国民に命じることは、法の支配について１で上述したとおり、近代法原則に反することにもなりかねないからである。

以上のことから、教育・研究を目的とする正当な理由をもつ解剖においても、死体を祭祀・葬礼以外の用に供するに当たっては、遺族による承諾は倫理的に不可欠であるということになろう。そしてこのことは、近代法制下における現代社会においても整合性をもって理解されることであり、このことによって、この社会が有する、死者に対する国民一般の宗教感情の確保に資

＊6　ヒト由来試料を用いた研究について、現在日本では、文部科学省および厚生労働省により制定された「人を対象とする医学系研究に関する倫理指針」（2015年）に基づき、倫理委員会による審査に付されることが要請されている。死体からの組織、細胞利用についても同指針の対象とされている（指針第２⑷）ことから、こうした指針等による審査が、研究計画の科学的妥当性を担保する一つのメルクマールとなろう。

するものと考えられる。

では、本稿が取り組む、死体の研究用組織提供という、死体全体ではなく、死体のごく一部を用いるような場合はどうか。この問いに取り組むに当たっては、いま一度、なぜこの社会が、死体を特別な尊重と配慮の対象とするのか、これに加えて死体の法的、倫理的位置づけから確認をしよう。

4 「人」と「物」との区分

なぜ死体は、特別な尊重と配慮をすべき対象であることが要請されるのだろうか。なぜこの社会は、そして国民一般は死者に対し、一定の強い宗教的感情を有すると考え、その保護を求めるのだろうか。

法学は伝統的に「人」と「物」とを区分し、「人」は法と権利の主体となり、「物」はその客体とされる。この場合の人にはいわゆる自然人以外のものも認められることがある（例えば法人）が、原則として権利の主体となりうるのは、生まれてから死ぬまでの間の自然人が想定されている。したがって死亡した時点で、権利の主体である「人」ではなくなることにする、というのが法学の伝統的な態度である。では「人」でないとなればすべてが「物」であるのか。法学の伝統的な考え方に従えば、「人」でなければ「物」と理解されるのが原則である。しかし、なおやはり「人」でないとしても、それは権利主体である「人」とは異なる仕方ではあるが、一定の尊重の対象となり得るものはあるのであり、その典型として、死体は理解されているのではないか。このような理解に基づいているからこそ、「死体の尊厳に関する国民の宗教的感情の尊重」ないしは死者に対する社会的習俗としての宗教感情の尊重が要請されるのであろう。すなわち、死者（死体）は、単なる物ではなく、生者とは異なるのだけれどもしかし、何らかの尊重が要請される利益を内包する存在として、単なる物として扱うべきではない。そうである以上、社会は死体を、単なる物としてでない存在として、尊重の対象であるという理解を示さなければならない。死体損壊罪や死体解剖保存法がその保護法益として守ろうとする社会的法益、すなわち「国民の宗教的感情としての死体の尊重」は、以上のような倫理的要請をその根幹としている*7。

5　死体からの研究用組織利用

以上の理解に基づき、死体から切り離された組織について、その研究利用のための提供の可能性について考えよう[*8]。死体からの研究用組織提供は、死体から組織を切り離し、これを研究の対象として、例えば当該組織を科学的に変性させたり、その変性を観察したり、標本化したりといった、その他様々な形での研究利用を想定している。これらの行為は、当該組織を物（試料）として扱う行為であり、その行為は、生体を含む死体以外から得られた試料に対して行われることと何ら変わるものではない。この場合、正当な目的をもった研究について、権利の主体者が自らの身体の組織を提供することに同意し、一定の手続きの下で提供することで身体組織の研究利用が正当化される場合と、死体からの利用問題とは一応区別して考えなければならない。なぜなら、死体は権利主体ではないからである。ただし、死体は単なる物とは異なる尊重の対象として、この社会はその扱いのあり方に高度の関心を有しており、前項までで論じたように、一定の倫理的配慮が要請されている。これに加えて研究用組織は、祭祀・葬礼の対象となる死体それ自体とは異なり、一定の手続きの下で切り離された一部である。研究用に死体から切り離された一部の組織と、死体それ自体とでは利用の仕方も異なるのであり、同じ倫理的位置づけとすることはできず、おのずと死体それ自体の尊重の仕方の問題と、試料としての利用の問題とは別様の倫理的地位およびそれ

＊7　人と物の二分法の再検討をめぐっては、ヒト組織・細胞の取り扱いをめぐり、特に医事法領域において議論されてきたところである。宇都木伸・迫田朋子・恒松由記子・野本亀久雄・唄孝一・増井徹・松村外志張「【座談会】「ヒト組織・細胞の取扱いと法・倫理」『ジュリスト』No. 1193（有斐閣、2001年）2-35頁。あるいは、近代動物法における動物の法的地位をめぐる問題においてもまた、人・物二元論の修正に向けた議論がある。代表的な議論として、青木仁志『法と動物　ひとつの法学講義』（明石書店、2004年）。

＊8　なお、ヒト由来試料を用いた研究についての現行日本の規律動向について論じた文献として、町野朔・辰井聡子〔共編〕『ヒト由来試料の研究利用―試料の採取からバイオバンクまで―』（上智大学出版、2011年）を参照。

にともなう扱いの違いが生じよう。

死体から切り離された研究用組織は、物として扱われることが想定されており、実際に物として扱いやすいサイズや形状で切り離される。確かに、社会的に有用と認められ、かつ正当な医学研究という目的をもった行為が死体について許容される以上、その一部の利用については死体の利用に含まれる、と考えることは、一つのありうる考え方である。しかし他方で、死体から切り離された組織を試料として利用することは、人か物かの区分という視角から見れば、死体それ自体を解剖等に供するそのあり方よりはるかに、試料として、物としての利用が想定され、また死体よりもはるかに物として利用がしやすい。このことは、現行の法制度が保護しようとする社会的法益の基底にある、死体を単なる物として扱うべきではない、とする倫理観と対立するようにも見える。そうであるとすれば、前述の死体それ自体に対する遺族が果たすべき役割と、組織利用の正当化とをどのように考えるべきであるのか。

まずもって死体からの研究用の組織提供とその目的である組織の利用は、死体それ自体の利用とは異なる行為であるとはいえ、死体の一部を死体から切り離し祭祀・葬礼以外に供する行為であるという点で、死体を「尊厳ある身体」として尊重の対象とする倫理的要請に応えなければならず、したがってその利用には当然、遺族の承諾が必要となることが前提となる。

次に、死体から切り離された組織もまた死体の一部であるのだから、これを単なる物として扱うべきではない、という現行の法制度が保護しようとする社会的法益の基底にある倫理的要請に応えなければならない。死体から組織を切り離し、これを研究の用に提供するという行為は、切り離した組織を物として利用することをその目的とし、そのために実行される。そのために、利用のしやすい大きさ、形状で切り離され、諸々の加工等が行われるのである。このことは、死体から組織を切り離すことによって、物化(ものか)へのスムーズな移行を現実化する手法ともなりうる。このことから明らかなように、死体からのヒト組織提供問題は、身体の物化の問題という、当該法制度の根幹に関わる問題と理解すべきである。物の大小の問題ではない。とはいえ死体からのヒト組織の提供を一律に禁ずる、と断じることもまた不適切であろう。なぜなら、研究のために組織を利用することが果たして、死体（の一部）を単なる物として扱うことになるのかどうかの判断に際しては、その利用がまさに単なる物扱いである、とする考え方もありうるし、あるいは、研究のために組織利用がなされ次代の医薬学に貢献することは、むしろ尊厳ある身体の一部としての用い方であるからこれを認めるべきである、とする考え方もありうるからである。いずれにしても、どのようにすることが、身体の物化となるのかならないのかは、極めて高度に倫理的価値判断の要請される課題である。このような課題に、近代法制下にある現代社会はどのように取り組むべきか。

近代法的思考に基づけば、身体を単なる物として扱うべきではない、という基本原則の下で、特定の考え方、生き方を倫理的に正しいとしてこれを国家法が命ずることに謙抑的でなければならない。高度に倫理的課題を孕む問いについては、その問いが高度に倫理的問いであるという理由で、国家は判断することについて謙抑的でなければならない。このような問いはそれゆえ、本人の自己決定に委ねざるをえないと考えられており、そこでなされた自己決定を尊重することによって、それ以上の正当性を要請しないことにする、ということが近代法の要請である。そしてとりわけ本人の生に直結する問題についての自己決定は、原則として一身専属のものと考える必要があるだろう。当事者の生は、あくまで当事者のものであり、他者がなりかわることのできないと解するのが至当である。

したがって、死体からの研究用組織利用が、人の身体の物化に当たるか否かについての価値判断を孕む問題は、ことがらの性質上、当事者となる死者の生前の何らかの意思の尊重が要請される。このとき、どのような意思表示をもって十分とするかについては、個別具体的な問題であり慎重な判断が必要である。例えば、脳死体を含む死体からの臓器移植に際して、臓器提供の意思表示がなされていた死者については、死後の身体の組織提供についても理解（承諾）が示されたと解すことも可能であるが、他方で、レシピエントへの臓器提供だからこそ提供の意思表示をしていたのであって研究用の組織提供の承諾を意図しないとも考えられる。その場合には、遺族からその意向を確認するなどのことを要することになろう。

それでは、こうした意思が示されていなかった場合はどうか。

死者が意思表示していない以上、誰かが何かを決定しなければならない。このとき、死者と特別の関係にあることが期待される遺族には、どのように死者を扱うことが妥当であるかについて判断を下す遺族独自の権限があるのだろうか。これについては以下のように答えよう。遺族には、遺体を尊厳ある身体としてきちんと取り扱う責任者（管理者）として、社会的に要請される祭祀・葬礼を執り行い死者を悼むという役割を担っている。しかしこれを超えて、あるいはこれとは別に、遺族が死体の一部を物として利用することについての承諾・不承諾をする権限を有するのだろうか、有するのであればそれはなぜか、が問われなければならない。すなわち、死体を「尊厳ある身体」として尊重して扱う仕方について遺族に委ねられている判断と、死体を物化する判断とは、異なる性格のものであり、したがって後者は遺族が判断する権限を有するとは限らないのである。

上述のとおり、この問題は極めて高度の倫理性を孕む問題である。社会にとって有用かつ有益な公共性をともなう正当な研究に用いられるとしても、死体からの組織の研究利用を一律に、許容されるべき倫理的に正当な行為である、あるいは逆に、死体を単なる物として扱うことになるから倫理的に不当な行為である、と決することはできない。だからこそ高度の倫理的問いなのである。またそうであればこそ、当事者による一身専属の自己決定に委ねざるをえず、遺族に固有の決定権限がある、ということはできない。

6　結　　論

以上により、死体からの研究用組織提供については、２つの観点から考えなければならない。すなわち第一に、死体を「尊厳ある身体」として尊重して扱うという観点から、社会から遺族に委ねられている祭祀・葬礼に供する以外のことを行う以上、遺族の意向（承諾・不承諾）を要する。第二に、人の身体を容易に物化すべきでないという理解の下「国民の宗教的感情としての死体の尊重」という既存の法制度の根幹に関わる倫理的要請に応えるという観点から検討されなければならない。

以上の２つの観点からの検討が、死体からの研究用組織提供を行うに当たっては要請される。

死体からの研究用組織の利用については、死体の研究利用の場合以上に、倫理的に難しい課題を孕んでいる。この問題が孕む高度の倫理性を踏まえた上で、社会的に有用かつ重要な研究利用に向けた具体的な制度設計を考えるという姿勢が、医科学研究の社会的受容にとって必要といえよう。

③死体の法的地位と所有権・人格権

米 村 滋 人

1 序論――死体の法的地位と本人・遺族の同意権

臓器移植法６条は、死体（脳死体を含む）からの臓器提供につき、本人の事前同意（オプト・イン）と遺族の不拒否（オプト・アウト）がある場合、または本人の不拒否（オプト・アウト）と遺族の同意（オプト・イン）がある場合、のいずれかであれば認められるものと規定する。しかし、このような同意要件は、臓器移植法に固有のものであり、他の法令でも同様の規律が適用されるわけではない。例えば、死体解剖保存法は、解剖実施の要件として、解剖者規制（同法２条）・解剖場所規制（同法９条）等の行政的規制のほか、「遺族の承諾」（同法７条）を要求している。ここでは、本人の事前同意や不拒否は要件とならず、もっぱら遺族の同意*1が要件とされている。

それでは、なぜ、それぞれの場面における同意権者が、このように定められているのだろうか。そして、２つの法律における同意権者の違いは、合理的に説明しうるものなのだろうか。臓器提供や死体解剖における「同意」が、死体の処分権の行使を意味するのであれば、ここでの同意権者は死体の処分権者でなければならないはずである。そのように考えれば、２つの法律で同意権者が異なることは背理といわざるをえないようにも思われる。

もっとも、一般に、「同意権者＝処分権者」という図式が成立するとは考えられていないように思われる。臓器移植法も死体解剖保存法も、法令ないし規範の性質としては行政法規であり、臓器移植や死体解剖に向けた行政規制が解除される要件として「同意」を要求しているに過ぎない。そのため、そこでの「同意」が、民刑事法における死体の「処分権」を有する者によってなされなければならない、とは必ずしもいえない。また、民刑事法上の

＊１ 通常、「承諾」と「同意」は同義であると解されているため、本稿でも両者を特に区別せず用いることとする。

「処分権」の所在は行政法規の内容とは独立に決せられるはずであり、行政法規の内容に従って民刑事法上の「処分権」の問題が解決されるわけでもない。すなわち、上記法令における「同意権者」が「処分権者」に一致するとの前提は採用されていないといわざるをえないのである。

そうはいっても、臓器移植法や死体解剖保存法に従ってなされた行為が、事後的に民刑事法上違法であったとされる事態は、決して望ましいものではない。少なくとも、これらの行政法令の実施要件を充足した場合には、民刑事法上も適法となりうるよう、行政法令における同意権者が定められていることが法の安定的運用に資することはいうまでもない。そして、これらの法令の直接の適用を受けない、組織・細胞提供の場面では、さらに、民刑事法の観点から違法と評価されることのないよう、実施要件を慎重に検討する必要があるといえよう。

そのような観点からは、やはり、民刑事法において死体の「処分権」がどのように定められるべきかを論じる必要性があることは否定できない。死体の「処分権」の所在については、まず、死体が民事法上いかなる法的地位にあるか（死体は「物」であるか、所有権の客体となるかなど）の問題に関する分析を行う必要があろう。そこで、本稿では、民事法上の死体の法的地位と、死体の「処分権」の所在を中心的な検討課題とする。その検討に当たっては、人格権に関する民法領域の議論を参照することが有用であると考えられる。というのも、生体由来の組織・細胞等については、所有権とともに人格権の成立を認める見解が存在し、その点について筆者は別稿において詳細に論じたが[*2]、死体に対する権利の内容としても人格権構成を採る可能性があり、その場合には、生体に対する「人格権」と死体に対する「人格権」の関係を問う必要が出てくるからである。以下では、まず死体の民事法上の地位に関する従来の学説・判例を概観した上で、「人格権」に関する議論を紹介し、死体の法的地位や処分権の問題につきどのような解決がありうるか、

＊2　米村滋人「生体試料の研究目的利用における私法上の諸問題」町野朔・辰井聡子〔共編〕『ヒト由来試料の研究利用』（上智大学出版、2009年）80頁以下、米村滋人「医科学研究におけるインフォームド・コンセントの意義と役割」青木清・町野朔〔共編〕『医科学研究の自由と規制』（上智大学出版、2011年）250頁以下。

検討を加えることにしたい。

2　従来の議論の概要と問題点

⑴　従来の判例・学説

死体の法的地位に関しては、民法学説において一定の検討がなされており、判例も存在する。この点は、本稿の検討の前提として極めて重要であるため、以下に概要をまとめる。

死体の民事法的規律に関しては、古くから所有権の成否等をめぐり議論がなされてきた。ここでの問題は、①死体につき誰にいかなる権利が存在するか（死体に対する基礎的権利）、②死体の提供・解剖の承諾はいかなる行為として性質決定されるか（提供行為・解剖承諾の法的性質）に分けられる。以下、順に整理する。

1）死体に対する基礎的権利

死体に対しては、所有権が成立すると解するのが判例・通説である*3。大審院は、遺骨の帰属が争われた事例で遺骨に対する所有権を肯定し、相続人を所有権者としたが（大判大正10年７月25日民録27巻20号1408頁）、そこでの所有権は埋葬に向けられた特殊な内容を有するとされていた（大判昭和２年５月27日民集６巻307頁参照）。最高裁も所有権を肯定する立場と考えられ、最判平成元年７月18日家月41巻10号128頁は、遺骨の所有権が慣習に従って祭祀主宰者に帰属するものとした原審の判断を維持した。下級審裁判例は一般に死体の所有権を肯定しており、所有権者を誰と解するかにはややばらつきがあったが、近時は民法897条にいう祭祀主宰者とするものが多い*4。

学説上も、死体は「物」であるとして所有権を肯定するのが一般的である。通説は、死体につき喪主または祭祀主宰者が所有権を有するとしつつ、その

＊3　死体の帰属に関する判例・学説の網羅的検討として、星野茂「遺体・遺骨をめぐる法的諸問題（上）」『法律論叢』64巻５・６号175頁以下（明治大学、1991年）参照。

＊4　東京高判昭和59年12月21日東高民時報35巻10～12号208頁、東京高判昭和62年10月８日判時1254号70頁など。

内容は公序良俗に反しない限度で埋葬・祭祀等を行うことに限定されるとする[*5]。所有権者に関しては他の見解（慣習によるとする見解など）も唱えられ、学説は必ずしも固まっていないが、所有権の成立は広く承認されてきたといえよう。

しかし、以上の判例・学説はあくまで埋葬が予定される死体や埋葬後の遺骨を想定したもので、死体解剖の場面や医療・医学研究目的での臓器等の提供場面は想定されていなかった。これらを踏まえた議論としては、生体由来組織と同じく、(i)死体に対し所有権のみが成立するとする見解(所有権説)、(ii)死体に対し人格権のみが成立するとする見解（人格権説)、(iii)死体に対しては所有権と人格権の双方が成立するとする見解（所有権人格権競合説）が存在しうる[*6]。死者本人は権利能力がなく人格権の主体となれないため、遺族に死体に対する人格権を認めうるか、認めうるとしても権利者は所有者と一致するのかが問題となる。

2）提供行為・解剖等の承諾の法的性質

医療・医学研究等の目的で死体の提供がなされた場合の提供行為の法的性質について、最上級審判例は存在しないが、東京地判平成12年11月24日判時1738号80頁が著名である。同判決は、病理解剖の際に採取・保存された骨（遺族は椎体骨の採取を拒否していたと認定された）の返還請求に関し、病理解剖に対する遺族の承諾の際に私法上の契約として「寄付（贈与）又は使用貸借契約」が締結されたとしつつ、その基礎に存在すべき「高度の信頼関係」が骨の無断採取により破壊されたとして、上記契約が将来に向かって取り消されたことを根拠に返還請求を認めた。

他方で、同一事案の別件損害賠償請求訴訟に関する東京地判平成14年８月30日判時1797号67頁は、骨を含む内蔵の採取の承諾があったと認定し賠償請

＊５　我妻栄『新訂民法総則』（岩波書店、1965年）203頁、幾代通『民法総則〔第２版〕』（青林書院、1984年）157頁、四宮和夫・能見善久〔共著〕『民法総則〔第８版〕』（弘文堂、2010年）160頁。

＊６　(iii)の見解に立つものとして、河原格「死体及びその一部について」朝日法学論集30号253頁以下（朝日大学、2003年)。なお、わが国では死体につき人格権説は主張されていない。

求を棄却したが、その中で、死体解剖保存法７条に基づく承諾を与えうるのは「遺族である相続人」であるとし、所有権者とは必ずしも一致しないとした*7。

学説では、死体の提供行為や解剖等の承諾の法的性質に関しては十分な議論が展開されておらず、解剖等の承諾に関しては、遺族が判断権者であることを前提としつつ、実質的に誰の利益を保護するものであるかに着目した議論がなされていた。すなわち、①死体処分については遺族に固有の利益があり、当該利益に基づき遺族が承諾の可否を決定できるとする見解（以下「遺族利益説」という）、②あくまで保護されているのは本人の生前の利益であると解し、遺族は当該本人利益を「代弁」するに過ぎないとする見解*8（以下「本人利益説」という）が存在していた。①の遺族利益説は、従来の死体解剖保存法や旧角腎法（「角膜及び腎臓の移植に関する法律」）の遺族同意要件に関する説明として一般的に採られていた考え方である。これは、遺族が判断権者であることから自然に導かれる見解であるといえる一方で、問題となる「遺族利益」の内実が明確でなく、死体に対する基礎的権利との関連性（同意権者と所有権者が一致するかなど）も明らかでなかった。他方で、②の本人利益説は、冒頭に掲げた臓器移植法の規定を契機に近時提唱されるようになった見解であり、この見解は、形式的法主体（所有権者＝遺族）と実質的判断者（本人）を分離し、遺族が「推測された本人の意思」を代弁するという論理で所有権法理との整合性を図るものとして位置づけられる。

⑵　若干の検討

以上の判例・学説を概観すると、２）の問題は１）の問題とほぼ無関係に議論され、むしろ、死体解剖保存法・臓器移植法等の規定に大きな影響を受けてきたことが判明する。しかし、１で述べたとおり、民事法的規律は行政法令の内容と独立に検討されるべきであり、このような議論は（少なくとも

＊7　同判決の控訴審である東京高判平成15年１月30日公刊物非登載は、この判示をそのまま維持したようである。佐藤雄一郎「判批」『医事法判例百選〔第１版〕』（有斐閣、2006年）100頁参照。

＊8　四宮＝能見・前掲注５、161頁。城下裕二＝臼木豊＝佐藤雄一郎「『人倫研プロジェクト』ワーキンググループ・提言『身体・組織の利用等に関する生命倫理基本法』⑶」『北大法学論集』56巻１号426頁以下（北海道大学、2005年）も同旨と思われる。

議論枠組みの立て方として）問題があったといえよう。むしろ、死体に対して誰がいかなる権利を有するか、という1）の点の分析こそが2）の点に反映されるべきであったと思われる。

加えて、従来の2）の点に関する遺族利益説と本人利益説の対立は、問題の実質をうまく捉えていなかった可能性がある。上記でも述べたとおり、遺族利益説における「遺族利益」の内容は不明確であり、仮に、本人が生前有していた利益と同一の利益を（相続等の法律構成によって）本人の死後は遺族が有しているとするならば、両者を区別する意味はなくなる。むしろ、本人が生前有していた利益と異なる利益を遺族が有しているか否か、それを有しているとすれば、そのような別個の利益は何によって正当化されるのか、というような、利益の内実を問題とすべきであったように思われる。また、実際上の同意のあり方を考えても、遺族が同意・不同意を決する際に、何を根拠に判断したかを問うことはほとんど不可能であり、遺族が決めている以上は遺族の判断であるとしかいいようがないのではないか。ここでは、区別できないものを区別しようとし、また、区別すべきものを区別していなかった結果として、遺族利益説・本人利益説においてどの要素が対立しており、その対立が具体的帰結の違いにどのように表れるかが不明確となっていたように思われるのである。

このような観点からは、2）の問題の検討に際し、1）の問題に立ち返ることが必要であると考えられる。すなわち、死体に対して誰がどのような権利を有し、当該権利が「同意権」にあたる内容を含むか否かを緻密に検討すべきであり、そのような分析によってこそ、従来「遺族利益」と呼ばれていた種々の利益を適正に分類・整理することができるものと考えられる。そこで以下では、1）の点に着目しつつ、とりわけ死体に対し「人格権」が及ぶと解した場合の法律構成の可能性につき、分析を加えていくこととしたい。

3　死体に対する権利と同意権

(1)　死体に対する所有権・人格権と全体的法律関係

前述のとおり、死体に対する基礎的権利としては、(i)所有権のみが成立するとする見解(所有権説)、(ii)人格権のみが成立するとする見解(人格権説)、(iii)所有権と人格権の双方が成立するとする見解（所有権人格権競合説）が存在しうる。以下、それぞれを前提とした場合にどのような法律関係が成立することになるかを概観しつつ、同意権に関する問題状況を整理する。

1）所有権説による場合

死体に対しては所有権が成立することとなる。既述のとおり、この場合の「所有権」につき、従来の通説は埋葬や祭祀に関する限度での限定された権利として理解していたものの、死体に対して他の権利が成立しないのであれば、死体の処分権全般が「所有権」に内包されると考えざるをえず、解剖や臓器提供の同意権もすべて「所有権」に基づくことになろう。したがって、同意権を有する「遺族」とは民法上の「相続人」を意味し、他の者の同意による解剖や臓器提供は違法であると解することとなる。

もっとも、ここでの「所有権」には、実質的に他の関係者の利益を盛り込む余地もある。筆者は別稿[*9]において、以下のような試論を展開した。すなわち、死体に関し特別の感情を抱くわが国の国民性の影響もあり、死体処分に関しては親族一般や友人・知人などを含め多くの者が（心理的な側面を含め）実質的利害を有しており、特定個人に死体の「処分権」を付与することは適切でない。このため、所有権者は当該死体に関する他の関係者や社会一般の利益を担う受託者的な地位に立ち、その権利行使が他の関係者の同意を伴わない場合や社会の敬虔感情に照らし許容されない場合は、公序良俗に反するものとして効力が否定されると解することが適切である、というものである。これは、あくまで死体に関する法律関係を所有権説によって規律しつつ、実質的に死体処分の「半公共性」に配慮した枠組みを提示する意図であった。所有権説の下でも、このような法律構成によって、特定の相続人が「処分権」を濫用的に行使する事態は防ぐことができる可能性があろう。

＊9　米村滋人『医事法講義』（日本評論社、2016年）286頁以下。

2）人格権説による場合

他方で、人格権説による場合は、そこで成立するとされる「人格権」の内実を問う必要が生ずる。ここでの最大の問題は、遺族が死体に対して有する「人格権」はどのような根拠によりどのような内容の権利として存在することになるか、という点である。

筆者はかつて、生体由来のヒト組織・細胞等に関して、これに対する人格権の根拠となりうる考え方に複数のものが存在することを論じた。具体的には、①人体からの分離物に当然人格権が及ぶとする考え方、②ヒト組織に含まれる情報に対する権利性を根拠に人格権を肯定する考え方、③ヒト組織の「物」としての特殊な価値を人格権の根拠とする考え方、④一般的な「倫理適合性」の確保を権利の根拠とする考え方の４種を挙げた*10。以上の４種は権利の根拠付けとして網羅的でなく、これ以外にも人格権の根拠はありうるが、さしあたりこれらを検討の出発点とすると、この４種の根拠づけとほぼ同様のことは死体に対する「人格権」についても当てはまる可能性がある。すなわち、①′人体に由来する存在である死体にも当然に人格権が及ぶとする考え方、②′死体に含まれる情報に対する権利性を根拠とする考え方、③′死体の「物」としての特殊な価値を根拠とする考え方、④′一般的な「倫理適合性」を根拠とする考え方、の４種が存在し、いずれも遺族が死体に対して有する「人格権」の根拠として機能する可能性がある。

もっとも、この場合に直ちに疑問となるのは、特に①′～③′の考え方は、由来者本人が生存している場合には当該者の人格権を肯定する根拠となるとしても、本人の死後に他者に帰属する「人格権」を肯定する根拠とはならないのではないかという点である。上記の４種の根拠による「人格権」は、いずれも生存者のヒト組織（生体からの分離物）に対する権利性とパラレルな権利を想定しているため、死亡時点で遺族に原始的に発生する権利として位置づけられる。ところが、当該組織・細胞等の由来者ではなく、またその中に含まれる情報も自分自身のものではない遺族が、原始的に「人格権」を取得するという帰結は、正当化が必ずしも容易ではないと考えられる。正当化

---

*10　米村滋人「医科学研究におけるインフォームド・コンセントの意義と役割」青木清・町野朔〔共編〕『医科学研究の自由と規制』（上智大学出版、2011年）265頁以下。

が可能であるとすると、例えば、遺族が死者に対して有する「敬愛追慕の情」の投影として死体に抱く感情それ自体を保護することが考えられ、このようなものは遺族固有の権利性を根拠づけるものということができる。それ以外には、上記④′のように、一定の公共政策的な目的を根拠に私人に権利を付与すると説明することも考えられよう。仮に、これらの根拠により遺族の「人格権」の取得が正当化できる場合には、解剖や臓器提供の同意権はこの「人格権」に内包されることになり、権利者は１人であるとは限らず、また本人の生前意思が示されていたとしても、遺族固有の権利である以上は生前意思によって遺族の判断が拘束される結論は導きにくいと考えられる。

他方で、死亡時点で遺族が原始的に取得する権利としてではなく、本人が自己の身体に対して生前有していた権利を遺族が承継取得するという法律構成も考えられないわけではない。このように考えうる場合には、解剖や臓器提供の同意権も本人の同意権を承継したと説明されるため、本人の生前意思が示されていた場合にはそれによる遺族判断の拘束を認める可能性が高まる。この点は、本人が生前有する人格権の本人死亡後の帰趨と密接に関連するため、⑵で詳しく検討する。

３）所有権人格権競合説による場合

この場合は、双方の権利関係が成立することから、大枠では、以上の検討による法律関係が重畳的に成立すると考えることができる。もっとも、双方の権利関係が成立する場合には、人格権に関する権利主張を認めれば所有権の行使それ自体を「公序良俗」のような概念で制約する必要はなくなる可能性もある一方、単純に両者の権利関係を併存させた場合には権利関係の矛盾・抵触を来す可能性もあるため、そのような場面での調整を含めて適切な権利設定を行う必要があると考えられる。解剖や臓器提供の同意権に関しても、所有権に基づく同意権と人格権に基づく同意権の一方のみが存在する可能性と、両者が併存する可能性が存在し、併存を認める場合にも権利内容の調整が図られる必要がある。そのため、この場合にどのような法律関係が成立するかについては不明確性が極めて大きいといわざるをえない。

4）小　　括

以上の各説における法律関係を対比すると、所有権説を前提とする法律関係は比較的明確であり、学説・判例も一定数存在するため、同意権の問題を含む個別問題の法的分析を行いやすい一方で、人格権説・所有権人格権競合説を前提とする法律関係には不明確性が大きく、それは、「人格権」概念の不明確性に起因することが推察される。これら３説のいずれが適切であるかを検討するに当たっては、比較検討が可能となる程度に各説の内容を明らかにする必要があり、その観点から、「人格権」概念の内容とその場合の法律関係につき、さらに分析を進める必要がある。

(2)　生前の人格権の帰趨

1）序　　説

人格権説または所有権人格権競合説をとった場合に問題となりうる点として、本人の生前有する人格権の死亡後の帰趨につき検討する必要がある。これは、従来の「本人利益説」と「遺族利益説」の対立構造の中で看過されがちであった、「本人利益」と「遺族利益」の同一性に関連する問題である。仮に、本人が生前有する「人格権」と同一ないし極めて近似する権利を遺族が有することになるのであれば、その限りで「本人利益」と「遺族利益」の同一性が肯定されることになるため、この点の検討は重要であると考えられる。

従来の民法学説においては、人格権は一身専属的権利であるとされ、帰属上の一身専属性の反映として、人格権は譲渡・相続の対象とならないとする立場がとられてきた*11。その結果、本人の死亡後には人格権は単に消滅し、他者がこれを承継するということはないとする理解が一般的であった。しかし、人格権領域に属する権利・利益の一部については、本人の死後も何らかの法律構成によって遺族に同様の権利を認める扱いがなされている。以下、そのような例として、①死者の名誉毀損、②死者の著作者人格権、の各問題を取り上げ、議論の概要を示す。

＊11　四宮和夫『民法総則〔第４版〕』（弘文堂、1986年）24頁、五十嵐清『人格権法概説』（有斐閣、2003年）13頁など。

2）「死者の人格権」の取扱い

①　死者の名誉毀損

この問題は、死者の名誉を毀損する行為がなされた場合に遺族が損害賠償等の請求をなしうるかの問題として、古くから学説・判例において認識され、議論が展開されている。この点については、直接保護説（死者自身に名誉を観念できるものとし、これが侵害されて賠償請求可能であるとする見解）と間接保護説（死者自身の名誉は観念できないが、遺族に名誉類似の権利・利益が帰属するとし、その侵害による賠償請求を認める見解）の対立があるとされる。直接保護説はドイツで通説とされる構成であり、遺族に代位による権利行使を認めるものであるが、わが国の学説では、権利能力喪失後にも「本人の権利」が残存すると考える点への批判に加え、代位によって遺族が権利行使できるとする点への批判も強く、一般には後者が通説であるとされている*12。判例実務も、最高裁判例はないものの、一般的に死者自身の名誉の侵害を認めず、遺族の有する「敬愛追慕の情」等の人格的法益の侵害を理由に損害賠償請求を認める処理を行っている*13。

もっとも、このような処理を行った場合には、事案類型として名誉毀損に分類することはできないこととなり、民法723条に基づく原状回復措置は認められないこととなる（その結論を肯定する裁判例も存在する*14。

②　著作者死亡後の著作者人格権

著作者は、著作者人格権を有する。著作者人格権が人格権と同質であるといえるかには争いがあるものの、人格権一般に関する通説的理解と同じく、著作者人格権の一身専属性・非譲渡性が明文で規定されている（著作権法59条）。ところが、著作者の死後については、単に権利が消滅するという処理にはなっていない。具体的には、著作者の死後にも「著作者が存しているとしたならばその著作者人格権の侵害となるべき行為をしてはならない」と規

---

*12　四宮和夫『不法行為』（青林書院、1983年）325頁、平井宜雄『債権各論Ⅱ』（弘文堂、1992年）164頁、潮見佳男『不法行為法Ⅰ〔第2版〕』（信山社、2009年）189頁。

*13　東京地判昭和52年7月19日判時857号65頁、大阪地堺支判昭和58年3月23日判時1071号33頁、大阪地判平成元年12月27日判時1341号53頁など。

*14　前掲大阪地判平成元年12月27日など。

定され（同法60条）、また、遺族（死亡した著作者・実演家の配偶者、子、父母、孫、祖父母または兄弟姉妹）は、著作者人格権・実演家人格権の侵害行為等をなした者に対し、差止めや名誉回復措置の請求をすることができるとされる（同法116条）。

このような著作権法の定める著作者死後の法律関係については、著作者等の死後には著作者人格権は消滅するものの、内容的に類似する権利が法律により特に遺族に付与されたものとする見解が多数を占める[*15]。他方で、死後にも著作者人格権が存続し、遺族がこれを行使可能であるとの考え方もありうるところである。

以上の２つの法律関係はそれぞれまったく独立に議論されており、問題場面も大きく異なることから、ここから一般化した議論を展開することには慎重でなければならない。しかし、両者のいずれにおいても、何らかの法律構成によって死後にも権利ないし利益の一定の保護を認める結論が採られており、特に著作者人格権の法律関係では、生前の権利と死後の権利の同質性・連続性が極めて重視されている点が注目される。著作権法116条については、死後の著作者人格権の存続を否定する多数説の立場からも、生前の著作者人格権の侵害行為に関して死後に遺族が名誉回復措置の請求をなしうるものと解釈されている[*16]ことに加え、生前に本人が提起した差止め・名誉回復措置の請求訴訟につき、死後に遺族が承継することも認めるべきであるとされている[*17]。これは、生前の権利と死後の権利の実質的同一性を承認する解釈であり、実質的には著作者人格権自体が遺族に相続されたのと同様の処理がなされていると整理することができる。

このことは、人格権も一定の場合には相続の対象となり、本人が生前有していた権利を遺族が承継することを認めるべき場面が存在することを示唆するように思われる。筆者は、別稿において、近時のドイツでは、判例・学説

＊15　中山信弘『著作権法〔第２版〕』（有斐閣、2014年）529頁、加戸守行『著作権法逐条講義〔６訂新版〕』（著作権情報センター、2013年）432頁、794頁、作花文雄『詳解著作権法〔第４版〕』（ぎょうせい、2010年）253頁、半田正夫『著作権法概説〔第16版〕』（法学書院、2015年）135頁など。

＊16　加戸・前掲注15、795頁、作花・前掲注15、254頁。

＊17　加戸・前掲注15、797頁。

において人格権が本人の死後も遺族に部分的に相続されることが認められていることを紹介しつつ、人格権の譲渡・相続を肯定する可能性につき論じた*18。本稿ではその内容を繰り返すことは控えるが、人格権は種々の権利を包摂する複合概念であり、権利の具体的な内容や機能は個々の権利ごとに異なることから、例外的にではあっても、譲渡や相続を認めるべき場合が存在する可能性があると考えられる。

3）身体に対する「人格権」の相続可能性

では、生存者が自らの身体に対して有する「人格権」は相続の対象となるか。この問題は、人格権の相続性が認められるか否か、仮に認められるとすればいかなる場合に認められるかを一般的に検討した上で、身体に対する権利性の内容や機能を踏まえて慎重に検討を行う必要があり、本稿で十分な検討をなしうるものではない。もっとも、本稿の分析を踏まえて考えれば、少なくとも以下の点を指摘することができる。

第１に、生存者の身体に対する「人格権」は、自身の存在を具現するものであり、かつ、自身の生命活動の「場」として機能する「身体」という唯一無二の存在に対する権利であり、これは、死体に対する権利とは質的に大きく異なる内容を有するといわざるをえない。仮に、身体に対する「人格権」の一部が死後に遺族に承継されうるとしても、内容的には大幅に縮減ないし変容を余儀なくされるものと考えられる。

第２に、他方で、死後に身体に対する人格権が完全に消滅すると考えることは適切でない部分がある。少なくとも、死後の名誉毀損や著作者人格権侵害と同程度以上に死後の侵害から保護される必要があると考えられ、また、生前の保護との連続性（本人の生前意思による拘束を含む）を認める必要もある。

このように考えれば、身体に対する「人格権」は、すべてがそのまま遺族に承継されるわけではないにせよ、一定の限度での相続可能性を検討する余地はあるといえるのではないか。この点に関しては、死体に対する「人格権」

＊18　米村滋人「人格権の譲渡性と信託」水野紀子〔編著〕『信託の理論と現代的展開』（商事法務、2014年）77頁以下。

の成否や内容を考える上で極めて重要であり、さらなる検討が必要と考えられる。

4　結　　び

本稿では、死体解剖や死体臓器提供における遺族の「同意権」の内容や法的性質を考察するに際し、死体に対する基礎的権利の内容を検討することが本質的に重要であり、その点に関しては、所有権説・人格権説・所有権人格権競合説の３説がありうることを述べた。この３説を比較検討するに当たっては、各説の下での法律関係を明らかにする必要があるものの、その点の学説上の検討は未だ十分ではなく、特に「人格権」を肯定する法律構成に関しては、本人が生前有する身体に対する「人格権」との関係を明らかにする必要があることが示されたといえよう。

本稿の検討は、扱うべき問題の大きさに比してあまりにも雑駁かつ断片的なものであったが、従来は「本人利益説」「遺族利益説」の枠組みの中で看過されてきた視点を提示し、問題の所在の一端を明らかにすることができたようであれば幸いである。

④「人を対象とする医学系研究に関する倫理指針」の策定を受けて——ゲノム指針との関係など

佐 藤 雄一郎

は じ め に

2014年の末に、それまでのいわゆる疫学指針と臨床研究指針とを統合した「人を対象とする医学系研究に関する倫理指針」(統合指針)が策定された。同指針は、後から見るように、他の指針に規定がない場合にはこの指針の規定が適用になるとしているから、これまでのように、ある研究を所掌する一つの指針を参照すれば足りるというやり方はとれず、研究の性質によっては—とりわけヒトゲノム・遺伝子解析研究においては—複数の指針、例えばゲノム指針と統合指針の両方を見なければならないことになる。本報告書では、統合指針とゲノム指針の棲み分けについて若干の検討をしたい。

1 諸指針策定の経緯

周知のとおり、ミレニアムプロジェクトのために作られたいわゆるミレニアム指針ができた際、これ以外の遺伝子解析研究においても指針が必要ではないかとの意見があり、2001年にヒトゲノム・遺伝子解析研究を対象とする指針が作られた。また、2002年には「個人情報保護法」が施行されたが、その際に疫学研究への影響が懸念されたため、疫学研究だけを対象とした疫学指針が作られ、そして2003年には、それ以外の臨床研究を対象とする臨床研究指針が作られてきた。

これら三つの指針は、それぞれが、それぞれの研究分野について独占的に規制していた。つまり、医学研究を包括的に対象とするものは存在せず、いってみれば、臨床研究を三つのカテゴリに分けて、それぞれについて指針があるという状態であった。もちろん、ある種の研究について、特別の対応をするということはあってよいことではあるが、頻繁に指摘されるように、医学研究に関する一般論がないところで特別規定のみが存在するという倒錯した状態にあったわけであった。

2　統合指針の策定

(1) 経　　緯

疫学指針は2007年に（その後2008年にも一部改正）、臨床研究指針は2008年に、それぞれ直近の改正が行われていたが、その作業の際に両指針をすりあわせようという試みはすでになされていた（臨床研究指針の改正では、できるだけ疫学に合わせようとの方針が示されていた）。しかし、それぞれの指針の対象となる研究は、侵襲（医学的な意味ではなく、身体に対する直接的な有形力の行使くらいの意味で）の点で大きな違いがあった。単に集団の中の一人として、主にデータだけを使われる場合と、場合によると手術や投薬まで入る可能性がある場合とでは、もちろん同意のあり方（明示的な同意が必要なのか、オプト・アウトが許されるのか、など）も異なるが、その他、未成年者のみの同意で研究が認められるかが大きく異なるように思われた*1。

そこで、両指針の改正に当たっては、両指針の統合も念頭に置いて議論が始まった。実際、それぞれ１回目の委員会こそ別々に行われたが、２回目以降は両指針見直しの委員会は合同で開催され、結果として一本化されることになったのであった。

＊1　ちなみに、臨床研究においても、試料や情報のみを使う研究は疫学と似た性質を有すると思われるが、臨床研究指針の対象は様々なものがあり、これらを一括して論じる以上、未成年者のみの同意ですますことは、親権者の権限との関係で問題があると、臨床研究指針の改正当時考えられていた。ちなみに、研究利用については義務がかからないとはいえ、個人情報保護法上は開示請求につき代諾が広く認められている（個人情報保護法施行令８条。2017年春に予定されている改正法施行に合わせた施行令では11条）から、やはり未成年者の同意だけで個人情報の利用をすることは問題と考えられるが、情報一般論と、自らの身体や健康についての情報というpersonalなものとでは、扱いを異にする必要もあるのかもしれない。

⑵　指針の適用範囲

本指針は、適用される研究につき、「我が国の研究機関により実施され、又は日本国内において実施される人を対象とする医学系研究を対象とする。」とし、法令に基づいて行われる研究（例えば薬機法が規定する医薬品・医療機器の製造販売承認のための治験）を対象外とする。さらに、「ただし、他の指針の適用範囲に含まれる研究にあっては、当該指針に規定されていない事項についてはこの指針の規定により行うものとする。」とするので、他の指針、例えばヒトゲノム・遺伝子解析研究に関する倫理指針の適用範囲の研究に関しては、原則としてそちらの指針が適用になるが、当該指針に規定されていない事項が本指針にある場合には、本指針も適用になることになる。いってみれば、本指針が一般「指針」、それぞれの指針が特別「指針」というわけである。この具体例については後の検討の箇所で紹介する。

⑶　バンクの研究計画書について

統合指針の策定の前年に改正されていたゲノム指針において、バンクについて一定の対処がなされていたところであったが、本指針も、実際に試料を使う場合と、バンクの場合とで、研究計画書の要件を若干異にしている。もっとも、ゲノム指針においてはこの要件について「一般的には以下の通り」という客観的ないい方をしているのに対し、統合指針は「原則として以下の通り」という規範的ないい方をしているので、統合指針の方が例外が認められにくいようにも見受けられる。

⑷　インフォームド・コンセント（IC）

さらに、研究利用に対するICだけではなく、他の機関に既存資料を提供しようとする場合のIC、それを受けて研究利用しようとする場合のICについても規定されている。さらに、研究計画書を変更する場合、原則としては同意を取り直す必要があるが、倫理審査委員会の意見を受けて長が承認すればこれは不要となるので、包括同意に近いやり方を取ることはできることになる。

さらに、代諾については、それが認められる場合の要件を示すほか、アセントについても触れている。さらに、未成年者の同意だけで研究ができる場合の親権者の拒否権についても規定している。

⑸　そ　の　他

さらに、本指針の改正作業中にディオバン問題などが起こったことから、指針の中でも、研究の実施の適正性もしくは研究結果の信頼を損なう事実もしくは情報又は損なうおそれのある情報を得た場合の責任者等への報告義務（研究者の義務)、利益相反（以下、COIとする）に対する規定（研究者と研究責任者の責務であるが、ガイダンスでは長の責務についても規定されている)、研究にかかる試料および情報等の保管に関する研究者および研究責任者の責務、さらには、侵襲を伴う介入研究の場合のモニタリング（必須）および監査（必要に応じて）も求められている。

3　他の指針の領域に対する本指針の適用

さて、他の指針がカバーする研究領域で、そちらの指針に規定がない事項について本指針の適用がある場合とはどのような場合だろうか。ガイダンスによると、「例えば、ヒトゲノム・遺伝子解析を含む研究は、ゲノム研究倫理指針の適用範囲に含まれ、先ずはゲノム研究倫理指針の規定が適用された上で、ゲノム研究倫理指針に規定されていない事項（例えば、侵襲を伴う研究における健康被害に対する補償、介入を伴う研究に関する公開データベースへの登録等）については、この指針の規定を適用する。ある事項に関して他の指針とこの指針の両方に規定されている場合に、他の指針の規定とこの指針の規定とで厳格さに差異があっても、他の指針の規定が優先して適用される。」とされており、これによれば、本指針が適用になるのは他の指針に規定がない場合であり、他の指針に規定はあるが厳格さが異なる場合にはそちらの指針のみが適用になる(本指針の適用はない)ことになる。この点で、国外で行われる研究の場合により厳しい要件に従うこととされている場合とは異なることになる。

ただし、例えば、本指針は、倫理審査委員会の構成要件のみならず定足数としても人文社会科学系の専門家と一般の立場を代表できる人がそれぞれ出席していなければならないとしているのに対し、ゲノム指針はこの二者は兼任することが可能となっているが、ゲノム研究の場合にこれでよいかは疑問も残る（もっとも、一つの委員会が両方の指針上の審査を行うのであればより厳しい本指針の要件を満たす必要があるし、あるいは親子委員会の形式をとる場合には、ゲノム研究を審査する子委員会での審査を経て、親委員会（こちらは統合指針準拠）にもかけられることになるから、実際には問題は生じないのかもしれない）。また、上述のガイダンスでは補償と登録が挙げられているが、ゲノム研究であっても、COI管理や資料の正確性担保、さらには、モニタリングと監査が必要となる場合も存在するかもしれない（もっとも、「介入を伴う」ゲノム研究（登録必要）が存在するのかという疑問同様に、「侵襲を伴う研究であって介入を行う」ゲノム研究（モニタリングおよび監査）というものがあるのかは問題として残る）。

4　今後の展望

統合指針を前提とした研究倫理の取り組みは進んでいるものと思われる（例えば、COIの問題を倫理審査委員会が把握するようになったなど）し、本指針が他の指針にも適用になりうる点は、現場での混乱は引き起こすかもしれないが、これまでのような「タコツボ型」の運用よりは評価できるものと考えられる。しかし、「遺伝子例外主義」から出発したゲノム指針が統合指針と比べて厳しい点、あるいは、逆に、ゲノム指針の改正時には意識されていなかったため規定に入っていない点など、この二つの指針の内容が食い違う点は依然として残っている。数多くの研究で遺伝子解析が行われるようになってきていること、遺伝子解析における臨床と研究の区別がつきにくくなっていること、などを考えると、本指針がとった、ヒトゲノム解析研究の領域にも本指針が部分的に取り入れられるというやり方ではなく、共通させるべき部分を抽出して統一させるという作業が必要となろう。

さらに、今後は両指針を統合することも考えられているようである。そうであれば、研究の切り分けを再考する必要がある。例えば、現在は、〈「まるごとの人」を対象とした研究〉＋〈「切り離された物」を対象とした研究（ゲノム研究ではない場合））〉と〈ヒトゲノム解析研究〉とで分けられているが[*2]、この分け方は適切なのか。もちろん、何に着目して区分するかによっていくつもの分け方はあるのであるが、実際に行われていることと大きくずれるような分け方は適切ではあるまい[*3]。

そもそもなぜ規制が必要なのか、現在の規制は、規制によって保護しようとするものを保護するのに適切な程度および仕組みなのか、などは、不断に検証されなければならない点であろう。欧州においては2001年の指令が改正され、加盟国は2016年５月までに新たな規則（Clinical Trials Regulation（CTR）EU No 536/2014）に従わなければならないことになったが、そこでは、リスクに応じた規制枠組みが取られている。2012年に改定のアナウンスがあったアメリカ合衆国のいわゆるコモンルールでも、研究の中身に応じたインフォームド・コンセントの多様化が行われるようである（そしてインフォームド・コンセントの免除（consent waiver）が認められる場合は縮小されるようである）[*4,5]。その意味では、今後の指針の改正に関しては、細か

＊２　そして、「まるごとの人」研究の一部は治験として薬機法下に置かれているほか、未承認の医薬品・医療機器を用いる「特定臨床研究」に関して法規制をかけようとする臨床研究法案が国会に提出された（2016年５月13日）。

＊３　例えば、イギリスにおいては、人組織を扱うHuman Tissue Authorityと生殖補助医療技術および胚研究を扱うHuman Fertlilisation and Embryology Authorityを統合ないし廃止するかにあたって、この二つの当局を廃止し、医療の質の問題を扱うCare Quality Commissionにほぼ統合するという案が出されたことがあった〈https://www.gov.uk/government/uploads/system/uploads/attachment_data/file/212619/Consultation_document_HFEA_and_HTA.pdf〉。結局、この案は実現することはなく（また、二つを合併するという案も実現はせず）それぞれが残ったまま現在に至っているが、この議論の際に、HTAの所管である人組織の利用については遺伝子解析研究が多いであろうからHuman Genetics Commissionと統合してはどうかという見解を聞いたことがある（ちなみにHGCは廃止されている）。

＊４　例えば、同意の免除が認められる場合において個人情報へのアクセスができるのは、それが不可避である場合のみに限られる旨の提案が行われている（§116(f)(1)(iii)）。

＊５　一方で、Carl E. Schneider, The Censor's Hand：The Misregulation of Human-Subject Research（The MIT Press, 2015）は、アメリカ合衆国で行われているIRBによる規制が、それが保護しようとするものに比してあまりに多くの負担を研究者に強いて

な点だけでなく、全面的なオーバーホールも視野に入れて議論が進められていくべきであろう[*6]。

いると指摘する。同書や、最近のアメリカ合衆国の動きについては、佐藤雄一郎「文献紹介」年報医事法学31号も参照されたい。

＊6　なお、2016年10月時点で、個人情報保護法の改正に合わせた指針改正の案が出されている。匿名化の定義などが変更となることが予定されており、研究現場に与えるインパクトは大きいものと思われるが、ゲノム指針の統合など全面的なオーバーホールとはなっていない。

⑤死体解剖保存法と「臨床医学の教育及び研究における死体解剖のガイドライン」

近　藤　　丘

1　サージカルトレーニングのあり方に関する研究班の発足

平成９年に行われた医療機器会社などの主催による歯科インプラント手技のcadaver workshopに対し、当時の厚生省が「死体解剖保存法では、死因調査の適正化または解剖学・病理学・法医学などの教育・研究のための内部組織の観察を目的とした行為のみが解剖として許されている。技術の習得を目的として行われる場合はこれに該当せず、刑法の規定する死体損壊罪にあたるおそれがある」という見解を公表して以来、わが国でのcadaver trainingの実施はまったく進まなくなってしまった。一方で、手術手技の高度化や新たな医療機器の開発などにより、cadaverを用いた手術手技の訓練などの需要は年を追って高くなっており、これを解決するために高額の受講料を支払ってでも海外での講習を受けるケースが近年増えているという現状がある。

医療技術、特に手術手技のトレーニングは、実際の手術の現場における指導、シミュレーターを用いた訓練、動物を用いたトレーニングなどがあるが、実際の手術現場での訓練は、医療安全や患者意識の向上、内視鏡手術の普及による限られた術野、あるいは効率的な医療の実施の必要性などから年々難しくなっている現状があるため、従来のような現場での技術の習得は困難となっているといわざるをえない。また、シミュレーターは年々その機能が向上してはいるものの、極めて高額であり、さらに緊張をともなう臨場感がないため、あくまでも訓練の補助手段という位置づけにならざるをえない。一方、動物を用いた訓練では実際の生体を用いるという意味で臨場感はあるものの、解剖学的に人間とは異なる部分も多く、訓練としては限界があるといわざるをえない。このような訓練法の欠点を補う方法の一つとして、生体ではないものの解剖学的に同一である遺体（人体）を用いたトレーニングがあり、医療安全という観点からもその需要が高まっていることは不思議な話ではない、ということが理解できる。

このような社会的背景から、現行法の下で遺体を用いた外科手術トレーニングが可能とならないものか、そのためにはどのような道筋がありえるのか、ということを検討し、具体的方策を提案することを目的とした研究計画が平成19年に日本外科学会が中心となって組織している外科関連学会協議会において提案され、外科系全体のコンセンサスを得た上で平成20年度から３年間の厚労省科学研究費補助金研究班が発足し、具体的な作業が始まった。

2　サージカルトレーニングのあり方に関する研究班の検討内容

平成20年度に立ち上がった研究班では日本外科学会と日本解剖学会が中心的な役割を果たし、外科関連学会協議会に参加する外科系13学会と整形外科、脳外科、耳鼻咽喉科など関連する領域の日本医学会分科会11学会の参加を得て「外科系医療技術修練の在り方に関する研究」としてスタートした。具体的には、医療技術の各領域における修練方法の実態と問題点の調査ならびに領域別の各種トレーニング方法の整理と解析を行い、前述の24学会の承認の下、報告書としてまとめた。その結果、cadaver trainingの必要性と有用性は各領域でよく認識されていて特に難易度の高い手術のトレーニングなどでは高いニーズがあること、また現状では海外での学習機会に依存せざるをえない実態が明らかにされた[1)]。

２年目の平成21年度は「サージカルトレーニングのあり方に関する研究」というタイトルで解剖学会や法曹、関連する領域からの委員で構成される研究班を構成し、全国の大学病院外科系教室や解剖学教室を対象としてサージカルトレーニングの実態調査と意向調査を実施し、さらに篤志解剖団体へのアンケート調査や海外での実態調査などを行い、わが国で実施するサージカルトレーニングの問題点の抽出とそれに対する解決策としてのガイドライン作成の必要性を報告書にまとめた[2)]。

最終年度である平成22年度は、若干の委員の入れ替えと増員はあったものの原則として同様のメンバーで前年度の研究を継続し、具体的にあるべきガイドラインの姿を形作る作業を進めた。ガイドライン案を作成するに当たっては、あくまでも医療安全と患者診療の質の向上を目的とするもので、医学部・歯学部をおく大学で解剖学教室の監督指導の下に実施すること、また生前の本人の同意と家族の了解が前提であり、従来の「献体」の理念に基づいて無償の原則を堅持することが条件とされた。また、実施場所が大学であっても大学以外の臨床医も参加できることが配慮されること、さらに実施計画の事前倫理審査と実施後の評価の必要性についても盛り込まれることになった[3]。これに基づいて研究班としてのガイドライン案が作られ、これは研究報告として平成23年に日本解剖学会雑誌に掲載された[4]。

3　研究班以後の動き

３年間の研究班の活動の総括としてのガイドライン案を土台とし、関係各方面の意見を取り入れてわが国におけるcadaver trainingの道を拓く最終的なガイドラインの確立を目的として、平成24年に日本外科学会内にガイドライン検討委員会が設置された。委員会は日本外科学会からの委員に加えて、日本解剖学会など関係領域からの委員、法曹界からの委員、厚生労働省医政局の担当官から構成され、その内容につき議論が重ねられた。

一方で、cadaver trainingを実施する場としては解剖学教室が想定されていたことから、その所属する医学部の全国的組織である全国医学部長病院長会議においてもこのことを検討するワーキンググループが平成23年に設置されることとなった。このワーキンググループには文部科学省高等教育局の担当官も交え、幾度かの議論を重ねた結果、平成23年10月には厚労科研費補助金による研究結果としてのガイドライン案を強く支持し、日本外科学会のガイドライン検討委員会に協力するという主旨の報告が全国医学部長病院長会議会長あてになされ、日本外科学会の活動が全国医学部長病院長会議からも正式に認められることとなった。

これを受けて日本外科学会ガイドライン検討委員会でも議論を重ね、さらに関係各学会の意見を求めて必要な修正を行った上でガイドライン委員会最終案を策定し、日本外科学会・日本解剖学会の理事会の承認の下にパブリックコメントを求めた。以上の作業をすべて行った上で「臨床医学の教育及び研究における死体解剖のガイドライン」として平成24年５月に関係各学会、全国医学部長病院長会議に通知、日本外科学会ならびに日本解剖学会のホームページ上に公開した。

4　ガイドライン公開後の動き

ガイドラインには、ガイドラインに則って実施されたcadaver trainingを日本外科学会ガイドライン検討委員会に報告することが実施条件として記されており、報告書の書式が日本外科学会ならびに日本解剖学会のホームページに公開され、ダウンロードして使用することができるようになっている。

その中の実施報告書にはトレーニングの主旨や内容、実施体制、実施状況等を記載し（図１)、経理報告書には実施のための資金の原資と実施に要する経費を記載（図２)、また利益相反申告書にはトレーニング実施に関わる利益相反状態の有無について記載をする（図３）形式になっている。

このガイドラインは、違法性を問われずに卒前教育以外への献体の利用を可能とする道を拓くものであることから、裏返せばガイドラインに則らない学生解剖実習以外への献体の利用は違法とみなされる可能性があり、ガイドラインに記されている実施報告はそのためにも必須とされるものである。そのことは日本外科学会と日本解剖学会のみならず、外科系の関連学会に周知をはかっているため、少なくとも解剖学教室の関与する医師の卒後教育や医療技術のトレーニングの実施についてはすべからく報告されるはずであるが、ガイドラインに示すような体制が未整備であることや献体の利用範囲に関する認識や理解が必ずしも徹底されていないなどといったことから報告が徹底されておらず、未だ周知が不十分であることが推定された。そこで、平成26年に改めて日本医学会会長名でより加盟各学会あてにこのガイドラインの順守に関する通達を発するなど、その周知を徹底させることに努めている。

図1　実施報告書

臨床医学の教育及び研究における死体解剖
遺体による手術手技研修等の実施報告書

大学名・学部名＿＿＿＿＿＿＿＿＿＿＿＿＿＿＿＿＿＿＿＿
専門委員会名及び代表者名＿＿＿＿＿＿＿＿＿＿　代表者＿＿＿＿＿＿＿＿
報告者氏名＿＿＿＿＿＿＿＿㊞　報告者所属・役職＿＿＿＿＿＿＿＿

実施代表者（臨床講座）	氏名 講座名及び役職	
指導監督者（解剖講座）	氏名 講座名及び役職	
研修等の名称	※セミナー等の概要を記したパンフレット・テキスト等のコピーも提出すること	
目的	1．教育　a．基本的な医療技術の習得 b．基本的な手術手技、標準手術の習得 c．高度な技術を要する手術手技の習得 2．研究　a．手術手技に関連する臨床解剖の研究 b．新規の手術手技の研究開発 c．医療機器等の研究開発	
実施日、期間、実施場所	年　月　日～　年　月　日 実施時間（　：　～　：　） 実施場所（　）	
実施回数と実施形態	計　回	1．定期開催　2．不定期
参加人数と公募の有無、学内・学外の別	合計　人※医師・歯科医師のみ	公募　1．有　2．無
	学内医師・歯科医師　人　関連施設　人　学外（公募）　人	
見学者（医師・歯科医師以外、人的支援を含む）の内訳	合計　人※医師・歯科医師以外の者が遺体による手術手技研修等を実施することは認められない 参加数　見学者の役割　見学目的 学生　人（　）（　） コメディカル　人（　）（　） 業者等　人（　）（　）	
ご遺体の数、固定方法解剖部位	体　1．固定(ホルマリン)　2．未固定　3．その他(　)	
	1．頭部　2．頸部　3．胸部　4．腹部　5．上肢　6．下肢	
倫理委員会※への申請	課題名（　） 学内審査番号（　） ※倫理委員会への申請書と承認通知書のコピーを提出すること	
経費と利益相反状態	費用総額　円　参加者負担　1、有　2、無 （参加者負担有りの場合の負担額：　円） 大学からの補助　1、有　2、無　企業の援助　1、有　2、無 その他の補助・援助　1、有　2、無 利益相反状態※の有無　1、有　2、無 ※研究代表者あるいは指導監督者が、当該セミナー・研修などに直接関与する企業などからの研究費などとしての寄付が年間100万円を超える場合は、利益相反に関する報告書に「研究費」「講演料など」「原稿料など」「特許使用料」「株」「役員・顧問職」「顧問料・謝礼など」の利益相反状態を詳記すること	
ホームページ等への公開	1．有（URL　）2．無	

実施報告書1/2

研修等の詳細

目　的　の　詳　細	
実施内容の詳細	
有　用　性　の　報　告	
実施場所の詳細 （解剖学実習室の設備や機器等を記載すること）	

実施報告書２/２

図2　経理報告書

臨床医学の教育及び研究における死体解剖
遺体による手術手技研修等の経理報告書

大学名・学部名＿＿＿＿＿＿＿＿＿＿＿＿＿＿＿＿＿＿＿＿

報告者氏名＿＿＿＿＿＿＿㊞　報告者所属・役職＿＿＿＿＿＿＿

研修等の経費と利益相反状態の詳細（必須）

費用総額	円		
	事　　項	金　額（円）	詳　　細
収　　入	参加費		
	大学からの補助		
	科研費等の公的資金		
	学会等からの助成金		
	NPO法人等からの助成金		
	企業寄付等		
	その他		
支　　出	機器購入等		
	消耗品購入等		
	印刷費等		
	学内の負担金等		
	講師謝金等		
	人件費等		
	事務費等		
	繰越金等		
	その他		

図３　利益相反報告書

臨床医学の教育及び研究における死体解剖
遺体による手術手技研修等の利益相反に関する報告書

大学名・学部名＿＿＿＿＿＿＿＿＿＿＿＿＿＿＿＿＿＿＿＿

報告者氏名＿＿＿＿＿＿＿＿　㊞　報告者所属・役職＿＿＿＿＿＿＿＿

利益相反状態の詳記

1．当該セミナー・研修に対して、金額の多寡は問わず企業などからの直接資金援助がある場合

2．当該セミナー・研修に対して、企業などから機器、薬品や労務提供などを受けた場合

は、下記欄に記入すること。

	事　　項	企 業 等 名	金額・機器・薬品・その他
当該の研修等に対して支払われた研究費及び機器、薬品類などの提供・貸与、人的な支援の有無と詳細	研究費 有・無		(円)
	機器類 有・無		(品名・数量)
	その他 (研究員・技術スタッフ派遣など) 有・無		※

※業務内容、人数、期間等を記入すること

3．研究代表者あるいは指導監督者が、当該セミナー・研修などに直接関与する企業などからの研究費などとしての寄付が年間100万円を超える場合は、下記欄にも記入すること。

	該当の有無	該当のある場合、企業名等	金　額
研　究　費	有・無		円
講演料など	有・無		円
原稿料など	有・無		円
特許使用料	有・無		円
株	有・無		円
役員・顧問職	有・無		円
顧問料・謝礼など	有・無		円

平成25年からの実施報告については日本外科学会のホームページで公開されているが、それによれば、平成25年が6施設22件、平成26年が6施設38件、平成27年が7施設32件報告され委員会審議により承認をされている。平成27年については未報告のものがあると思われ、今後実施報告数が増える可能性があることから、実施件数は年々増加傾向にあるといってよいと思われる。実施実績のある施設の中でも、千葉大学、愛媛大学、徳島大学などは、このようなトレーニング実施に対応できるように従来の解剖実習施設の改修や新たな施設の建設など、トレーニングの推進に積極的に取り組んでいる。

日本外科学会のガイドライン検討委員会は、その名称をCST（cadaver surgical training）ガイドライン委員会と変更し、解剖学会の委員に加えて従来委員として参加していた、脳神経外科領域、整形外科領域、救急医学領域にさらに平成28年より耳鼻咽喉科領域と口腔外科領域からの委員をメンバーに追加し、実際に献体を利用したトレーニングを実施することが想定されるほぼすべての領域を網羅して、わが国のcadaver surgical trainingの実態をより緻密に把握できる組織に強化している。

一方、このようなトレーニングの実施には機器類、消耗品、講師料、人件費など、多くの経費が必要とされるが、現時点では厚労省からの補助金で一部施設の経費が賄われているに過ぎない。わが国の医療安全向上のためには今後さらなる拡大をはかる必要があるが、普及を阻む最大の要因が実施のための経費であるといって過言ではない。このようなトレーニングに企業などからの資金をどのように生かしていくべきか、先進的事例や諸外国の取り組みを調査研究し、今後の普及に向けた方策の提言を取りまとめるべく、新たな厚労科研費補助金事業の立ち上げが計画されており、平成28年度の補助金獲得に向けて申請の作業が進められている。今後は厚生労働省とも協議を進めながら、医療安全と医療の質の向上を主旨とする献体の利用拡大に向け、国民の意識変革のための啓発活動にも力を入れていく予定である。

5　結　　び

わが国では、古来より死体は神聖なものとして侵すべからざるものといった意識や観念があったと思われるが、近年は臓器移植、組織移植に加えて以上のような献体の利用など、死体を医療に関わる領域で活用していくことにわが国でもようやく道が開かれてきたといえる。献体の医療技術トレーニングへの利用については、従来の法体系を変更することなく、ガイドラインという形でそれを可能にすることができることを示したものであり、今後、様々な目的に死体を利活用していく上で参考となる事例であろうと思われる。

【参考資料】

1）平成20（2008）年度厚生労働省科学研究費補助金　地域医療基盤開発推進研究「外科系医療技術修練の在り方に関する研究」主任研究者　近藤哲
2）平成21（2009）年度厚生労働省科学研究費補助金　地域医療基盤開発推進研究「サージカルトレーニングのあり方に関する研究」主任研究者　近藤哲
3）平成22（2010）年度厚生労働省科学研究費補助金　地域医療基盤開発推進研究「サージカルトレーニングのあり方に関する研究」主任研究者　七戸俊明
4）七戸俊明、近藤哲、井出千束　他「臨床医学の教育研究における死体解剖のガイドライン案」『解剖誌』86: 33-37, 2011.

⑥研究用組織提供におけるインフォームド・コンセント

手　嶋　　　豊

はじめに

医療において、医師が患者から治療について説明し、患者の同意を得ることが必要なことが法的にも倫理的にも重要な大原則であることは、今日では、当然のこととされ、これは一般的にも認識されている。医師は、治療を受ける患者に対して、当該治療に含まれる危険と、得られることが予測される利益とを、適切な形で情報提供し、患者はそれをもとに、自己の人生観も含めた総合的な判断を経て、当該治療・処置を受けるかどうかを決定し、承諾する。それによって初めて治療・処置は適法となる。その際の情報提供と承諾とが、インフォームド・コンセントと解されるものである。受療者が、適切な同意をするためには、情報提供が必要かつ十分なものでなければならない。

しかし医療には様々な局面があり、医療者が患者やその他の者からの同意を得ることが必要な場面も各様であって、それらを単一のルールで運用することは、必ずしも適当とはいえないことから、各医療場面では、それぞれの特性に応じた個別の考慮が必要なことが指摘されている*1。ここで扱う、臓器提供に際して依頼される組織提供の同意についても、その一場面であると考えられる。以下ではこの点に限定して検討する。

＊1　甲斐克則〔編〕『インフォームド・コンセントと医事法（医事法講座第２巻）』（信山社、2010年）は治療行為・終末期・生殖補助医療・遺伝子検査等の10の場面について各章を設け、それぞれの課題を検討している。

1　通常の医療・臨床試験におけるインフォームド・コンセントと臓器提供における同意

通常の医療において、医師が患者に対してその治療の実施前に説明をし、その承諾を得ることが必要であることが、わが国の最高裁判決で初めて認められたのは、昭和56年のことである*2。その後、通常の医療での説明義務に関しては、下級審から最高裁に至るまで、多くの判決が出されることにより、その範囲・方法は、ほぼ明確にされた、といってよい。現在の最高裁の説明義務に対する考え方は、患者が自己決定権を、実質的に行使することができる方策を保証する方向であると解され、それを裏づけると思われる判決が複数出されている*3。それらを総合すると、治療に関する医師の説明・インフォームド・コンセントに関しては学説上、以下のことが了解されている*4。

①　患者は、自己の身体に対する自己決定権を有している。

②　患者が自己決定権を行使するためには、上記の内容を含んだ十分な情報

＊2　最判昭和56年６月19日判時1011号54頁。頭がい骨陥没骨折の手術に関する説明義務の存否と違反の有無が争われた事例である（結論として義務違反を否定）。

＊3　最判平成12年２月29日民集54巻２号582頁（宗教的理由に基づく輸血拒否に関して病院の輸血方針を説明しなかったことが人格権侵害に当たるとした事例）、最判平成13年11月27日民集55巻６号1154頁（乳がんの手術方法の選択に関し、医療水準にない治療法であっても医師がそれについての知識を有しているときは情報提供をすることが義務づけられるとした事例）、最判平成17年９月８日判時1912号16頁（分娩方法の選択について患者に対する情報提供が不十分とされた事例）、最判平成18年10月27日判時1951号59頁（脳動脈瘤に対する予防的処置方法についての説明が不十分とされた事例）などがある。上述最判平成12年の事例は、当該宗教の信者でなければ、必ずしも強い関心を示さないであろうと思われる輸血方針についての説明を医療者に義務づけたものであり、上述最判平成13年の事例は、医療水準にないため、通常は説明の範囲に属しない手術方法の情報を提供することを認める場合があることを判示したものである。上述最判平成17年の事例は、分娩方法に関心がある産婦に対して正確な情報提供することを求めたものであり、上述最判平成18年判決は、患者が承諾した処置と実際の処置との間で侵襲の度合いに差がある場合に、前者の承諾をもって後者の承諾とすることはできない趣旨を含んでいるものと解される。

＊4　手嶋豊『医事法入門〔第四版〕』（有斐閣、2015年）224頁以下。

提供が不可欠であり、これが不十分であった場合には、その選択権を侵害したことになり、人格権侵害に基づく損害賠償請求権の根拠となる。

③　患者に対して医師は、治療前に、診断内容、患者の状態、予定している治療法の存否とそれにより期待される効果、放置した場合の転帰、治療期間などを説明し、患者本人から承諾を得る必要がある。

④　通常の医療と異なり、処置が臨床試験の要素を含むときには、その説明すべき内容はより広くなると解されている[*5]。

臓器提供の同意とインフォームド・コンセントに関しては、提供を受ける側と提供する側の両者を分けて考える必要がある。

臓器提供を受ける側については、移植医療を受ける立場から臓器提供を眺めることが必要であり、臓器移植という医療が、実験的段階にあるといったような場合を除いては、通常の医療・治療のインフォームド・コンセントと同様の枠組みで考えることができる。

これに対して、臓器を提供する側については、生体からの臓器移植と死体（脳死体を含む）からの臓器提供とにさらに分けることが必要である。

生体からの臓器提供については、臓器提供が提供者にとって、健康上何ら利益をもたらすことはないという事情に鑑みて、より詳細な情報提供と任意かつ真摯な書面による同意が存在することを確認することが求められている[*6]。この場合、臓器提供者に提供されるべきは、臓器摘出にともなう身体的負荷の大きさがどの程度であり、それが提供者にどの程度の危険をもたらすものであるかの詳細な情報であろう。

死体（脳死体も含む）からの臓器提供については、死亡者本人は自己から

＊5　名古屋地判平成12年３月24日判時1733号70頁（医事法判例百選（第二版）90頁・一家綱邦。プロトコール違反が問題とされインフォームド・コンセント取得についての違反があったことを認めた）、金沢地判平成15年２月17日判時1841号123頁・名古屋高金沢支判平成17年４月13日（医事法判例百選（第二版）92頁・加藤良夫。治療目的以外の他事目的がある場合には、それを説明することが必要であるとした）など。なお、美容整形などの、生命身体の維持保存に不可欠ではない処置を実施する際にも、より詳細かつ丁寧な説明が必要であることも広く承認されている。

＊6　「臓器の移植に関する法律」の適用に関する指針（平成９年10月８日制定、平成24年５月１日一部改正）第13参照。

の臓器提供について理解した上で臓器提供意思表示カードに提供の意思（あるいは不提供の意思）を表明していると解される。臓器移植に関する法律では、意思を表明していない場合にその家族が脳死判定を書面により承諾しているときには脳死判定をすることができ、あるいは遺族が臓器提供を拒否しないときに限り、死体から臓器を摘出することができることとなっている（臓器移植法6条）。その際の家族あるいは遺族に対する説明は、主治医から、家族等の脳死についての理解の状況等を踏まえ、臓器提供の機会があること、および承諾に係る手続きに関して主治医以外の者（「臓器移植ネットワーク等の臓器のあっせんに係る連絡調整を行う者」）による説明があることを口頭または書面により告げること、その際、説明を聴くことを強制してはならないこと等が同運用指針に定められており、実際の説明はコーディネーターが中心的な役割を果たすこととなっている[*7]。なお、同運用指針は、臓器以外の組織移植の取扱いについても定めており、これが医療的見地、社会的見地等から相当と認められる場合には許容されるものであり、組織の摘出に当たっては遺族等の承諾を得ることが最低限必要であるが、摘出する組織の種類やその目的等について十分な説明を行った上で、書面により承諾を得ることが運用上適切であるとする[*8]。

このように、患者・患者家族・患者遺族の同意につき医療処置に関わる関係者が情報提供に際して果たす役割は、その予定された処置の内容により差が設けられ、それが容認されていることがわかる。このことは、医療に関する情報提供が重要であっても、一律の立場で実施することを法が求めていないということを示している。したがって、ここで扱う研究用組織提供に関するインフォームド・コンセントについても、その目的と内容に応じて、治療のためのインフォームド・コンセントとは異なる立場をとることを否定しているというわけではないと解される。この点を次により詳しく検討する。

＊7　前注6「臓器の移植に関する法律」の適用に関する指針第6（脳死した者の身体から臓器を摘出する場合の脳死判定を行うまでの標準的な手順に関する事項）1／2参照。

＊8　前注6「臓器の移植に関する法律」の適用に関する指針第14（組織移植の取扱いに関する事項）参照。

2　ヒト組織の提供を求める医学研究について

(1)　バイオバンクにおける「インフォームド・コンセント」

臨床の場面においては、処置に関連して研究が実施されることは広く行われており、その実施のために被験者から組織提供を受けることもしばしば行われる。その際に、被験者からインフォームド・コンセントを取得することが必要なことは、まさに臨床研究における課題のひとつである。研究の場におけるインフォームド・コンセントは、治療の文脈とは異なる経緯で発達してきたことは、よく知られており、その旨の指摘も多くなされている*9。第二次大戦中に行われた重大な戦争犯罪が、医療関係者を中心とした研究者の手によって行われたこと、研究が患者個人の利益を最優先にすることなく実施される恐れがあること等の理由から、被験者の最善の利益を重視することが柱とされたニュールンベルグ綱領、さらにヘルシンキ宣言（およびその度重なる改訂）につながっている。こうした経緯が、インフォームド・コンセントを極めて重視するという基本的姿勢を形成していると考えられる*10。

もっとも、被験者から組織提供を受ける医学研究も様々であり、被験者が患者でなく、したがって提供と治療とがリンクしないこともあり、その場合は組織提供があっても、被験者の生命身体の帰趨には、何ら影響がないことになる*11。

＊9　R. フェイドン＝T. ビーチャム（酒井忠昭・秦洋一訳）『インフォームド・コンセント』（みすず書房、1994年）120頁、アッペルバウム＝リズ＝マイゼル（杉山弘行訳）『インフォームド　コンセント―臨床の現場での法律と倫理』（文光堂、1994年）235頁。

＊10 「人試料を含む研究を倫理的とするのは、インフォームド・コンセントの存在である」。Alexander Morgan Capron, Subjects, Participants, and Partners: What Are the Implications for Research as the Role of Informed Consent Evolves?, in: G. Cohen, Holly F. Lynch ed., *Human Subjects Research Regulation*, MIT Press, 2014, at 143. インフォームド・コンセントなしに研究を実施した場合に、研究者が研究資金を失うこと以外に、被験者が損害賠償を研究者に対して請求することができるかについての議論を展開する最近の研究として、Valerie Gutmann Koch, A Private Right of Action for Informed Consent in Research, *45 Seton Hall L. Rev.* 173 (2015) がある。

＊11　むしろこの場合に問題となるのは組織から解析される提供者の遺伝情報などのプラ

提供者が患者ではない場合の例のひとつとして、バイオバンクがある*12。バイオバンクにおいても、何らかの形で提供者の同意の方法が模索されるべきであるが、バイオバンクには、以下のような特色があり、それゆえ通常の医療と異なることが指摘される*13。

① バイオバンクは提供者の治療には、通常は関連しない。提供者は健康状態に問題がなく、その権利保護のために特別な配慮をする必要性は、疾病を抱え自己の権利保護の能力が減退・喪失している病者とは同列に論じえない。

② ①の結果、患者に対するインフォームド・コンセントと同様の内容のインフォームド・コンセントを要求することは、提供者も望まない過剰な保護となり、効率性の観点からも問題が多い。

③ 当該研究が進捗することによる人類への貢献は、非常に大きなものになりうる。

④ 事前にバイオバンクの使用目的を特定することは困難、あるいは不可能であるのが通常である*14。

⑤ 検討の対象によっては、遺伝子解析にまで及ぶこともあり、バイオバンクに特有・特徴的な危険は、提供者の身体への直接的危険はほとんどない

イバシーであるとの指摘につき、Marshall B. Kapp, A legal approach to the use of human biological materials for research purposes, *10 Rutgers J. Law & Pub. Poli.* 1, 12 (2013).

*12 バイオバンクという言葉の含意、そしてそれに蓄積されるヒト組織の利用形態にも、多様なものがあり、議論がどのようなものを想定しているのかについて、異なったものを考えていることがある。

*13 Hofmann＝Solbakk＝Holm, Consent to Biobank Research: One Size Fits All？, in: J. H. Solbakk et. al., *The Ethics of Research Biobanking*, 2009, pp. 4–12による。なおバイオバンクに関するヨーロッパの議論動向に関する文献として、Dabrock＝Taupitz＝Ried eds., *Trust in Biobank: Dealing with Ethical, Legal and Social Issues in an Emerging Field of Biotechnology*, Springer, 2012も参照。

*14 また、利用方法、危険研究費の出処、予想される利益等も、結局、バイオバンク提供への依頼時には将来の問題であるにすぎないため、事前にこれを提供者に表明することはできない。E. Bullock＝H. Widdows, Reconsidering Consent and Biobanking, in: Lenk＝Sandor＝Gordijn eds., *Biobanks and Tissue Research: The Public, the Patiernt and the Regulation*, Springer, 2011, p. 113参照。

一方、情報の漏えいといったプライバシー侵害の方がより重要である。
⑥　バイオバンクによって得られる利益は必ずしも指摘できず、一般的な知識・情報の獲得が中心となる。

バイオバンクの上記の特色を反映して、完全匿名化を基本にしたところではインフォームド・コンセントをそもそも必要としないというアプローチ*15、あるいはインフォームド・コンセントと異なる要件での同意を想定することなどが考えられ、様々なバリエーションが主張されている*16。

バイオバンクに代表される、ヒト組織と研究との関連におけるインフォームド・コンセントには、多くの問題と議論があるが、これらの研究におけるインフォームド・コンセントにおける説明の問題を的確に整理したと思われる文献*17に依拠して、それらを紹介すると、この場合に、ありうべきインフォームド・コンセントとしては、①伝統的なインフォームド・コンセントの方法を基本的に維持すべきとの立場、②包括（広範）同意（broad or blanket consent）で足りるとする立場、③階層的同意（tiered consent）を提案する立場、等があるとされる。しかしこのような立場と異なり、ヒトの提供組織について「物」の側面をより重視し、権利放棄という構成などを提案す

---

*15　世界医師会「データベースとバイオバンクにおける倫理的考察に関するWMA宣言案」では、完全匿名化されている場合を、その宣言の対象としないとする。http://www.wma.net/en/20activities/10ethics/15hdpublicconsult/2015-Draft-policy-HDB_BB.pdf参照。

*16　Undetermined consent・Implied（Implicit）consent・Presumed consent・Blanket consent・Broad consent・Conditional consentなど、より広い範囲について同意するという形態の同意を、この種の問題について提案する論者が非常に多く存在する。以下の記述は、そうした多くの議論のうちの一つを取り上げているに過ぎないが、この問題に関する世界の傾向を知ることはできるであろうと思われる。

*17　Forgo＝Kollek et. al., *Ethical and Legal Requirements for Transnational Genetic Reserch,* C.H.Beck, 2010, p. 12以下参照。この文献は、がんのゲノム研究とそれに際してのインフォームド・コンセントの課題を中心に論じているものであるが、ヒト組織の扱いをめぐる議論状況を概観するのにも参考になる内容を多く含んでいると考え、ここに挙げることとした。なお、David Price, *Human Tissue in Transplantation and Research,* Cambridge Univ. Press, 2010, ch. 6; Matteo Macilotti, Reshaping Informed Consent in the Biobanking Context, *19 Euro. J. of Health L. 271* (2012) 以下なども参照されたい。

る文献もある[*18]。

上述①の立場は、インフォームド・コンセントを適法化するために必須とされる情報が説明に含まれない場合には、患者の自律的な決定が存在しているとはいえない（知らないこと・わからないことに予め同意することはできない）ということから、こうした要件の充足を求めるものである。しかしこれは結局、将来の研究のためのヒト組織収集を極めて困難にする。すなわち、組織提供について、治療と同様のインフォームド・コンセントを厳格に求めることが被験者の利益（自律性、秘密の保護等）の保護にとってどの程度有益かを問い、通常の医療と同程度の過重な行動規範を研究者に課すことは組織等の入手困難をきたし、研究活動に支障が生じ、研究の質が低下する恐れがある一方、提供者は再同意等に関心がある場合は少なく、それを要するとした場合に生じる困難（追跡等のためのコスト、研究への悪影響、判明している研究に関するインフォームド・コンセントに加え追加される情報提供の量等）を勘案すれば、実現可能性が低いと評価されるのである。そこで、この立場は、総合的には医学の進歩と社会の利益にそぐわず、結果として提供者の利益にもなるものではない、と批判されている。

①の立場の代替として提案されている②の立場は、事細かく同意を求めることに意味を見出さず、提供者は提供を決めた以上は、それ以上に自己の組織の使途に関心はもたないというのが一般的で、提供者はそうした細かい情報が与えられるよりも、倫理委員会が適切に決めることに期待し、それでよいと考えていること、提供に個別の同意を求めることは、提供者に対して別の意味のストレスを課しかねないこと等を指摘し、予定された研究が、生殖補助医療・精神医療・性的指向等の、提供者の世界観が影響する可能性があり、そうした研究に用いるのであれば提供するという結論が異なりうるといったものでない限り、組織提供には包括同意で十分であると主張するので

＊18　Daniel Strouse, Informed Consent to Genetic Research on Banked Human Tissue, *45 Jurimetrics* 135（2005）以下。なお、Russell Korobkin, Autonomy and Informed Consent in Nontherapeutic Biomedical Research, *54 UCLA Law Rev.* 605（2007）, Kapp, 注11, 1頁以下；Lenk, 注14, 1723–33（自律モデルはバイオバンクには不適切と主張する）なども参照。

ある。しかしこのような②の立場は、同意の内容が漠然としすぎているという批判がある。

そこで、①の立場はとらないとしつつも、包括同意によっては満たされない、情報提供の意義と価値を減じないために、階層的同意という③が主張されており、①の難点を回避することを主眼とする。そこでは、同意できる内容をいくつかの段階に分け（一般的に利用を拒絶する場合、連結不可能匿名化の利用のみ認める場合、特定の研究について連結可能匿名化で認めそれ以上は以後の接触を拒否する場合、特定の研究について連結可能匿名化で認めそれ以上の接触も認める場合、研究一般について連結可能匿名化で認めそれ以上の接触も認める場合、あらゆる研究に認める場合）、提供者は様々な段階で、事前の権限付与をすることになる。その結果、自己に連絡をとるように求める場合を限定することも、包括同意を与えることを選択することも許されることになるとする。研究における提供者の立ち位置の違いから、こうした議論は支持がなされていると解してよいと思われる。しかしながら、インフォームド・コンセントが果たしてきた価値を考慮するならば、同意の要件をまったくはずすことには躊躇されることも指摘されている*19。

これまでみてきたところから、説明後に実施される内容が、承諾者本人の生命身体に直接関わる場合は、詳細かつ当該本人からの同意が必要であるのが原則であるが、そうでない場合には、説明の範囲と内容がそれぞれの目的によって縮減される可能性があり、それは承認されうることについて、一応の了解はあるものと評価することができる。問題となっているのはその縮減の程度であり、インフォームド・コンセントの存在意義を失いかねないほどのものにすることには抵抗があるとまとめることができよう*20。

---

*19　もっともこれとは反対に、現状が同意に、過剰な期待と評価をしているとの疑念を指摘する見方もある。Corrigan et. al., eds., *The Limits of Consent*, Oxford Univ. Press, 2009, p. 214.

*20　研究の規模によって、ありうべき同意の取り方に違いを与える、という考え方もある。Lenk, 注14, 1440（ユネスコの立場）。これと異なる側面として、個人の自律性を中心としたインフォームド・コンセントの考え方は、そこに関係する当事者以外の利益を考慮に入れていない点で適当ではないのではないかという批判もあり（Lenk, 注14, 1647)、その立場からは、バイオバンクに関して問題となりうる、特定個人の同意では

⑵　日本の状況

1）「人を対象とする医学研究に関する倫理指針」等

以上のような海外の動向に留意しつつ、翻って日本の問題を考えることとすると、わが国では、2014年末に、疫学研究に関する倫理指針・臨床研究に関する倫理指針が統合・改訂され、人を対象とする医学研究に関する倫理指針*21となった。この倫理指針では、その第5章において、医学研究におけるインフォームド・コンセントに関する詳細な規定が置かれている。このように、医学研究で被験者からのインフォームド・コンセントが必要なことは日本でも当然のことと解され、制度設計もそれに沿うようになされている。

この倫理指針によれば、試料が新規に取得される場合か既存試料なのか、試料が人体から取得されたものなのかそうでないのか、侵襲・介入の有無・匿名化の有無により、インフォームド・コンセントの手続きをどうするのかについて、文書による同意を得るか、口頭によるもの・あるいはそもそも手続きが不要なのか、一定の区別を設けている。

また、インフォームド・コンセントを受ける際に、研究対象者に対して説明すべき事項として、21項目が挙げられており、その20番目に、「研究対象者から取得された試料・情報について、研究対象者等から同意を受ける時点では特定されない将来の研究のために用いられる可能性又は他の研究機関に提供する可能性がある場合には、その旨と同意を受ける時点において想定される内容」が挙げられている。

さらに、同意を受ける時点で特定されなかった研究への利用手続きについて、利用目的が特定されたときは、その情報を研究対象者等に通知・公開し、研究対象者が同意を撤回できる機会を保障しなければならないとする（第12（インフォームド・コンセントを受ける手続等）4（同意を受ける時点で特定されなかった研究への試料・情報の利用の手続））。なお、研究対象

なく、グループ（血縁者を中心とした、ある被験者の情報が、それに関連して一定の範囲で影響を受けるという人々）の同意を想定するモデルといったものが検討・提案されている。

＊21　厚生労働省・文部科学省平成26年12月26日。

者が死者である場合には、インフォームド・コンセントは代諾者が行うことになっており（第13（代諾者等からインフォームド・コンセントを受ける場合の手続等）1（代諾の要件等）(1)イ(ウ))、ここで問題としている移植臓器提供後のヒト組織提供もこれに該当する[*22]。

丸山英二教授は、こうした問題を扱う論文[*23]の中で、提供者の同意を得るためのアプローチについて、これまで日本では、インフォームド・コンセ

＊22　ちなみに、「ヒト受精胚の作成を行う生殖補助医療研究に関する倫理指針」（平成23年4月施行）は、生殖補助医療の向上に資する研究のうち、ヒト受精胚の作成を行うものについて、ヒト受精胚の尊重その他の倫理的観点から、当該研究に携わる者が遵守すべき事項を定めるものであるが（第1章（総則）第1（目的））、配偶子の入手において取得すべきインフォームド・コンセントに関し、具体的な研究計画が確定していない段階においては、インフォームド・コンセントを取得してはならないと定める（第2章（配偶子の入手）第2（インフォームド・コンセント）1(2))。これは研究計画が不確定の段階では配偶子を取得するためのインフォームド・コンセントを実施することを不適当とするものと読めるが、研究が生殖補助医療という特別な領域に関するものであるため、このような扱いが認められているものと考えられる。他方で、この表現は、一般論として、研究計画が確定していない段階でもインフォームド・コンセントは取得可能であることを明らかにしているようにも見受けられ、その評価は分かれうる。

＊23　丸山英二「包括的同意をめぐる法的・倫理的・社会的問題」医薬ジャーナル50巻8号1953頁（2014）。同論文によれば、ここでいう包括的同意とは、研究の情報を公開するとともに、同意の撤回可能性を保障する態勢が用意された上で、①収集される試料・情報の範囲、試料・情報の利用方針、②収集を行った者・機関の死亡・解散・事業承継時の対応方針、③同意の撤回に関する対応方針、④試料・情報の保存・廃棄の方針などについて、可能な限り説明を尽くしたのちに得られる同意によるものであり、これによることが、試料・情報の研究利用の推進と対象者の保護を両立させることができる現時点での最適の方法であると主張されている（同頁）。この主張は、現在の医学研究が、各種の倫理指針がぴったりと当てはまる研究ばかりではなく、むしろ当てはまらないものが増加しつつあることを視野に入れての問題点の指摘と代案の提示であり、現行の各種指針の立場とは異なっているとはいえ、非常に重要な意味をもつものと扱うべきと考えられる。もっとも、この主張に従ってあるべき体制を考えようという場合、一般論として展開されている関係で、個別要件、すなわちどの程度研究の情報が公開されることが必要なのか、試料・情報の利用方針は「費消」だけで足りるのか、それでは足りず例えば特定の分析技法による使用方法まで示さなければ説明を尽くしたことにならないのか、すなわち、「可能な限り説明を尽く」すとはどの程度をいうのか、など、実際の運用には必要と考えられ、かつ、争いも生じうる側面について、詳細に展開されているわけではない。

ントの要件を緩和するという方法と、包括的同意という方法とがあったとして二つに分け、後者の包括的同意には賛同者が余りなく、前者が日本でのこれまでの研究に関する倫理指針の方針であると位置づけられる。その上で、疫学研究の倫理指針などの現行倫理指針の方針を解説される。しかしながら、バイオバンク等においては、後者の、包括的同意の方法が、同意の取り方としてはより適当であるとして、包括的同意(また、一般的同意(オーダーメイド医療実現化プロジェクトELSI委員会での用語法）も使われる）を提唱されている。

2）制定法および指針の例

現行法では、「移植に用いる造血幹細胞の適切な提供の推進に関する法律」（平成24年）が、ヒト由来物質に関する提供者からのインフォームド・コンセントの問題について、わが国の法制度の現在の状況と立場を明らかにしていると考えられ*[24,25]、これはヒト組織の問題を考える際にも、参考になるものである。同法は、その33条において*[26]、臍帯血供給業者が、臍帯血の提供者に対してなすべき説明と、その同意を得なければならないことについて規定し、それにより、臍帯血の提供を受けることが認められるという仕組みとなっている。さらに、同法35条では、臍帯血供給事業者が、臍帯血供給業

---

*24　なお、第46回造血幹細胞移植委員会（平成27年10月23日）における【資料２－３】は、研究目的での臍帯血の利用・提供基準に係る参照条文として、移植に用いる造血幹細胞の適切な提供の推進に関する法律とその施行規則のほか、再生医療等の安全性の確保等に関する法律と同法施行規則、生物由来原料基準（平成26年厚生労働省告示第375号)、ヒトゲノム・遺伝子解析研究に関する倫理指針、人を対象とする医学系研究に関する倫理指針、補助金等に係る予算の執行の適正化に関する法律を挙げている。

*25　本来であれば、倫理指針の紹介の前に現行の法律の紹介をすべきところであるが、本文中でも触れているように、倫理指針は法の実際の運用において多く参照される部分であるため、上記のような順番として検討した。

*26　移植に用いる造血幹細胞の適切な提供の推進に関する法律33条は、「臍帯血供給事業者は、移植に用いる臍帯血の採取に当たっては、移植に用いる臍帯血を提供しようとする妊婦に対し、採取した移植に用いる臍帯血の使途、移植に用いる臍帯血の安全性の確保に関し協力すべき事項その他移植に用いる臍帯血の採取に関し必要な事項について適切な説明を行い、その同意を得なければならない。」と定める。

務の遂行に支障のない範囲内において、その採取した移植に用いる臍帯血を、研究のために利用・提供することができる旨を定めている*27。同法の運用指針*28では、これを受けて、臍帯血提供の同意書に、研究に使用されることを明示することを求めている。

法律ではないが、厚生労働省「献血血液の研究開発等での使用に関する指針」（平成27年３月19日一部改正）では、一定範囲の研究（(ア)血液製剤の有

＊27　移植に用いる造血幹細胞の適切な提供の推進に関する法律35条は、「臍帯血供給事業者は、厚生労働省令で定める基準に従い、臍帯血供給業務の遂行に支障のない範囲内において、その採取した移植に用いる臍帯血を研究のために自ら利用し、又は提供することができる。」と定める。この場合の基準として、移植に用いる造血幹細胞の適切な提供の推進に関する法律施行規則（平成25年厚生労働省令第138号）13条１項は、研究を、イ　造血幹細胞移植の安全性及び有効性の向上のための研究、ロ　疾病の新たな予防法及び治療法の開発のための研究、ハ　イ又はロに掲げるもののほか、厚生労働大臣が必要と認める研究、のいずれかに該当することを求めている（第46回造血幹細胞移植委員会【資料２−３】による）。

＊28　移植に用いる臍帯血の品質の確保のための基準に関する省令の運用に関する指針（ガイドライン）厚生労働省・平成25年12月別添「さい帯血提供についての説明」は、同意書の同意項目についての説明のうち、その２で「また、提供いただいたさい帯血については、移植に用いる造血幹細胞の適切な提供の推進に関する法律第35条に従い、研究に使用する場合があります。……研究に使用する場合、内容によっては、国の定める指針等に従い、研究者から提供者に直接説明し、同意を得る必要がある場合がありますので、その場合にはさい帯血バンクから別途連絡をさせていただくことがあります。」と記載する。さらに10は、「提供したさい帯血は、匿名化され、移植や研究に使用されること」と記載され、「提供していただいたさい帯血は、匿名化を行い、個人を特定できない形にした上で、移植や研究に使用されます。」と記載している。もっとも、造血幹細胞移植委員会（第42回）では、研究利用に際して提供者と連絡をとって同意を取り直すことについては研究実施に大きな支障が生じる（不可能となりかねない）、再度同意は提供者にとっても煩雑ではないか、包括同意で再同意は不要ではないかといった意見が出席委員から出されており、さらに、一律に決定するのではなく倫理審査委員会で再同意の要否を決定するようにしてはどうかという意見も複数の委員から出されていた。同ガイドラインは、了承を得られた項目（①研究の考え方、②臍帯血バンクが設置する倫理審査委員会等の審査項目等、③医療機関・研究機関が臍帯血提供者の同意を得ることの必要性、④医療機関・研究機関の研究成果及び残余検体の二次利用）に基づき一部改正され、平成27年12月24日に、各公的臍帯血バンク等に通知された。これにつき、第47回造血幹細胞移植委員会（平成28年２月16日）【資料２】参照。

効性・安全性及び献血の安全性の向上を目的とした使用、(イ)広く国民の公衆衛生の向上を目的とした利用　①研究開発、②品質管理試験、③検査試薬、④医薬品製造、⑤疫学調査・研究、⑥その他）について、献血血液（①血液製剤の規格に適合しない血液、②血液製剤の製造に伴って副次的に得られるもの、③血液製剤としての規格に適合する血液）を用いて実施することを認めている。そこでは、献血者に対するインフォームド・コンセント（第３・１）として、献血者が血液を患者の治療に役立てられることを期待し、献血を行うものであることから、献血実施前に文書による説明を行い、同意を得る必要があること、研究に関連する指針の対象となる研究を実施する場合においては、当該関連指針におけるインフォームド・コンセントに係る規定が遵守されなければならないとしている。また、血液事業部会運営委員会での評価事項として、献血血液の研究開発等への使用の妥当性についての評価に際しての献血者からのインフォームド・コンセントの受領状況の留意点として、当該使用に係る献血者からのインフォームド・コンセントの受領が、当該指針および関連指針等の規定に照らし、適切にされていなければならないことを挙げている。

上記のように、提供された臍帯血や血液を、研究利用することに関して、予め研究の内容は限定されているようにも思われるが、それは具体的には、かなり広範囲な研究を含みうる文言となっている。他方で、研究がより具体的なものになった場合には、提供者に再度の情報提供を行うべきかどうかについては、関係指針の方法に従うものとしているため、上記４によれば、提供者に対して改めてその同意を得ることがデフォルトということになる。

3　検討と今後の方向性について

外国の議論状況、現行法の状況・倫理指針の状況は上記のようなものであり、統一的なアプローチよりは、多様なあり方・方法が提示されているというのが現状である。このことは、これらの点に関する議論を収束させ、一定の方向性を示すということが必ずしも容易でないことを示している。

このように、この論点について議論が分かれている背景には、一方で、この種の研究が、人類に多大な貢献をする可能性が大きいことが予測されることから、それを可能な限り支障なく進めることに社会から少なからぬ期待が寄せられていること、さらにその成果は単に人類の福利の増大のみならず、様々な利益を生み出す可能性があり、そこに競争原理も働く余地があるといった事情がある。他方では、こうした状況であるゆえに、個人の自律性を尊重することが従来にも増して重大な意味を有しており、利益状況の交錯によってそれらがないがしろにされることに対しては強い危惧が存すること、がある。

こうした複雑な状況にあることに鑑み、HAB事業として、研究に用いるために臓器提供に関連してヒト組織の提供を受けるという場合のインフォームド・コンセントは、どのように考えるべきであろうか。現状が明確なものとはいえないために、検討が必要である[*29]。なお、厚生労働省は、平成10年12月16日付で厚生科学審議会答申として「手術等で摘出されたヒト組織を用いた研究開発の在り方について」“医薬品の研究開発を中心に”（後掲Ⅲ（資料編）1．①）を公表し、ヒト組織を研究開発に利用するために必要とされる要件の一つとして、説明と同意の問題を取り上げている。そこでは、手術等で摘出されるヒト組織の提供について、「組織を摘出する施術者が、医療の専門家でない提供者にも理解ができるように十分な説明を行った上で文書による同意を得る必要がある。その際には、適正な医療行為による手術で摘出された組織の一部が研究開発に利用されること、そのために非営利の組織収集・提供機関に提供されること等についても説明し、同意を得る必要がある。」と記載している[*30]が、ここでいう「研究開発」は明確な計画が確定し

＊29　初川満『実践医療と法―医療者のための医事法入門』（信山社、2016年）74頁も、「人体由来試料の採取・保存・利用などについて、我が国の法整備は不十分であり、法的に未解決の分野が多い。……包括的同意は望ましくないが、そうかといって完全な情報提供に基づいての発生し得る可能性のある全ての事象へのコンセントを条件とすることは、未知への挑戦でもある医学研究を不可能ともしかねない。よって、ある程度の巾を同意に持たせることは許さざるを得まい。」とする。この指摘はそのとおりであると思われるが、世界的にも、ありうべき法整備がどのようなものであるのかについてを示すことはなお手探り状態であると考えられる。

＊30　上記厚生科学審議会答申の「6．ヒト組織を研究開発に利用するために必要とされ

ているものに限られるのか、将来のものでも構わないのか、こうした「等」がどの程度の広がりをもったものなのか、については、答申の文理から斉一的な理解を得て方針を決することは、難しい。

医療の現場において、診療現場のみならず、研究に用いるためであっても、試料を提供する関係者からインフォームド・コンセントを得ることが必須であることは、もはや疑いがない。しかも、治療における通常のインフォームド・コンセントと、研究用組織提供におけるインフォームド・コンセントとの歴史、内容の違いに照らせば、これらは区別して考えられており、こうした取扱いは、世界的傾向でもある*31。わが国においても、前掲・人を対象とする医学系研究に関する倫理指針が定めるように、通常の治療に求められるインフォームド・コンセントよりは簡略で、研究に用いることの情報提供をもって、研究用組織提供に際してのインフォームド・コンセントについては足りるもの、と解することが、適当であるように考えられる。それは以下の理由による。

ヒト組織を提供してもらい、それを研究に用いるというとき、当該研究がヒト組織に求める内容、用い方を考えてみても、様々なものがありうること

る要件」(1)が、ここでのインフォームド・コンセントに関するものである。このほか答申が挙げる必要とされる要件としては、(2)ヒト組織を用いた研究開発の事前審査・事後審査について、(3)ヒト組織を用いた研究開発の経費負担の在り方について、(4)ヒト組織に関する方法の保護及び公開、が挙げられている。ただし、同答申はその最後に、「○本報告書の検討対象としたヒト組織の研究開発利用については、科学的進歩や経験の蓄積は日進月歩であり、さらに、その時々の社会通念によってもその取り扱いが異なるべきものであることから、適宜見直すことが必要である。」と結んでいる。したがって、この答申から15年が経過した現時点で、この報告の方針の見直しの可能性も含めて考えることは可能である一方、その際には、答申時に検討された論点の重要度がどの程度変化しているかも考察の対象としなければならないであろう。

＊31 もっとも、具体的にどのような場合にどのような同意を求めるのが適切と考えられているかについては、例えば死者からの提供の場合と生者からの提供の場合とで同意の要件を異ならしめるのかどうかや、試料が完全に匿名化されている場合には同意が不要なのかなお必要なのかどうかなど国によって違いがあり、ヨーロッパ内部でさえも統一がとれていないとの指摘がある。Lenk, 注14, 1566. 文脈は異なるが、ヨーロッパの医事法も、それぞれの国の関心いかんにより、法の発展形態は様々であることが指摘されている点は、記憶しておいてよいように思われる。

は容易に推測しうる。使われるものがヒト組織であればよく、それ以上に提供元の属性には重要な意味をもたない研究もあれば、提供者の属性が当該組織の反応を評価する上で必須な場合もあるかもしれない。今後、個別化された医療が進展すれば、そうした要請を満たす必要性が出てくる可能性は、小さくないように思われる。他方で、これらを進めて、何らかの一定の属性をもったヒト組織のみを選択して、集中的に研究を実施するというような場合も、出現してくるように思われる。行われる研究の方法も、提供されたヒト組織をすべて費消してしまうという種類のものもあれば、提供されたヒト組織を培養して増大させ、それぞれの反応をみるといった比較研究なども現れるように思われ、提供元と提供された組織との関係の重要性は、研究テーマとの関係で決せられるということになるという側面があるかもしれない。そして、ここに挙げたいくつかの研究の変数は、当該ヒト組織を用いた研究がどのように行われるかによって、今後も様々なものがありうると推測される。そうした変化の可能性を含め、研究者が予め網羅することは不可能であり、特に研究を開始する前の段階で、すべてを事前に予定することは困難である。

ヒト組織を研究に用いる場合に、被験者に生じる恐れのある不利益は、人格権的な側面からのものと財産権的な側面からのものとがあるが、日本の研究規制に関する対応策は、こうした点の区別について多くの関心を払ってきておらず、インフォームド・コンセントや同意についても、その用いられ方に幅があって不備が目立ち、混乱をもたらしているとの指摘がなされている[*32]。この指摘は現状の混迷の原因を適切に指摘しており、その指摘に沿って検討が、改めてなされるべきであろう。

指摘されている見地からこの問題を考えれば、人がその組織を提供するに

＊32　米村滋人「生体試料の研究目的利用における私法上の諸問題」町野朔・辰井聡子〔共編〕『ヒト由来試料の研究利用』（上智大学出版、2009年）80頁、106頁参照、同「医科学研究におけるインフォームド・コンセントの意義と役割」青木清・町野朔〔共編〕『医科学研究の自由と規制』（上智大学出版、2011年）250頁、275頁参照。米村・医事法講義［第21回］ヒト組織・胚の法的地位１（法学セミナー720号94頁以下）、同［第22回］ヒト組織・胚の法的地位２（法学セミナー721号87頁以下）、同名書（日本評論社、2016年）267頁以下も参照されたい。

際してなされるべき情報提供は、組織提供が、提供者の身体に生じさせる危険が小さく、無視できるほどのものである場合、当該組織が研究に用いられることを伝えることを根幹に据えることで足り、後はその処分・使用について、明確に提供者に示すことで、研究のためのヒト組織提供の段階で求められているインフォームド・コンセントの要請は、満たしうるものと考えられる*33。

ここで問題とされているHABの活動は、死亡者の臓器移植への臓器提供に付随して、行われるヒト組織の提供である。そこでは、提供者の身体に生じさせる危険は、死者となった者の身体に関するものであって、提供に同意する者自身の生命身体に係るものではなく、危険性そのものは問題とならない*34。そこで、そのような提供に際しては、当該摘出組織が医学研究に用いられることを概括的に示すことが必要であるが、その時点においては、それで足りるものと解される。その後、研究内容が明確化・確定した場合、再

＊33　移植用の臓器提供そのものに死亡者の遺族が同意しさえすれば、死亡者の体内の組織や臓器については、始めの臓器提供の同意中に含まれるものであって摘出できるものであると解する考え方もありうる(なお、D. Price, 注17, p. 173参照)。こうした立場は、例えば、腫瘍ができた部位を切除（治療）するという内容で、患者が手術の同意をするという通常の医療の場合、摘出の対象が悪性腫瘍であることが判明すれば、単に腫瘍部位の摘出だけでなく、それと共に、周囲に拡大・転移しているかもしれないリンパ節等の組織をも併せて廓清することが、一般的なことであり、それらの手術範囲の拡大について、いちいち個別の患者の同意が明らかになっていなくとも、その同意があるとされる、少なくとも推測される、あるいはその他周辺の転移が疑われるリンパ節廓清といった表現で同意は十分とされると解されることを想起すれば、このような解釈も認められる余地はあると考えられる。この種の考え方については、インフォームド・コンセント、すなわち患者の同意の重要性を軽視しているとの批判（Gevers, Olsthoorn-Heim）があることを指摘している（上述Price)。どの程度こうした議論を認めるべきか、すなわち同意の範囲のどこに限界を設定するかについての明確な回答は容易ではないが、少なくとも、当初の同意さえあればそれ以後は何でもできる、といったスタンスを適切なものと解することは、その内容が人の身体に関わる側面であるために、容易に認めることはできないように思われる。日本でこれまで、包括（的）同意に対して強い拒否反応が示されてきたのは、包括（的）同意という言葉に含意される内容が、ここで指摘していることと共通していることを指摘するものとして、前掲・丸山教授の論文（注23）を参照されたい。丸山教授は、提唱される包括的同意はこのようなものとは異なることを強調されている。

度提供者に情報提供をしてその同意を得ることを要求すべきかどうかについては、次の段階の課題である*[35,36]。その際には、現在の「人を対象とする医

＊34　ヒト組織の解析によって生じるプライバシー侵害の可能性に関しては、それが侵害されないように守られる仕組みを設けることは当然の前提であり、その匿名化の徹底による対応が基本となろう。

＊35　「人を対象とする医学系研究に関する倫理指針」では、その内容を解説するガイダンスにおいて、同意を受ける時点で、想定される使用目的等について可能な限り説明していることを前提とし、当該説明の範囲内で利用目的等が新たに特定された場合に限られることに留意すべきであるとし（厚生労働省「人を対象とする医学系研究に関する倫理指針ガイダンス」（平成27年２月９日、平成27年３月31日一部改訂）85頁）、同意を受ける時点で特定されなかった研究の例として、前向きコホート研究において研究対象者の追跡情報を取得する場合であって、新たな研究目的で追加情報を取得する場合の研究や、特定の疾患の治療法に関する研究で、採取された細胞や組織、情報を用いて、その後に設定された別の疾患との関連性解析を行う研究、が考えられるとする。この場合は、改めてその研究について、研究計画書を作成または変更した上で、研究機関内で手続を行う必要があるとする（同85頁）。このように、わが国の各種倫理指針は、情報提供と拒絶の機会を確保することが研究の実施に際して必要とする、というのがその基本的立場であるが、こうした立場には様々な異論がありうることは、前注28や本文で触れたところである。従来その基本的立場の変更について議論もされてきたが、結局変更されてきていないことについては、下記注36を参照されたい。インフォームド・コンセントが、説明がなされた当時に、当事者が認識しえた事情を理解した上で、その諾否を決するというものであることからすれば、説明時に当事者が認識しえなかった事項について、同意をするということもありえず（不可能であり）、そこで、そうした事情が明確になってから初めて有効な同意をなしうるとの理解と、それに基づく「人を対象とする医学系研究に関する倫理指針」の方針は、インフォームド・コンセントをそうしたものと理解する立場からは自然であり、かつ正しい運用と解することができ、こうした運用こそが、インフォームド・コンセントが人の自律権の行使に奉仕するという見解からは望ましい、ということもできよう。しかしながら、このような倫理指針においても、注36で触れているように、一定の場合には例外・手当てが設けられており、再度同意を得るという立場が常に完全に貫徹されているわけではないことや、臓器移植に際してのヒト組織の提供の主体となるのは遺族であり、それにより提供されるヒト組織は死亡者からのものであること、この種の研究に対する世界的な動向が、インフォームド・コンセントの枠組みから外すことを含め、研究者の負担をより軽減化する方向に進みつつあること、そしてこれまで示した諸議論等の成果等を考慮に入れるならば、「人を対象とする医学系研究に関する倫理指針」の示している現状を、今後もまったく動かせないものとして扱ってゆくべきかどうかについては、議論が必要であるように思われる。そのためには、研究計画が確定した場合に、改めて情報提供を必要とするのかについての提供

学系研究に関する倫理指針」の運用である、一律に考えて提供者への通知を義務づけるという方法が再考されることも、研究の進捗への負荷の点・実効性担保の観点、そして提供者の意向尊重の観点からも、今後の方向性として、望ましいものが含まれていると思われる。その際には、当該研究が、ヒト組織に関して有する要請の違いが、これらの者の間で差を設けることの根拠となりうるであろうと考えられる。

者の意向の確認、すなわち、そのヒト組織の提供に際して、提供者の意向を知るための手続きを準備しておくことが、将来的に意味をもってくる可能性はあろう。こうした知らされる立場を予め放棄することを尊重するのも、提供者の意思を重視する立場として考える余地はあるからである。

＊36　本稿は、臓器移植における臓器提供に際して依頼されるヒト組織提供のインフォームド・コンセントでの情報提供の問題のうち、その情報内容に限定して、提供者に提供されることが必須であるものが何であるかを検討したものである。しかし、ヒト組織の提供をめぐっては、インフォームド・コンセントの問題以外にも、研究利用できる者は誰か、それについての属性までも知らせる・公表する必要があるか、同意できる者の範囲、同意のための方法・手続き、同意できる者が存在しない場合の処理、研究に使用した結果の情報等を伝えるか・伝えるべき相手は誰か、同意を得た後のヒト組織の帰属の問題をどのように法律構成するかなど、なお検討を要する一般的課題が数多く存在しており、これらの問題は、なお未解決のものも少なくない。これらの問題を概観したものとして例えば、Kapp, 注11などを参照されたい。

5　生命倫理と医科学研究

①これからの医学研究を考える

塚　田　敬　義

はじめに

本稿の筆者が、参考人として「第７回人試料委員会」（平成27年５月10日）において講演した内容とは異なる内容が占めていることを冒頭にお断りする。当日の講演内容は、個人情報保護法とマイナンバー法の改正法案（改正法は同年９月９日に公布された）が医学医療界に与える影響を考えるもので、前提として政府内で検討されている内容と世界医師会で検討中の「データベースとバイオバンクにおける倫理的考察に関するWMA宣言案」を紹介した。本稿は、講演した事柄のその後の状況を紹介することによって、規制が医学研究活動に与える影響について考える一助になれば幸いである。

個人情報保護法・マイナンバー法と医学・医療界との関係

「個人情報の保護に関する法律及び行政手続における特定の個人を識別するための番号の利用等に関する法律の一部を改正する法律」(平成27年法律65号）が平成27年９月９日に公布され、一部の施行を受けて昨年10月より市区町村からマイナンバー（個人番号）が住民に郵送され、給与や報酬の支払者に対して通知カードや個人番号カードの複写を提出するなど法の施行を実感するところである（本稿では個人情報保護法、マイナンバー法という通称を使用または新法と称する）。

法の解説が本稿の目的ではないので、図１で概要のみを示す。なお、個人情報保護に関する制度についての詳細については「個人情報保護委員会」のHP（http://www.ppc.go.jp)、マイナンバー制度については「内閣官房」の

HP（http://www.cas.go.jp/jp/seisaku/bangoseido/index.html）を、それぞれ参考にされたい。

個人情報の保護に関する法律及び行政手続きにおける特定の個人を識別するための番号の利用等に関する法律の一部を改正する法律

個人情報の保護を図りつつ、パーソナルデータの利活用を促進することによる、新産業・新サービスの創出と国民の安全・安心の向上の実現及びマイナンバーの利用事務拡充のために所要の改正を行うもの

個人情報保護法 ｝ 個人情報の保護と有用性の確保に関する制度改正
○個人情報の取扱いの監視監督権限を有する第三者機関（個人情報保護委員会）を特定個人情報保護委員会を改組して設置など

番号利用法 ｝ 特定個人情報（マイナンバー）の利用の推進に係る制度改正
○金融分野、医療等分野等における利用範囲の拡充
⇒預貯金口座への付番、特定健診・保健指導に関する事務における利用、予防接種に関する事務における接種履歴の連携等

個人情報保護法の改正のポイント

個人情報の定義の明確化	・個人情報の定義の明確化（身体的特徴等が該当） ・要配慮個人情報（いわゆる機微情報）に関する規定の整備
適切な規律の下で個人情報等の有用性を確保	・匿名加工情報に関する加工方法や取扱い等の規定の整備 ・個人情報保護方針の作成や届出・公表等の規定の整備
個人情報の保護を強化	・トレーサビリティの確保（第三者提供に係る確認及び記録の作成義務） ・不正な利益を図る目的による個人情報データベース等提供罪の新設
個人情報保護委員会の新設及びその権限	・個人情報保護委員会を新設し、現行の主務大臣の権限を一元化
個人情報の取扱いのグローバル化	・国境を越えた適用と外国執行当局への情報提供に関する規定の整備 ・外国にある第三者への個人データの提供に関する規定の整備
その他の改正事項	・本人同意を得ない第三者提供（オプトアウト規定）の届出、公表等厳格化 ・利用目的の変更を可能とする規定の整備 ・取り扱う個人情報が5,000人以下の小規模取扱事業者への対応

図１　法律の概要

（日置巴美・横澤田悠・本間貴明「個人情報保護法とマイナンバー法の改正」『時の法令』1996号（2016年）20頁より一部文字訂正）

個人情報保護法は医学・医療界における研究活動については、適用除外とする旧法（平成15年61号）50条を引き継いでいる。

第76条　1　個人情報取扱事業者のうち次の各号に掲げる者については、その個人情報を取り扱う目的の全部又は一部がそれぞれ当該各号に規定する目的であるときは、第四章の規定は、適用しない。
一　放送機関、新聞社、通信社その他の報道機関（報道を業として行う個人を含む。）　報道の用に供する目的
二　著述を業として行う者　著述の用に供する目的
三　大学その他の学術研究を目的とする機関若しくは団体又はそれらに属する者　学術研究の用に供する目的
四　宗教団体　宗教活動（これに付随する活動を含む。）の用に供する目的
五　政治団体　政治活動（これに付随する活動を含む。）の用に供する目的
2　前項第一号に規定する「報道」とは、不特定かつ多数の者に対して客観的事実を事実として知らせること（これに基づいて意見又は見解を述べることを含む。）をいう。
3　第一項各号に掲げる個人情報取扱事業者は、個人データの安全管理のために必要かつ適切な措置、個人情報の取扱いに関する苦情の処理その他の個人情報の適正な取扱いを確保するために必要な措置を自ら講じ、かつ、当該措置の内容を公表するよう努めなければならない。

これを受けて、国は医学研究における各種の研究倫理指針を公布して、そこで個人情報の適切な取扱いを研究機関や研究者に求めてきたところである。さらに厚労省から「医療・介護関係事業者における個人情報の適切な取扱いのためのガイドライン」が公布され日常業務における規範となっている。

なお、がん登録等の推進に関する法律（平成25年法律第111号）、難病の患者に対する医療等に関する法律（平成26年法律第50号）においては、診療データの研究への利用を認められている。個人情報とは「特定の個人を識別する

ことのできるもの」でありその範囲は変わらないが、改正された個人情報保護法では、これまでの旧法にはなかった概念が複数追加されている。医学医療界にとって大きな影響を与えるものとして２つの新たな概念を紹介する。

①　**要配慮個人情報**—「本人の人種、信条、社会的身分、病歴、犯罪の経歴、犯罪により害を被った事実その他本人に対する不当な差別、偏見その他の不利益が生じないようにその取扱いに特に配慮を要するものとして政令で定める記述等が含まれる個人情報をいう。」(法２条３項)

②　**匿名加工情報**—「個人情報の区分に応じて当該各号に定める措置を講じて特定の個人を識別することができないように個人情報を加工して得られる個人に関する情報であって、当該個人情報を復元することができないようにしたものをいう。」(法２条９項)

さらに、医療や社会福祉分野でのマイナンバーの使用については、特定健診の管理、予防接種歴の管理への使用が可能としたところであるが、図２に示してあるように医療保険システムへの接続、そして医療連携、研究分野への使用が検討されている。

日本再興戦略　改訂2015（平成27年６月30日閣議決定）〈抜粋〉

総論　Ⅱ　2　ローカル・アベノミクスの推進　ii）医療・介護・ヘルスケア産業の活性化・生産性の向上
○医療等分野における番号制度の導入
・セキュリティの徹底的な確保を図りつつ、**マイナンバー制度のインフラを活用**し、**医療等分野における番号制度を導入**する。**【2018年から段階的運用開始、2020年までに本格運用】**
・地域の医療機関間の情報連携や、研究開発の促進、医療の質の向上に向け、**医療等分野における番号の具体的制度設計や、固有の番号が付された個人情報の取扱いルール**を検討する。**【本年末までに一定の結論を得る】**
二　戦略市場創造プラン　テーマ１：国民の「健康寿命の延伸」（３）新たに講ずべき具体的施策
②医療・介護等分野におけるICT化の徹底
・マイナンバー制度のインフラを活用した医療等分野における番号制度の導入
公的個人認証や個人番号カードなどマイナンバー制度のインフラを活用して、医療等分野における番号制度を導入することとし、これを基盤として、医療等分野の情報連携を強力に推進する。具体的にはまず、**2017年７月以降早期に医療保険のオンライン資格確認システムを整備し、医療機関の窓口において個人番号カードを健康保険証として利用することを可能とし、医療等分野の情報連携の共通基盤を構築**する。
また、地域の医療情報連携や研究開発の促進、医療の質の向上に向け、**医療等分野における番号の具体的制度設計や、固有の番号が付された個人情報取扱いルールについて検討を行い、本年末までに一定の結論を得て、2018年度からオンライン資格確認の基盤も活用して医療等分野における番号の段階的運用を開始し、2020年までに本格運用を目指す**。

安倍総理発言　平成27年５月29日産業競争力会議課題別会合
今年の10月から始まるマイナンバーを活用して、社会生活の隅々まで変革をします。このマイナンバーの利用範囲を税、社会保障から、今後、戸籍、パスポート、証券分野までの拡大を目指して、一気に電子化を進めます。
特に、医療分野について、**『2020年までの５か年集中取組期間』を設定します。全国の病院や薬局で、マイナンバー・カード１枚を提示するだけで、健康保険の確認や煩雑な書類記入がなくなるようにいたします。**また、薬局ごとに作っているお薬手帳も、電子化することによって一本化します。
2020年には大規模病院での電子カルテの普及率を９割以上に引き上げます。地域の大病院、診療所、介護施設をネットワーク化することで、患者は、重複検査や重複投薬から解放され、一貫した医療介護サービスを受けることが可能となります。

図２　2015年改訂日本再興戦略
（厚生労働省「医療等分野における番号制度の活用等に関する研究会　報告書」（平成27年12月10日公表）３頁より）

新法の条文を読んだ限りでは、どのように医学研究や医療と絡むのかは判然としない。この点について、その複雑性を示したい。

「治験データは個人情報と匿名加工情報のどちらに該当するか、治験データの中には他の情報との連結により個人識別が可能となるもの（連結可能データ）があり、それを理由に個人情報に該当するとして利用を制限すれば正確な治験の要請に対応できなくなるが、この問題をどのように考えるべきかの質問がなされた。」
答「連結により識別可能となる匿名データは個人情報に該当するが、治験データの場合、他の情報から分離して厳密に保護すれば他の情報との連結自体が防止できることとなるため、相対的な意味で個人情報の範囲から除外することも不可能ではないとの考え方もある。治験データも含めた医療情報に関してはそのような意味での相対説に立脚した運用も可能であり、また、完全な同意の世界にするという考え方もあるから、本来は特別法によりたの情報とは区別をした独自の対応が望ましい」との遣り取りがあった（「第15回行政法研究フォーラム」平成27年８月１日での質疑応答より）*1。

医療情報の特別法の立法化ついての是非問題は一先ず置いておくとして、現在の国での検討状況を示す。

「日本再興戦略　改定2015（平成27年６月30日閣議決定）」において、マイナンバーの医療分野への導入が挙げられている。その中で「研究開発の促進」という用語が挿入され、その導入方法については検討する旨が記載されている*2。その検討とは、厚労省「医療等分野における番号制度の活用等に関する研究会」（座長：金子郁容 慶應義塾大学政策・メディア研究科教授）にて行われた影響がある。

以下の３枚のスライドは、厚労省の研究会の中間取りまとめが公表された時点での「第７回HAB人試料委員会」にて筆者が提示したものである。

＊１　亘理格・佐伯祐二・村上裕章「質疑応答の概要」『法律時報』88(1)：87, 2015年.

＊２　http://www.mhlw.go.jp/file/05-Shingikai-12601000-Seisakutoukatsukan-Sanjikanshitsu_Shakaihoshoutantou/0000111017.pdf

個人情報保護法改正との関係（2）

・「医療等分野における番号制度の活用等に関する研究会
中間まとめH26.12.10」【配布資料参照】

本文には、医療保険、予防接種、大規模災害時、医療介護でのマイナンバーとは異なる番号の発行が記載されているが、二重投資について指摘（全国がん登録一紐付け作業が膨大実務上の課題が有)。

・研究については、本文12頁に「重複せず、長期間の追跡、地域の医療機関、介護を含め、ネットワークをつなぎ、大規模な情報を活用した医学研究への相乗的な効果も期待できる。」と記載。【配布資料参照】

・参考資料15頁に「②患者に説明、本人同意の確認　③患者が同意、番号・符号の提供」とある。【配布資料参照】

・今後の検討（中間的整理）であるが、イメージは固定化される可能性がある。

＊同意取得を要する介入研究・前向き観察研究をイメージにしている。
＊同意取得が困難な後ろ向き研究は考慮されていない。

個人情報保護法改正との関係（3）

・「IT利活用社会のための制度改革についてH27.2.16」
13頁　先の中間まとめを紹介【配布資料参照】
※医療機関等ではマイナンバーは用いない

健康･医療の研究分野
（コホート研究、大規模な分析）

↑
＊後ろ向き研究　も当然に含まれる筈だが、同意取得が困難な場合の研究は？
↓
・医療情報の第三者提供は本人同意が前提。個人ごとに情報の提供範囲が異なりうるので、一律な情報照会と回答が難しい

＊抜け落ちデーターでの精度が落ちる疫学研究・レトロスペクティブの研究は？
＊既に、イメージの固定化の表れか。

個人情報保護法改正との関係（4）

・健康・医療戦略推進本部
「第１回次世代医療ICT基盤協議会H27.4.2【配布資料参照】
・資料２スライド２　臨床研究/コホート研究…「前向き」を想定

・資料３スライド６　ステップ３医療連携や研究分野に番号を活用
３段目　健康・医療の研究分野
（コホート研究、大規模な分析）
↖大規模後ろ向き？
ステップ３は平成29年７月の自治体等の情報連携開始以降
平成30年以降～の実施
・資料８　樋口教授の発言メモ　③に注目!!　今後の対応が勝負!!
「実際には医学研究を阻害」…H17年のゲノム遺伝子解析指針の最終段階の事か

筆者は研究対象者から同意を得ることが基本的な可能なコホート研究・前向き観察研究・介入研究のみを医学研究としてイメージして議論が進んでいないか、研究への同意が得難い場合が容易に措定できるレトロスペクティブ研究・後ろ向き研究への配慮が読み取れない点について、以下のように樋口教授の発言メモを引用して懸念を表明した。

・阻害要因としての法、とりわけ個人情報保護法
本来、法は社会のためにあるはず。ところが、往々にして、法が社会の新たな動きを邪魔することがある。
・わが国の病弊
個人情報保護法では学術研究は除外されていたにもかかわらず、実際には医学研究を阻害していた。
・今回の改訂では、学術研究を対象とする代わりに、明確に、医療、ICTでの利用に邪魔にならないように、明確に解釈指針を示す必要がある。
・２度も失敗することは許されない
個人情報が守られて人が死ぬ（孤立死など）、さらに社会が死ぬ（医療ICTの発展を阻害する）ことは、何としても避けなければならない。

国の別の検討の場であるが、「第１回次世代医療ICT基盤協議会・平成27年４月２日」（首相官邸健康・医療戦略推進本部）【資料８】から医学研究に言及した樋口範雄教授の指摘は*3、極めて重要な視点である医学・医療の特殊性に着目しつつ、法規制との兼ね合いについての考え方をメモとして公開されたものである（法学者からの指摘であり、見過ごせない内容であるのであえて紹介する）。

「医療等分野における番号制度の活用等に関する研究会」は平成27年12月10日に報告書を公表した。その概要を以下に示す（図３）*4。

医療等分野における番号制度の活用等に関する研究会　報告書（概要）

平成27年12月　厚生労働省情報政策担当参事官室

1．医療等分野の個人情報の特性、情報連携の意義

○　医療等分野の個人情報は、患者と医療・介護従事者が信頼関係に基づき共有しており、病歴や服薬の履歴、健診の結果など、第三者には知られたくない情報がある。個人情報の取得・利用に当たっては、本人の同意を得るとともに、患者個人の特定や目的外で使用されることのないよう、必要な個人情報保護の措置を講じる必要がある。

○　一方、医療等分野の個人情報の適切な活用は、患者へのより安全で質の高い医療・介護の提供に不可欠である。日常の健康管理や災害時の対応などでも、国民自らが診療・服薬の履歴を把握するニーズも大きい。医療の高度化には医学研究の発展が不可欠だが、個人の医療データの蓄積を活用することで、医学研究の発展や医療の高度化など社会全体の利益にもつながる。

2．医療保険のオンライン資格確認の導入

○　正しい被保険者資格の提示を確保し、資格確認を確実に行うことは、資格喪失等によるレセプトの返戻事務をなくすとともに、適切な診療報酬の支払いにより医療サービスの基盤を維持し、公的保険制度の公正な利用の確保のために必要なものである。

○　オンライン資格確認は、ICカードの二重投資を避け、広く社会で利用される情報インフラを安全かつ効率的に活用する観点から、マイナンバー制度のインフラと医療保険の既存のインフラをうまく組み合わせて、個人番号カードの活用を基本とすることが合理的である。導入の初期費用や運営コストを精査しつつ、保険者・医療関係者と協議・検討を進め、平成30年度から段階的に導入し、平成32年までに本格運用を目指して、準備を進めていく必要がある。円滑に導入できるよう、本格運用までの間に、一定期間のテスト運用も実施する必要がある。

3．医療等分野の情報連携の識別子（ID）の体系、普及への取組

○　医療等分野の情報連携に用いる「地域医療連携用ID（仮称）」は、オンライン資格確認と一体的に管理・運営するのが効率的であるなど、支払基金・国保中央会が発行機関となることに合理性がある。「地域医療連携用ID（仮称）」は、患者本人を厳格に確認した上で利用する観点から、個人番号カードによる資格確認したときに、保険医療機関等に発行する仕組みが考えられる。

○　ただし、個人番号カードを持たない患者も医療連携は必要であり、過渡的な対応として、現在の保険証番号に代えて、保険者を異動しても変わらない「資格確認用番号（仮称）」を健康保険証で読み取るなど、個人番号カードがない場合でも資格確認できる仕組みを用意すべき、との意見があった。一方、公的個人認証の仕組みは安全・確実に本人確認を担保できるが、個人番号カード以外の方法はなりすましを完全に排除できないので、安易に他の方法をとるべきではない、との意見があった。

○　国民自らが医療情報を活用する目的や意義について成熟した理解も必要であり、教育の場を含め、様々な機会を活用して、国民への周知に取り組むことが求められる。本人の健康や受診歴も把握できるポータルサービスなど、国民自身がメリットを享受できるような仕組みにつなげていくことで、医療・介護の効率的な提供や保険財政への国民の理解と納得が浸透していくことが期待される。

図３　医療分野における番号制度の活用等に関する研究会報告書（概要）

＊３　https://www.kantei.go.jp/jp/singi/kenkouiryou/jisedai_kiban/dai/siryou8.pdf

＊４　http://www.mhlw.go.jp/stf/shingi2/0000106604.html

懸案の医療分野でのマイナンバーの使用については、別の番号（地域医療連携用ID／仮称）を発行することとなった。

医学研究についての報告書の該当部分(概要の１記載以外)を抜粋すると、「臨床現場と医学研究は密接に関連しているので、複数に地域医療連携ネットワークをつなぐ基盤や、レセプトのNDB（ナショナルデータベース）や特定健診、がん登録等の医療情報の各種データベースをつなぐ基盤が整えば（中略）健康・医療情報の効率的な収集や突合が可能となり、医学研究の推進やデータ分析の医療機関等の経営改善への活用など、相乗的な効果も期待できる。」とあり、制度の整備はこれからの課題である（図４）。

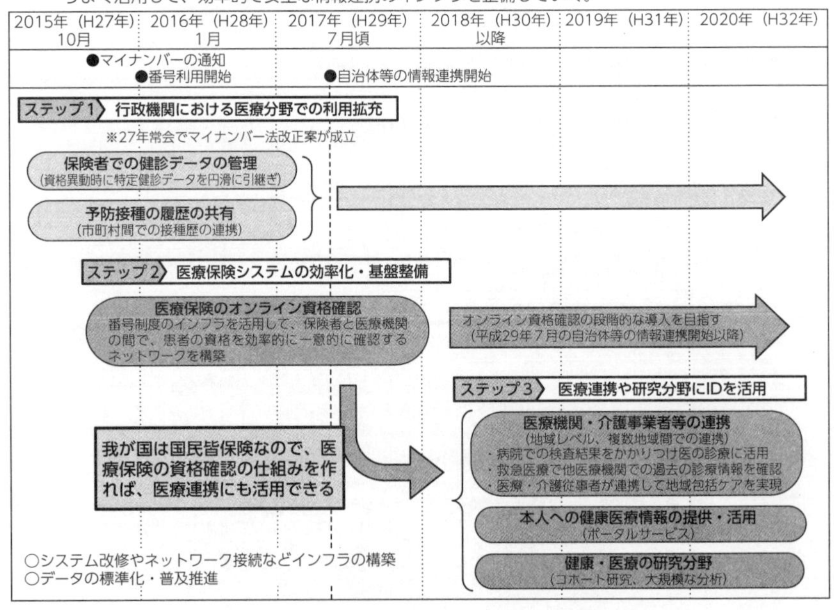

図４　医療等分野におけるIDの活用

次に「改正個人情報保護法におけるゲノムデータ等の取扱いについて（意見とりまとめ）」（ゲノム情報を用いた医療等の実現化推進タスクフォース・平成28年1月22日）での検討があり、その概要を示す（図5）*5。

ヒトゲノムに関する検討は継続中である。このゲノム情報の取扱いについて、医療情報学の山本隆一准教授から、「人種や信条など、まったく異なる性質の情報と同じくくりにしてしまった、医療分野の個人情報を一般法でカバーせざるを得ない日本の現状についても警鐘、単にプライバシー保護の観点で考えると破綻してしまう」との発言の報に接した（医療ビッグデータ・サミット2016）*6。別に今年4月から医学研究関連の指針の見直しを検討している文科省・厚労省・経産省「医学研究等における個人情報の取扱い等に関する合同会議」の動向に注視したい。

改正個人情報保護法におけるゲノムデータ等の取扱いについて（TFとりまとめ）　概要版

改正法で定義された新たな概念	ゲノムデータ等の特徴と改正法上の取扱い
個人識別符号 特定個人の身体の一部の特徴を電子計算機の用に供するために変換した文字、番号、記号その他の符号であって、**当該特定の個人を識別することができるもの**。	・**「ゲノムデータ」は、社会通念上、「個人識別符号」に該当する**ものと考えるのが妥当。 ・ゲノムデータの個人識別性は、**多様であり、科学技術の進展等により変化し得る**。 ・具体的範囲は、個人情報保護委員会（※）が、**海外の動向や科学的観点から、解釈を示していく**ことが求められる。（※法令の一元的な解釈を示す組織。改正個人情報保護法に基づき平成28年1月に設置された。）
要配慮個人情報 本人の人種、信条、社会的身分、病歴、犯罪の経歴、犯罪により害を被った事実その他本人に対する不当な差別、偏見その他の不利益が生じないように**その取扱いに特に配慮を要するものとして政令で定める記述が含まれる個人情報**。	・単一遺伝子疾患、疾患へのかかりやすさ、治療薬の選択に関するものなど、「ゲノムデータ」に解釈を付加し、医学的意味合いを持った**「ゲノム情報」**は、**配慮を要すべき情報に該当する場合がある**。法律上明記された**「病歴」等の解釈と整合を図りつつ配慮を要すべき情報として位置づけられるべき**。

用語	ゲノムデータ･･･塩基配列を文字列で表記したもの ゲノム情報･･･塩基配列に解釈を加えて意味を有するもの

図5　改正個人情報保護法におけるゲノムデータ等の取り扱いについて

＊5　http://www.mhlw.go.jp/file/05-Shingikai-10601000-Daijinkanboukouseikagakuka-Kouseikagakuka/160208_task_gaiyo.pdf

＊6　http://techon.nikkeibp.co.jp/atcl/event/15/022600032/022800002/?ST＝ndh

まとめにかえて

世界医師会で検討中の「データベースとバイオバンクにおける倫理的考察に関するWMA宣言案」2015年３月18日版が公表されているが、2016年秋の台北総会で採択される可能性が高いようだが最終案については未知である。よって、今さら「宣言案」を提示する価値は薄れてしまっているので内容を紹介することに躊躇するものである。タイムリーに宣言案を和訳された文献[*7]から注目した倫理原則を引用することに留めたい。

「17. 個々人には、いついかなる時でも不利益を被ることなく、ヘルスデータベースに含まれる個人を特定できる情報やバイオバンクに含まれる自身の試料に関する同意を撤回できる権利がなければならない。
18. ……同意の手順において、将来の用途に関する主要な情報が提示されていること、医療データや試料の用途の透明性が確保されていることである。一方、収集の段階では想定されていないような医療データや試料の将来用途についての全面的な同意や無条件の同意は倫理的に容認されない。」

17. については、バイオバンクから譲渡を受けた研究者からさらに別の研究者に譲渡された先の取扱いなどの運用についての解説を見なければ判然としない事項であるが、基本的には連結可能匿名化が原則にする考え方が推察でき、18. においては用途を定めない包括同意を否定する考え方で策定されたようであるが、正式に採択された宣言を見ないとこれ以上の論述はできない。本稿では、誠に残念ではあるが未確定の事柄の羅列で閉じなければならない。

昨年４月から施行されている「人を対象とする医学系研究に関する倫理指針」では、これまで以上に研究者や研究機関に要求される事項が多い。さら

＊7　井上悠輔「医学研究におけるバイオバンク・データバンク構築に関する世界医師会の新宣言をめぐる議論」『臨床病理レビュー』154: 79–88, 2015.

に「臨床研究の適正化に関する法律案（仮称）」[*8]が国会で審議されているところである。医学・医療を取り巻く社会的環境の大きな変化の真ただ中にいるといえよう。

【補遺】 平成28年８月１日開催の「第５回　医学研究等における個人情報の取り扱い等に関する合同会議（以下、合同会議と記す）」にて、「人を対象とする医学系研究に関する倫理指針」及び「ヒトゲノム・遺伝子解析研究に関する倫理指針」の見直しの方向性と新旧対照表（案）が公表された[*9]。第６回の合同会議では「遺伝子治療等臨床研究に関する指針」に加えて、厚労省であれば上位に位置する「第96回　厚生科学審議会科学部会」に報告されたところである[*10]。公表された資料（以下、改正原案と記す）は、改正個人情報保護法の趣旨を忠実に盛り込んだもので、例えば連結可能匿名化及び連結不可能匿名化の概念の廃止、要配慮個人情報（個人情報に病歴等が含まれる）の手続きの見直しなど多数の項目の実施が求められる予定である。

改正原案の公表を受けて、８月17日に日本医学会　一般（社）日本医学会連合　高久史麿会長名の「要望書」が関係３省へ提出された[*11]。今後の動向に注視しなければならない。

（新法第76条では学術研究を含めた適用除外を設けているが、「独立行政法人等の保有する個人情報の保護に関する法律」・「行政機関の保有する個人情報の保護に関する法律」では同旨の条項は設けていない。前記２法の問題点については紙幅の関係から検討できないことをお断りするものである。）

＊8　http://nk.jiho.jp/servlet/nk/related/pdf/1226751842361.pdf
＊9　http://www.mhlw.go.jp/stf/shingi2/0000132127.html
＊10　http://www.mhlw.go.jp/stf/shingi2/0000134565.html
＊11　https://www.jssoc.or.jp/other/info/info20160820.pdf

②人間の尊厳、倫理、法
——ヒト胚研究をめぐって

町野　朔

＊本稿は、熊本大学・生命倫理研究会主催「第１回公開セミナー：日本の生命倫理は先端研究に追いついているか？」(2016年３月９日、熊本大学）において、「ヒト胚研究の倫理」と題して行った報告を書き改めたものである。私に報告の機会をお与えいただき、このようなかたちで公表することにご快諾いただいた熊本大学・生命倫理研究会の皆様には、心から感謝する。

1　ヒト胚研究の倫理——議論の整理

⑴「ヒト胚の倫理的地位」をめぐって

クローン立法に関する議論の最初の段階から、「ヒト胚研究の倫理」を議論する前提として、「ヒト胚の倫理的地位」「人間の尊厳」を議論しなければならないという主張があった。“これを論じない日本の生命倫理は不幸といわなければならない”とまでいう人もいた。政府案への対案「ヒト胚等の作成及び利用の規制に関する法律案」を提出した民主党は、“人の尊厳保持、生命の安全確保の理念から、ヒト胚を生命の萌芽と位置づけしっかり規制することを目的とし、生殖医療を含む広い視野から法律を作るべきだ”と主張し、“政府案は技術的視点に終始していて、理念・哲学がない”と批判した。結局は政府案が法律となったが（ヒトに関するクローン技術等の規制に関する法律〔2000年〕。以下、クローン技術規制法)、これには、このような主張に配慮して、次のような附則が付け加えられた。

（検討）

附則第２条　政府は、この法律の施行後３年以内に、ヒト受精胚の人の生命の萌芽としての取扱いの在り方に関する総合科学技術会議等における検討の結果を踏まえ、この法律の施行の状況、クローン技術等を

取り巻く状況の変化等を勘案し、この法律の規定に検討を加え、その結果に基づいて必要な措置を講ずるものとする。

しかし、"ヒト胚は単なる物体とは異なり、人間の尊厳を有する"ということ自体にはほとんど異論のないところであり、これについて「総合的に」議論することに意味があるとは思われない。議論すべきなのは、「ヒト胚研究」を禁止すべきか、認めるなら何を条件にするかという具体的な問題である。具体的問題の解決のあり方からこれを支えるヒト胚の倫理的地位を考え、ここからさらに問題を考え直すという、法律家的やり方のほうが実りがある。

だがクローン技術規制法は以上のように指示しているので、総合科学技術会議（現在は、総合科学技術・イノベーション会議）の下にある「生命倫理調査専門委員会」はそこから審議を開始したが、「ヒト胚倫理教科書」を作ろうとするような作業が無益であることにやがて気づき、ヒト受精胚を含めたヒト胚全体について、その胎外での研究における取扱いを検討することとした。具体的な結論としては、①人クローン胚の作成・研究、②生殖医療研究のためのヒト受精胚作成・研究、の２つを、一定の条件の下で許容するというものであった（総合科学技術会議「ヒト胚の取扱いに関する基本的考え方」〔2004年〕。以下、CSTP報告書）。

⑵　カントの定言命令

問題にすべきは「ヒト胚の尊厳」「ヒト胚の倫理」一般ではなく、「ヒト胚研究の倫理」である。このようなCSTP報告書の結論が、このような点から妥当であるかはさらに考えなければならない。

人間の生命も、正当防衛などの正当な理由があるときには侵害することが許される。ヒト胚が人間の生命だとしても、その侵害が絶対許されないというわけではない。

そこで、生命倫理の議論の出発点としてしばしば援用されるのは、「汝の人格における人間と同じように、他者の人格における人間を常に目的として行動し、決して単なる手段として用いてはならない」というカントの定言命令（kategorischer Imperativ）である。「定言命令」とは、「仮言命令」（hypothetischer Imperativ）とは違い、“無条件に例外なく”妥当する道徳的命令のことである。もちろん、カントの時代の18世紀にはヒト胚研究なるものは存在しなかったし、“ヒト胚は人格を持っているか”という議論もなかったが、現代のヒト胚研究が、定言命令というカントのタブーに触れないかが問題にされるのである。

最初に問題になるのは、研究目的でヒト胚を作成することが許されるかである。出産を目的とする体外授精は、それが他の観点から倫理的問題になることはあるが、このカント的タブーの範囲外である。しかし、研究という「本人」以外の目的のため生を受けたヒト胚は、研究のために利用され死亡する。すぐ次に述べるように、日本ではES細胞樹立のためにヒト受精胚を作ることを許容していないが、クローン技術規制法は、後述のように「特定胚」の作成を許容し、CSTP報告書は、研究目的での特定胚の１つである「人クローン胚」の作成を追認することにしたほか、生殖医療研究のためのヒト受精胚の作成も許容したのである。

ヒト胚を研究のために使用し、結局死滅させることも問題である。出生する子の治療のために胚に操作を加え、その後出産させることは、子ども本人の医療のためであるから、やはり別の点で問題になることはあるが、このタブーからは外れる。クローン技術規制法成立の直後に、日本は、法律ではなく、行政倫理指針（ヒトES細胞の樹立及び使用に関する指針〔2001年〕。この指針は何回かの改正を経て、現在は、「ヒトES細胞の樹立に関する指針」「ヒトES細胞の分配及び使用に関する指針」に分かれている）によって、生殖補助医療の目的で作られたが、出産のために使われないことが決定した余剰胚からES細胞を樹立することを認めた。

⑶ CSTP報告書の“原則と例外”

それでは、このようなヒト胚研究が認められる理由はどこにあるのか。「ヒト胚の取扱い方」に関するCSTP報告書の説明は「原則―例外」という構造である。すなわち、「ヒト受精胚尊重の原則」からは、研究目的で胚を作ることは許されないし、いかなる目的でも胚を損なうことは認められないが、「例外」はある。例外を認めるための要件は、

A）そのようなヒト受精胚の取扱いによらなければ得られない生命科学や医学の恩恵およびこれへの期待が十分な科学的合理性に基づいたものであること、

B）人に直接関わる場合には、人への安全性に十分な配慮がなされること、および

C）そのような恩恵およびこれへの期待が、社会的に妥当なものであること、

である。CSTP報告書は基礎研究だけを考察の対象とし、人への臨床応用を考えていないから、実際に意味をもつのはA)・C）である。CSTP報告書の後、政府の公式見解は、A)「科学的合理性」とC)「社会的妥当性」があるときには、ヒト胚研究許容は許されるというものとなった。

しかし、どうしてこのような例外が認められるのであろうか。“ものには例外がある”ということぐらい、一時的には人を安心させるが、本当は安心できない命題はないだろう。

⑷　「人間の尊厳」の意味

CSTP報告書は、“ヒト胚研究は人間の尊厳に反する”という「原則」にたち、「例外」があれば人間の尊厳に反しても許容されるという。しかし、“人間の尊厳に反する研究も許されることがある”というのは奇妙である。ヒト胚研究が許されるとするなら、実はそれが人間の尊厳に反していないからである。

「人間の尊厳」には２つの意味がある。

１つは、「具体的な個人の尊厳」である。法律でいうとDV法（配偶者からの暴力の防止及び被害者の保護等に関する法律）の前文、被害者（多くの場合は女性）に「配偶者が暴力を加えることは、個人の尊厳を害し……」がその例である。

いま１つは、「抽象的な人間存在の尊厳」である。古くは、売春防止法の目的規定（１条）にいう「売春が人としての尊厳を害し……」がそうであったし、クローン技術規制法の目的規定（１条）が、クローン技術等が「人の尊厳の保持に重大な影響を与える可能性がある」としているのが、まさにそ

うである。ここでは、売春婦個人、クローン人間個人を包摂する人間という存在の尊厳が問題なのである。

ヒト胚をわれわれのような個人と考えるのなら、ヒト胚研究で問題になる人間の尊厳は前者であり、研究目的で個人を誕生させ、これに人体実験を行い殺すことが正当化される余地はないであろう。これに対して、ヒト胚を個人と考えないのなら、ここでの人間の尊厳は後者となり、ヒト胚研究は個人の権利の侵害ではないが、それが人間存在の尊厳に反する行為となるかが問題なのである。

医科学研究は、病気、障害の研究、治療法の開発、障害者の支援等によって、人々の生活を改善し、向上させるものであり、後者の意味での人間の尊厳に合致する行為である。したがって、ヒト胚研究が、ヒト胚の使用・棄滅をともなうにもかかわらず、その方法、意義に照らして、後者の意味での人間の尊厳に合致しているかが問題である。“科学的合理性と社会的妥当性があれば人間の尊厳に反する研究であっても許される”というのではなく、このような研究は人間の尊厳に合致しているのである。

(5) 倫理の強制

カトリックなどのプロ・ライフの人たちは、ヒト胚は、人間として尊重されなければならないとする。ここからしばしば、ヒト胚の研究利用は中絶、殺人に等しいから、法律によって禁止されるべきであるとも主張される。これも１つの倫理的立場であるが、われわれの社会は倫理の平和的共存を前提とする。１つの倫理を別の倫理をもつ人に強制することは、正当な理由がなければならない。この問題は法律学では古くから存在する「倫理と法律との関係」の１つである。

イギリスの「ウォルフェンドン報告」(Wolfenden Report. Report of the Departmental Committee on Homosexual Offences and Prostitution, 1957) は、同性性行為、売春はプライベイトに行われる以上、罪 (sin) ではあるが犯罪 (crime) ではないとして、それらについての非犯罪化を提案した。それから27年後、「ワーノック報告」(Warnock Report. Report of the Committee of Inquiry into Human Fertalisation and Embryology, 1984) は、多

様な宗教的・倫理的信念が共存する社会においても「垣根を設けなければならないことには合意がある。しかし、垣根をどこに設けるかについての普遍的合意は存在しない。究極の問題は、われわれが賞賛し尊敬する社会とは何か、われわれが自分たちの良心を保持しながら生活することのできる社会はどのようなものか、である」とした上で、営業的代理懐胎の禁止とともに、生殖医療研究のためのヒト胚研究の許容を提案した。

この問題は「法律」と倫理との関係だけではない。日本の行政的倫理指針は、その違反は処罰されないとしても、研究費の取消など様々な制裁をともなう。研究者コミュニティからの排除も大きな結果である。これを「ソフト・ロー」というのは、かなり誤解を招く表現であり、“行政倫理指針には強制力がない”というのは、半分しか正しくないことである。ここでも「倫理強制の倫理性」は問題なのである。

2　ヒト胚研究に関する日本の規制——現状の認識

次に、日本のヒト胚研究規制の状況を概観することにする。これは、カントのタブー、プロ・ライフ対プロ・チョイスの対立を認識しながらも、「例外」を認めて、その問題との対決をあえて行わなかった日本の生命倫理政策の問題点を認識することになる。

(1)　ヒト胚の包括的保護の不在

1990年に成立したドイツの胚保護法（Gesetz zum Schutz von Embryonen. ESchG）は、出産させる目的以外でのヒト胚の作成、ヒト胚の濫用を禁止・処罰するなど包括的なヒト胚保護を行っている[*1]。しかし、日本の法律も、

＊1　ドイツ胚保護法の構造については注意すべき点が2つある。1つは、クローン・キメラ・ハイブリッド個体、その胚の作成の禁止・処罰という胚保護ではないものを含んでいて、日本のクローン技術規制法と同様のキメラ的性格をもっていることであり、もう1つは、受精胚への干渉のすべては胚保護法の捕捉するものではないこと、受精胚の廃棄も処罰されていないことである。連邦通常裁判所判決（2010年6月6日）は、胚盤胞バイオプシーによる着床前診断、妊娠に不適とされた受精胚の廃棄を不可罰とした。

行政倫理指針も、個別的な規制しか行っていない。この方向性が確定されたのはクローン技術規制法によってであった。すでに述べたように、同法は「ヒト胚の作成及び利用について必要な規制を行う」という「民主党案」を退けて成立したものである。

クローン技術規制法は、クローン・キメラ・ハイブリッド個体発生に至る可能性のある「人クローン胚、ヒト動物交雑胚、ヒト性融合胚又はヒト性集合胚」の胎内移植を禁止し、厳罰に処している（3条・6条）。それ以外の「特定胚」についても、本法の委任（4条）を受けて作られた「特定胚の取扱いに関する指針」（以下、特定胚指針）によって胎内移植を禁止した（特定胚指針7条）。これらは、しばしば誤解されるようなヒト胚保護の規定ではなく、ヒト胚が「クローン・キメラ・ハイブリッドもどき」の人個体になってしまうことを防止しようというものである。

他方では、クローン技術規制法は特定胚の作成、研究計画等については文部科学大臣への届出（6条）、研究の実施については特定胚指針に従うことを要求している（5条）。「特定胚」には「ヒト胚」といえるものが含まれている以上*2、これらの規定は、ヒト胚を作成し研究に使用できることを認めた上で、その要件を規定するものである。要するに、クローン技術規制法は、特定のヒト個体産生に至りうる行為の禁止と、特定胚研究の許容・規制、すなわちヒト胚保護の両者を含む「キメラ」なのである。

⑵ ヒト胚保護の観点

クローン技術規制法の成立時には、民主党案のようなヒト胚研究の包括的規制の方が評判が良かったように見える。これは、“ヒト胚は人間の生命なのだから、不当な侵害から保護されるべきだ”という考え方によるのであろう。

この後、2011年、胚保護法は着床前診断に関する改正を行ったが、これによって、ドイツ保護法の「キメラ性」は一層進展した。

＊2　クローン技術規制法には、「ヒト胚」の定義は存在しない。しかし、「特定胚」のうち、少なくとも「ヒト胚分割胚」「ヒト胚核移植胚」「人クローン胚」「ヒト集合胚」「ヒト性融合胚」は、「そのまま人又は動物の胎内において発生の過程を経ることにより一の個体に成長する可能性のある」という「胚」の定義（2条1項1号）からは人個体になる可能性のある「ヒト胚」であることは明らかである。なお、後述3⑴参照。

すでに述べたように、カトリック的なプロ・ライフの倫理を社会で強行することはできない。しかしそれを措くにしても、日本では母体保護法の存在が大きな問題であった。同法（14条１項２号）の緩やかな運用によって、妊娠初期の胎児の生命は女性の自己決定の前で事実上保護されていない。胎外にあって、胎児以前の存在であるヒト胚について、その生命保護の観点から研究を規制することは均衡を失するのではないかということである。

ここでは、前に述べたように、「具体的な個人の尊厳」ではなく「抽象的な人間存在の尊厳」の保護が問題だと考えるべきである。個人でないヒト胚の生きる権利は保護されなくても、人間の尊厳に反するヒト胚の取扱いは許されないのである。例えば、中絶されることが決まっている胎児であっても、それを実験材料にすることは許されないであろう。

そうすると、“人間の尊厳に反するか”は、具体的なヒト胚の取扱いについて検討されなければならないことである。

⑶　余剰胚からのES細胞の樹立

ヒト受精胚からのES細胞樹立の倫理性は早くから問題にされてきた。現在でもプロ・ライフからの強い反対がある。EUバイオ指令（６条⑵⒞）は、「ヒト胚（human embryo）の産業または商業的目的での使用は、公序良俗に反する（contrary to ordre public or moral）ものとして、これに特許を与えることはできない」とし、EU司法裁判所は、2011年11月18日、この規定の解釈としてES細胞から作られた神経前駆細胞のドイツでの特許は無効であるとした[*3]。カトリック教会が、iPS細胞はこのES細胞の倫理的問題を解決するものとして歓迎したことはよく知られている。

2001年、日本はES指針を作って「余剰胚」からのES細胞樹立を認めたが、これはアメリカの「NBAC報告書」(National Bioethics Advisory Commission, Ethical Issues in Human Stem Cell Research, 1999）が、“ES細胞研究の目

＊3　日本の特許法32条（特許を受けることができない発明）は、「公の秩序、善良の風俗又は公衆の衛生を害するおそれがある発明については、第29条〔特許の要件〕の規定にかかわらず、特許を受けることができない」としているが、ヒト胚を用いることがその範囲内かについては、まだ十分に議論されてはいない。

的のために受精胚を作成し、それからES細胞を樹立することは許されないが、生殖補助医療のために作成されたが、出産に使われないことになり、廃棄が決定した受精胚を使用することは倫理的に許される”としたことにならったものである。しかし、“余剰胚はどうせ死ぬのだから、死ぬ前にそれを利用することは許される。そこから、例えば、化粧品を作ってもよい”とはいえることではない。受精胚の廃棄が決定されていることに加えて、再生医療研究の目標が、そこからのES細胞樹立を「人間の尊厳」に適合させているとして、初めて許容しうるのである。

“人クローンについては法律を作ったのに、ES細胞の樹立・使用については行政倫理指針なのは均衡を失している”という意見もあった。しかし、クローン技術規制法の中心はクローン・キメラ・ハイブリッド個体の産生に関するものであり、「特定胚研究」はこれとの関係で部分的に取り込まれていたに過ぎない。ヒト受精胚研究を正面から取り扱うことについては、母体保護法の問題など、未出生の生命への法的対応についての議論がまとまっていない状況にあり、法律を作るのにはかなりの困難をともなう。

すでに述べたように、日本では行政指針であっても実際にはかなりの強制力をもっているから、法律でないことによって、それほど大きな相違が生じるものではない。一般的に日本の研究者は、法律も行政指針も区別せず遵守する。倫理指針は法律ではないのだから遵守する必要はないとは思っていないのであり、あえて法律を作る必要があるとは思われない。

(4)　生殖補助医療研究目的での受精胚の作成

研究を目的としてヒト胚を作りそれを研究材料とすることは、余剰胚の使用などに比べると、カントのタブーに反する度合いがはるかに高いように見える。2011年に、1994年の生命倫理法を改正して、余剰胚からのES細胞樹立を許容するようになったフランスでも、研究目的でのヒト受精胚作成は認めていない。

人間の生命を研究材料にしてはならないということなら、それはヒト受精胚に限らず、人クローン胚などすべてのヒト胚についても妥当すべきものである。人クローン胚の作成は、そこからES細胞を作り再生医療の研究等をしようというものであるから、まさに研究目的で人の生命を誕生させることである。クローン技術規制法（附則2条）が「ヒト受精胚」についての検討を問題にしていたことは最初に紹介したところであるが、CSTP報告書の表題が「ヒト胚の取扱いに関する基本的考え方」であったのは、このようなことからである。クローン技術規制法が研究目的での「特定胚」の作成・使用を認めたことについてそれほどの議論もなかったのは、日本ではヒト受精胚だけを念頭に置きながら考えを進めていたということを考えると、理解できることである。

2004年、CSTP報告書は人クローン胚研究とともに、生殖補助医療研究のためにヒト受精胚を作成することを認め、2010年、「ヒト受精胚の作成を行う生殖補助医療研究に関する倫理指針」が作られた。これは、「受精、胚の発生及び発育並びに着床に関する研究、配偶子及びヒト受精胚の保存技術の向上に関する研究その他の生殖補助医療の向上に資する研究」のためのヒト受精胚の作成を、研究機関における倫理審査、文部科学大臣と厚生労働大臣の確認を経て認める手続を規定したものである[*4]。ここでも、研究のためにヒト胚を作成することの倫理性については、大きな議論はなかった。

3　「ヒト胚研究の倫理」について――結論

政策を決定するために生命倫理の議論を行う場合には、結論がなければならない。“結論がないのが結論である”などとすることはできない。このよ

＊4　本指針は、1990年のイギリス「ヒト受精・胎生法」（Human Fertilisation and Embryology Act 1990）が、「ヒト胚の発育に関する知識の進歩の目的」でのヒト受精胚の作成・研究を認めていたことを参考にしたものである。イギリス法は、生殖医療研究に限定しているとはいえ、研究目的でのヒト受精胚の作成を認めるものであって、ドイツ「胚保護法」、フランス「生命倫理法」などのヨーロッパの生命倫理法から突出した存在であった。2001年には、ヒト受精・胎生法は改正され、ES細胞の樹立による再生医療を念頭に置いて、許容されるヒト胚研究を、「重篤な疾患に関する知識の進歩および治療法に関する知識を得る」目的にまで拡張した。さらに2008年法（Human Fertilisation and Embryology Act 2008）は、日本の「ヒト性融合胚」に相応する“human admixed embryo”の研究も認めることとした。

うなことから、最後に、「ヒト胚研究の倫理」についての結論を述べることにする。

⑴　人間の生命としてのヒト胚

ヒト胚は、倫理的にも、そして法律的にも、「人の生命」（human life）である。

クローン技術規制法（２条１項１号）は、「胚」を定義して、「一の細胞（生殖細胞を除く。）又は細胞群であって、そのまま人又は動物の胎内において発生の過程を経ることにより一の個体に成長する可能性のあるもののうち、胎盤の形成を開始する前のものをいう」としている。胚が生命である以上、人個体に成長する可能性のある存在である「ヒト胚」は「人の生命」ということになる。

しかし、「ヒト胚」は法律的にはわれわれと同じように権利をもつ「人」ではない。民法（３条）は「私権の享有は、出生に始まる」としている。出生前の胎児には、損害賠償請求権（民法721条）、相続権（民法866条）以外の権利は与えられていない。胎児ではないヒト胚にはその権利もない。倫理的に、ヒト胚は人と同じように扱われるべきだとする人も、「人間＞胎児＞ヒト胚」の地位に差を設ける現行法の態度をまったく反倫理的とするものではないだろうし、ヒト胚研究を生体解剖と同じく殺人罪で処罰しないのは反倫理的だと主張するものでもないと思われる。

以上をまとめると、“ヒト胚は人の生命ではあるが、まだ人ではなく、人の萌芽である。”ということになる。「ヒト受精胚」を「人の生命の萌芽」と表現するクローン技術規制法（附則２条）は、「人の生命の始まり」と「人の始まり」を（もしかしたら意図的に）混同した結果、意味不明の内容になってしまったのである[*5]。

＊５　文部科学省のホームページに掲載されている非公式の英訳は、「人の生命の萌芽」を“emerging potential of human life”としている（http://www.lifescience.mext.go.jp/bioethics/clone.html）。これによれば、ヒト受精胚は、潜在的な人の生命ではあるが、まだ人の生命ではないことになる。逆に、ヒトの精子も卵子も“emerging potential of human life”であり、ヒト受精胚と同じ倫理的地位をもつものとなろう。さらには、体細胞核からクローン人間が作られるのだから、体細胞もそうだということになる。

(2) ヒト胚研究の倫理性

繰り返して述べたように、「ヒト胚研究の倫理」性を考えるときの指導理念は、「具体的な個人の尊厳」ではなく、「抽象的な人間存在の尊厳」である。これらの概念は指導理念として機能するものであり、そこから具体的な結論が出てくるわけではない。ヒト胚研究の倫理性は、人を使用することはしないが、人の生命を用いる研究が、人々の福祉に仕える価値を考慮して、後者の意味での人間の尊厳に合致しているかによって判断されるべきである。日本の法律、倫理指針は、ここでは詳細に検討することはできないが、過剰規制の面はあるが、概ね、生命倫理的にも妥当であると思われる。

(3) 日本の生命倫理は先端研究に追いついているか？

本日の課題である「日本の生命倫理は先端研究に追いついているか？」についていうなら、先端研究に追いつくかどうかの前に、私を含めて日本の生命倫理学に興味をもつ人たちは、概念と論理の厳しさ、マックス・ウェーバーの「知的廉直性」に欠ける部分があるのではないかと思われる。これを克服することによって、さらに実りある議論が可能になると思われる。

欧米では、プロ・ライフとプロ・チョイスが最大の対立軸で、「人工妊娠中絶—安楽死—ヒト胚研究」をワン・パッケージとして取扱い、プロ・ライフは全部反対、プロ・チョイスは全部賛成という傾向にある。日本の生命倫理学にはこのような対立軸はほとんど存在しない。もちろん、以上で述べてきたように、プロ・ライフ／プロ・チョイスいずれの立場を選択しても、倫理的にも法律的にも、「人間の尊厳」に反するヒト胚研究は許されないという結論にはなりうる。しかし、それは「人間の尊厳」の内容を明確にしてから初めて取りうる結論であり、“人工妊娠中絶は女性の権利である。ヒト胚研究は人間の尊厳に反するから原則として許されない。しかしものには例外がある”といって安閑としていられる問題ではない。

日本では、プロ・ライフ／プロ・チョイス以前に「人の生命」そのものが不明確である。クローン技術規制法が「ヒト受精胚」を「人の生命の萌芽」として、これは人の命なのか、そうでないのかはっきりさせなかったことはすでに述べたが、卵子・精子、ヒト胚由来のES細胞も、ときとしてヒト胚と同様に扱うべきだという主張がなされることがある。これに「具体的な個人の尊厳」と「抽象的な人間存在の尊厳」とを区別しない考え方が加わり、議論は錯綜する。

このような概念の不明確さは、脳死・臓器移植をめぐる議論からわかるように、日本の伝統であるように見える。ここでは、脳死は人の死か否かを決めなくても脳死・臓器移植は認められるという議論が、堂々と主張されることもあったのである。

以上に対しては、「智に働けば角が立つ」（夏目漱石『草枕』〔1906年〕）という感想をもたれる方もおられるであろう。だが、何をしても「とかくに住みにくい」のはこの世界なのであって、無原則・無原理の妥協は「情に棹さして流される」以上の危険を覚悟しなければならない。

③わが国における医科学研究発展のためのゲノム指針の運用

大　西　正　夫

は じ め に

1990年に米国を中心にヒトゲノム解読計画がスタートし、2000年にそのドラフト配列―「ヒトゲノムの概要版」が発表された。３年後、全塩基配列（シークエンス）が解読され、ポストシークエンスの時代に入った。2004年に次世代シークエンサーが登場し、安価で精度を上げたゲノム解析技術の開発が続く。やがて超高速シークエンサーによるパーソナルゲノムの時代に突入する。

一般にバイオバンクは、研究目的で収集された生体試料と関連情報を保管し、各研究機関の研究者らに提供する。一方、大学や研究機関、医療機関に設けられた倫理審査委員会に申請される疫学、臨床の各新規研究のうち、ゲノムと関わりのある研究は年々増加の一途をたどっている。

そのような流れの中でとりわけ2010年代に入って以降、試料提供者（研究協力者、被験者）に対するインフォームド・コンセントや情報開示のあり方・進め方も変化を余儀なくされようとしている。直接間接を問わず研究で得られた遺伝情報に関して従来から閉鎖的であった研究側の姿勢。次世代シークエンサーが見つけたがん遺伝子などの偶発的所見に対する開示の問題。単一の研究目的（用途）に限った特定同意（個別同意）が原則的であったインフォームド・コンセントに、包括的同意などを採り入れようとする傾向とその是非。バイオバンクに代表されるゲノム疫学の領域だけでなく、臨床研究の分野でもこういった問題が喫緊の検討課題になっている。

本稿では、日本の医科学分野における研究倫理関連の行政指針による規制と、医科学発展のための運用について、在野のジャーナリストの立場から記述を進めたい。

1 ゲノム研究の幕開け

(1) クローン羊誕生とクローン人間をめぐる騒動

1996年に英国のロスリン研究所で、クローン羊「ドリー」が誕生し、翌年2月に「ネイチャー」誌[1]に発表されたとき、世界中の専門家だけでなく一般の人たちに大きな驚きと危惧の念を与えた。核を除いた未受精卵に体細胞核を移植して、体細胞核を提供した個体と遺伝的にほぼ同一の個体を作り出すこの体細胞クローニングが、「クローン人間」を生み出せることを意味するからだ。

2002年末、スイスに本拠を置く国際的な新興宗教団体「ラエリアン・ムーブメント」が「世界初のクローン人間誕生」を大々的に発表すると、その信憑性に疑問符が付いたものの、事実関係の確認をめぐって世界中のマスメディアが過剰反応ともいえる大報道を展開する騒ぎとなった。生命倫理や生命科学など多岐にわたる分野の研究者たちも懸念を示した。日本の行政当局、主として厚生労働省と文部科学省も、実はその宗教団体の信者が日本国内に数千人いるとの情報を受け、万が一の事態を憂慮せざるをえなかった。

話が前後するが、クローン羊ドリー誕生の翌々年1998年に米ウィスコンシン大学のグループが、ヒトの受精卵からES細胞を作り出すことに成功した。同じ年の暮れ、韓国の慶熙大学で同一女性の体細胞の核を卵子に移植、四分割まで細胞分裂させたとのニュースが報じられた。ドリーと同じ手法で初期胚ができたことを意味していた。

こういった一連の動向と相前後し、日本を含む各国政府、国際機関がクローン人間生成を禁止する立法化など規制に乗り出した。米国のクローン個体研究への連邦予算支出禁止大統領令、クローン技術の人間への応用は認められないとする世界保健機関（WHO）の決議、国際連合教育科学文化機関（ユネスコ）によるクローン人間禁止条項を含む「ヒトゲノムと人権に関する世界宣言」の採択などが相次いだ。96年に世界初の生命倫理条約を採択していた欧州評議会は98年、クローン人間禁止の追加議定書（ヒトクローン議定書）を採択した。

日本は2000年12月、クローン人間生成を禁じた「ヒトに関するクローン技術等の規制に関する法律」を世界に先駆けて成立させた（翌年６月施行）。英国、ロシア、中国、イスラエル等が続いた。

⑵　行政倫理指針の先駆けとなったゲノム指針

ここまでゲノム研究幕開けの前打ちのような形で体細胞クローニングの象徴的ニュースに字数を費やしたが、日本では97年９月、内閣総理大臣が議長を務める科学技術会議（当時）に生命倫理委員会が設けられ、98年１月から99年12月にかけクローン、ヒト胚、ヒトゲノム研究の各省委員会が設置された。いずれも、ヒトクローン技術規制法、ヒトES細胞指針、ヒトゲノム倫理指針の制定につながっている。

ヒトゲノム倫理指針とは、「ヒトゲノム・遺伝子解析研究に関する倫理指針」が正式名称である。政府は1999年12月、新しいミレニアム（千年紀）の始まりを目前に控え、経済社会にとって重要性、緊急性が高い情報化、高齢化、環境対応の３分野について技術革新を中心とした産学官共同の国家事業―ミレニアムプロジェクトをスタートさせた。高齢化の分野で、「遺伝子解析研究に付随する倫理問題等に対応するための指針」、いわゆるミレニアム指針が2000年４月に策定された。ゲノム指針の前身ともいえるが、ゲノム時代に本格的に対応した指針制定（01年３月）のため01年１月、ミレニアム指針は廃止された。

2000年６月には前出の生命倫理委員会が「ヒトゲノム研究に関する基本原則」を策定し、翌年３月、文科、厚労、経産の３省合同指針としてスタートした。表１に、医科学・生命科学関連の主な法律と行政指針を示す。

ゲノム指針は04年12月、個人情報保護法施行に対応して全部改正されたが、その後のゲノム解析技術の進展と研究手法の多様化などに合わせ、13年４月にも全面的な見直しが行われた。本稿で新ゲノム指針という場合は13年改正指針で、旧指針は04年改正を専ら指す。

表１　国内の生命科学（医科学）関連の法律・指針等

・臓器の移植に関する法律（1997年）（2000年と11年に改正）
・手術等で摘出されたヒト組織を用いた研究開発の在り方（1998年）
・ヒトに関するクローン技術等の規制に関する法律（2000年）
・特定胚の取扱いに関する指針（2001年）
・ヒトゲノム・遺伝子解析に関する倫理指針（2001年）（13年全部改正）
・ヒトES細胞の樹立及び使用に関する指針（2001年）
・遺伝子治療臨床研究に関する指針（2002年）
・疫学研究に関する倫理指針（2002年）（15年廃止）
・異種移植の実施に伴う公衆衛生上の感染症問題に関する指針(2002年)
・臨床研究に関する倫理指針（2003年）（15年廃止）
・個人情報の保護に関する法律（2004年）（15年改正）
・ヒト幹細胞を用いる臨床研究指針（2006年）
・ヒトiPS細胞又はヒト組織幹細胞からの生殖細胞の作成を行う研究に関する指針（2010年）
・ヒト受精胚の作成を行う生殖補助医療研究に関する倫理指針(2010年)
・医薬品、医療機器等の品質、有効性及び安全性の確保等に関する法律（薬機法＝改正薬事法）（2013年）
・再生医療等の安全性の確保等に関する法律（2013年）
・人を対象とする医学系研究に関する倫理指針（2015年）（疫学、臨床各研究倫理指針の統合指針）

(3)　遺伝子無断解析が相次いだ2000年前後の時代相

新指針の内容に触れる前に、ゲノム指針そのものの策定が講じられる2000年前後がどういう時代であったかを簡単に記す。

1999年11月26日、朝日新聞朝刊１面に、「住民の遺伝子 無断解析」のヨコ凸版見出しが付いたトップ記事が載った。岩手県大迫町が実施している健康診断で採取された血液を、東北大の医師グループが高血圧遺伝子の探索研究に過去５年間、延べ約2,500人分使ってきたが、住民には遺伝子解析の説明をしておらず、学内の倫理委員会に申請した研究計画にもその旨を記載していなかったという報道だった。記事のリード末尾に、「協力者の同意の取り方や個人情報の保護を定めた公的な指針はない。無断で解析を進めた事例が明らかになったことで、今後、研究のルールづくりを求める声が上りそうだ」と、行政指針策定の必要性に触れていた。

翌年2月3日、毎日新聞朝刊1面トップに、国立循環器病センターで健診用とは別に5ccほど採取した血液から、「遺伝子5,000人分　無断解析」とのやはり凸版タテ見出しの記事が掲載された。受診者の同意を得ないまま、高血圧やアルツハイマー病に関係するとみられる13種類の遺伝子解析研究に用いたというものだった。同センターの倫理委員会にも諮っておらず、解析は共同研究をしている大阪大学医学部で実施、解析結果の一部はすでに学術誌に発表されていた。

いずれの記事も朝日、毎日の独材（特ダネ）であったが、それに限らず当時は、全国の地域疫学研究（コホート研究）などで類似の無断遺伝子解析事例が新聞をにぎわせていた。表1にあるように、ゲノム指針が2001年、疫学研究倫理指針が02年に、臨床研究倫理指針が03年と続けてでき上がったのも、そのような遺伝子の無断解析横行、インフォームド・コンセント軽視・無視が普通という時代相に行政の側が目をつぶってはいられなくなった背景があった。

世界で初めてのアイスランドにおける大規模バイオバンクの研究現場にいたこともある増井徹・国立医薬品食品衛生研究所主任研究官（当時、現慶応大学医学部教授）は、02年8月26日の毎日新聞朝刊コラム「発言席」で、次のように指摘していた。「日本では、薬禍、医療事故、遺伝子の無断解析などで政府・医師・研究者が市民の信頼を失っていることも忘れてはならない」と。市民の信頼を失えば、規模が大きいコホート研究ほど研究協力者となるボランティアのなり手が減ってしまうのは当然であろう。

その一方で、今日的視点から当時の遺伝子解析に対する一般の見方、風潮について、東大医科学研究所公共政策研究分野の井上悠輔准教授はこう分析している。「人の遺伝子を解析すること自体が差別を助長し、人の尊厳を侵す危険な行為と受け取られていた時期でもあった。また遺伝子解析は技術的にも特殊な方法とみなされていた」[2)]。

そのような見方が固定化されれば、世界の新たな潮流に日本のゲノム研究、ゲノム疫学、医科学研究が乗り遅れる。疫学指針、臨床研究指針という医科学一般を対象とする研究倫理指針に先立ってゲノム指針が作成された大きな理由の一つは、実はそこにあった。

井上氏は「研究倫理の議論が展開される前に、このような一部の研究手法に特化した指針作りが先行したことは奇異にみえよう」とした上で、上記引用のような特殊事情（環境）を挙げ、さらに2000年に示された科学技術会議生命倫理委員会の「ヒトゲノム研究に関する基本原則」が当該研究活動の「憲法的文書」と位置づけられ、所管の旧総理府が「以降の指針はこの原則を踏まえたものにするよう求めた」と指摘している。

遺伝子解析における倫理問題の対応を打ち出したミレニアム指針は、ゲノム指針に引き継がれ、１年後に疫学研究、その翌年には臨床研究の各指針が整備されていった。研究対象となる提供者（被験者など）の意思尊重、研究データの適正管理、情報管理者の配置、倫理委員会メンバーに部外者を加えることなど、今日では当たり前の事項が織り込まれていったのである。

ひとこと付け加えるなら、「禍を転じて福と為す」とのことわざが的外れともいえない、当時のゲノム研究幕開け前後の時代相が改めて思い起こされる。

2　新ゲノム指針が指し示す道

井上氏による表２は、日本の医科学研究と関連する法規・行政指針の位置づけを従来と現在に分けて示したものである。現在とは、2015年４月に施行された新たな医学系指針「人を対象とする医学系研究に関する倫理指針」（疫学指針と臨床研究指針を統合した新指針）などの各指針、薬事法改め薬機法と、新たに立法化された再生医療安全性確保法制定以降の現時点を指す。

前者は、「医薬品、医療機器等の品質、有効性及び安全性の確保等に関する法律」の略称。後者は、「ヒト幹細胞を用いる臨床研究に関する指針」に基づいて行われてきた幹細胞の臨床研究が、法制化された審査体系の下に位置づけられた。それにともない同上指針は廃止されたが、幹細胞研究が産業ベースに移行し、法規制の対象に切り替わったことを意味する。

前出の井上氏による明快な論稿[3)]を基に、各指針間の相互的関係を考えてみたい。

表２　医学研究の規制の動向

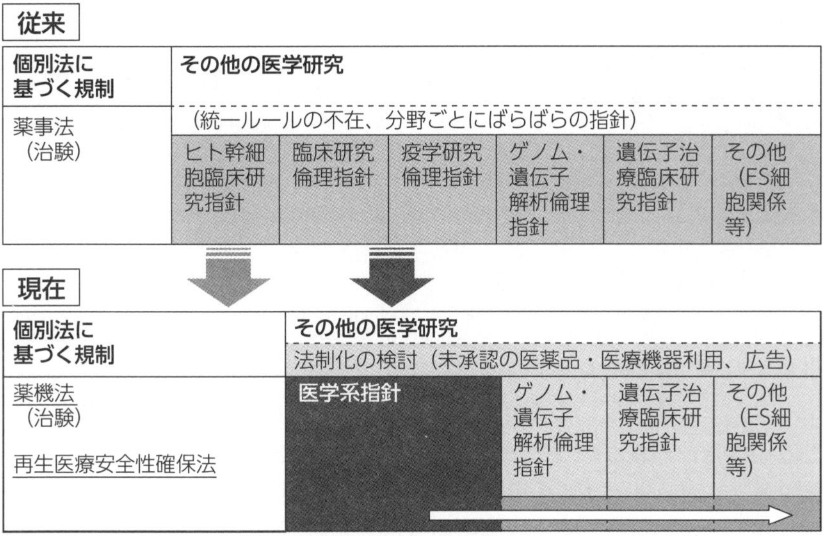

従来

個別法に基づく規制	**その他の医学研究** （統一ルールの不在、分野ごとにばらばらの指針）					
薬事法 （治験）	ヒト幹細胞臨床研究指針	臨床研究倫理指針	疫学研究倫理指針	ゲノム・遺伝子解析倫理指針	遺伝子治療臨床研究指針	その他（ES細胞関係等）

現在

個別法に基づく規制	**その他の医学研究** 法制化の検討（未承認の医薬品・医療機器利用、広告）			
薬機法 （治験） 再生医療安全性確保法	医学系指針	ゲノム・遺伝子解析倫理指針	遺伝子治療臨床研究指針	その他（ES細胞関係等）

現在の「その他の医学研究」に、医学系指針が織り込まれているが、その位置づけとして「我が国の研究機関により実施されるか、日本国内で実施される人を対象とする医学系研究」を広く対象とし、疫学研究や臨床研究に関する旧指針以外の研究についても参考になるとされる。それ以外のヒトゲノム指針などに基づく研究は、引き続き従来指針を踏襲するが、明確な規定がない事項については医学系指針に依るものとする。

井上氏は「従来、遺伝子解析についてはゲノム指針のみを専ら見ていればよかったが、今後は医学系指針の理解も求められる」と注釈。その上で、「従来、一つの指針（ゲノム指針）でよかった研究者にとって、参考にすべき指針（医学系指針）が増えたことになるが、従来指針の規定を補足する共通文書ができたと理解するほうが適切である」と評価する。

確かにそのような視点でとらえれば、単線的思考が複線化、あるいは支線、引き込み線を持つような複眼化が可能になる印象がある。実際に、大学倫理審査委員会に申請される遺伝子解析研究で、研究者側が以前より理解を深めた内容の研究計画書、研究協力説明書が目に付くようになったとの声を聞く。一種の統合・複合効果に数えてもよいのであろう。

以下に、新ゲノム指針における基礎的かつ重要な事項を取り上げる。

[遺伝子解析結果の開示]

新指針では、「研究責任者は、個々の提供者の遺伝情報が明らかとなるヒトゲノム・遺伝子解析研究に関して、提供者が自らの遺伝情報の開示を希望している場合には、原則として開示しなければならない」（第３の８）としており、旧指針の原則開示と同様である。

ただし、開示しない場合の要件として旧指針が「提供者等の生命、身体、財産その他の権利利益を害する恐れがあり、開示しない旨のインフォームド・コンセント（IC）を受けている場合には、その全部または一部を開示しないことができる」としていた記述に加え、新指針では、「開示しないケースとして、得られる遺伝情報の精度や確実性に欠ける場合、開示が『研究業務の適正な実施に対し著しい支障を来す場合』」を追加していることが目新しい。

また、「開示しない場合には、当該提供者に遺伝情報を開示しない理由を説明しなければならない」としつつ、「開示しない理由を知らせることにより、提供者の精神的負担になり得る場合等、説明を行うことが必ずしも適当ではないことがあり得るから、事由に応じて慎重に検討の上、対応することとする」と釘を刺してもいる。

[連結不可能匿名化→連結可能匿名化]

提供された試料に基づく遺伝情報の流出や濫用を防ぐため、バイオバンクを中心に研究機関、研究室から外部の機関に試料や情報を移転（配付）する際に実施される連結「不可能」匿名化は、研究者にとって当たり前の手順とされてきた。旧指針は試料と個人情報の連結を断つために不可能匿名化を配付の要件としていたからだ。

しかし、井上氏によると、研究機関が共同で試料や関連する個人情報を収集する研究の増加、連結不可能匿名化によって試料に関する情報の更新や識別が困難になるなど研究遂行の上で支障を来すことへの危惧を理由に、「収集・分譲」活動の安定した継続の観点から見直しが行われた。その結果、新指針では連結可能匿名化された試料・情報であっても、それらをつなぐ対応表を移転の際に分離することで、個人情報としての保護対象から外れることになった。

実際に、遺伝子解析研究を含めた医科学（共同）研究では連結可能匿名化によるものが多くなっている。「試料や情報の活用を推進する意味がある」と井上氏は述べているが、初期の頃の過敏なまなざしをもって“特殊視”されていたゲノム研究環境下の旧来指針のくびきから解放された側面といってよいかもしれない。

［インフォームド・コンセント］

どれほど重要な、画期的成果を目指す研究であろうと、研究対象となる人たちに対する「被験者ファースト」は、医療現場における患者ファーストと同様、不可欠の要素である。インフォームド・コンセント（IC）はまさしくその根幹となる。救命救急や緊急手術のようにICを授受する時間的余裕がないケースでは、事後必ず家族などに治療・処置内容を詳しく説明し、了解を得る必要があるが、被験者（提供者）が存在する研究で原則として事後承諾があってはならない。

もっとも、新指針には「人の生命または身体の保護のために、緊急に個人情報または試料・情報の提供を受ける必要がある場合は、ICを受けることを要しない」（第３の７）との但し書きがある。そのようなケースはまず例外的な事例を想定したものであろうし、その条項を（言い訳のように）濫用することの方が問題になる。

ICに関してもう一点、指摘しておきたいのは、研究協力に同意した後の撤回表明の自由に関して、提供した試料が実際にはどのように廃棄されるのか、といった問題である。

新旧の指針とも、「原則として」匿名化して廃棄し、その旨を提供者・代諾者に文書で通知しなければならないとしているが、前出の井上氏は、新指針が作成された後の「医学のあゆみ」[4)]で「自前の同意・説明の手続きに加え、事後の撤回の機会を保証することも、提供者の意向を確認する手段として一段と重視されつつある」（論文標題「ヒト試料の取扱いと研究倫理」）と問題点を指摘。「主たる争点は、提供者による撤回表明の効果が試料の利用や保存、データ化、結果の公表といった、一連の作業のどの段階まで及ぶのか、またこうした扱いがデータの状態（例えば匿名化の程度）により左右されるか否かという点であり、世界的にも最終的なコンセンサスに至っていない」と改めて問題提起していた。

同意後の撤回とは違うものの、次のような問題事例に触れておく。提供された複数試料の培養実験に多数回にわたって失敗し、廃棄処分されたが、提供者にその事実が通知された形跡がないケースである。研究室での実験に失敗は付きものだが、ICを付与した自分の生体組織の一部を「バンバン使ってポイ捨て」されたことを知って、被験者がどこまで寛大でいられるだろうか。実験室がブラックボックス化してはならない。

3　新たな争点を生み出した偶発的所見

研究の実施過程で研究目的とは異なる、被験者および血縁者の生命・健康に重大な影響を与える可能性がある想定外の発見—偶発的所見（incidental findings＝IFs）が近年、大きな問題になっている。2000年頃からfMRIなどの脳画像技術が広く研究に使われる中で、スキャンの目的とは直接関係のない脳腫瘍、動脈瘤、無症状の血管病変が偶然見つかるようになった。さらに、2007年頃から次世代シークエンサーが研究目的と関わりなく被験者のゲノム情報を網羅的に解析できるようになり、海外では生命や健康に影響を及ぼす遺伝性の疾患を見つけ出す事例が相次ぐことになった。

IFsは被験者本人だけでなく、親や兄弟姉妹、次世代に遺伝子を引き継ぐ可能性をも示すだけに、そのような遺伝情報開示の取り扱いは極めて倫理的な問題をはらんでいる。新ゲノム指針は、偶発的所見の開示に関する細則で、「研究責任者は、偶発的所見が発見された場合における遺伝情報の開示についても検討を行い、提供者または代諾者等からインフォームド・コンセントを受ける際には、その方針を説明し、理解を得るよう努めることとする」（第３の８）と明記してある。それがIFsの結果を無条件で開示するのか、あるいは開示しない場合があることを意味するのかは必ずしも明確ではない。しかし、「インフォームド・コンセントを受ける際には」とある以上、被験者にIFsの可能性を説明文書に記載し、見つかった場合の対応―開示についての諾否を同意書で選ばせる手続きが必要となるのではないだろうか。

一方で、次世代シークエンサーといえども網羅的な全遺伝子解析の精度が不確実であり、IFsを疑わせる発見であっても臨床的な妥当性が明らかでない場合、開示することでかえって不要な不安、精密検査に要する経済的、時間的負担をもたらす問題点も指摘されている。それが故に、臨床医を中心とする研究者の間で、有効な対処方法がある場合に限り、研究代表者が遺伝カウンセラーら関係者（専門家）と協議して開示するかどうかを決める研究プロトコルを定めた共同研究組織（日本臨床腫瘍研究グループ＝JCOG）などもある。

だが、その場合には、被験者が自分のIFsについて知らされない可能性も当然含まれ、生命倫理の根幹である自律性に基づく自己決定権の尊重が保証されないことになってしまう。その意味でも、前述した説明文書・同意書での諾否記載事項が重要になってくる。

IFsをめぐる米国の事情に触れておく。American College of Medical Genetics and Genomics（ACMG）は2013年に出したPolicy Statementで、偶発的所見はできる限り患者・被験者に返されるべきであるという立場を表明した。配列決定（当初の検査目的の遺伝子に関する情報だけでなく）を行う場合、ACMGのワーキンググループが提案した56遺伝子の変異多型についても医療機関は患者に情報開示する義務がある。いずれも疾患を引き起こす確率の高いものが選ばれていると明記された。

ACMGへの反論もある。リストに挙げられた遺伝子の変異を調べるのはもはや「偶発的」ではなく、「追加」検査というべきもので、そもそもリスト化された56遺伝子がどれぐらいの確率で発症させるのかコンセンサスが得られていないという。ACMGの見解は、米国で普及している遺伝子検査の問題を主にしたものであるが、臨床研究、日常診療の場面でも当てはまりそうだ。

東日本大震災の復興事業の一環としてスタートした東北メディカル・メガ

バンク計画に関わっている東北大学大学院医学系研究科広報・企画部門の戸田聡一郎氏は、医薬ジャーナル2014年３月号に寄稿した論文[5]で、こう指摘している。「遺伝学的なIFsは、これから先、爆発的に増えていくであろう。それはもはや『偶発的』とは呼びがたいものであり、『リスクや確度が既知の結果』を積極的に探索（hunt）した結果である、と言った方が良いと思われる」。

被験者や代諾者の「知る権利」、あるいは「知らないでいる権利」を尊重する観点からいえば、開示を受けるかどうかの諾否記載は当然の手続きのように思われる。

4　特定・限定同意から包括的不特定同意へ

疫学研究、臨床研究、バイオバンク事業で被験者、提供者として研究協力する際のインフォームド・コンセント手続きでは、研究目的に沿った特定の内容について同意するのが一般的である。これが従来から行われてきた特定同意（specific consent）で、限定同意や個別同意のようにも使われる。

これに対し、研究の過程で、特定の研究項目以外の、その時点ではどんな研究内容になるのか見通せない将来の解析に備えた二次的利用のための不特定な同意が包括的同意と呼ばれている。包括的不特定同意（non-specific consent）ともいえるこの同意は、さらに包括同意（blanket consent、general consent）と広範同意（broad consent）に分けられる。

表３は、バイオバンクにおける研究利用の同意類型を簡略に示したものである。包括同意は試料の将来の研究用途・範囲が限定されないため、白紙同意（open consent）ともいわれている。広範同意は将来の研究用途について「がん研究での利用に使ってよい」など一定の方向性が備わっている点に特徴があるが、包括同意に比べると制限を受ける。

同じ表にある無同意（no consent required）とは、提供者の連結不可能匿名化の試料・データを用いた研究は「いかなる同意も取らない」方式で、2000年以降のヘルシンキ宣言に明記されている。

オプト・アウト方式（opting out）は、消極的同意（passive consent）、

表３　同意の類型と特徴

類型		特徴
特定同意（限定同意、個別同意）		特定の研究目的、用途に限定。当初の同意内容にない事項について再同意の必要が生じる。
包括的（不特定）同意		
	包括同意（白紙同意）	研究用途が限定されない反面、被験者のその後の意思（コントロール）が反映されない短所がある。
	広範同意	研究利用にある程度のイメージとコントロールを持つことができる。
無同意		連結不可能匿名化を対象とし、いかなる同意も取らない。
オプト・アウト方式（消極的同意、推定同意）		拒否の意思表示をしない限り同意したと見なされる。明示的な「同意」は存在しない。オプト・イン方式は通常の個別同意。
層別同意（段階的同意）		選択肢に示された将来の研究用途希望が尊重される。バイオバンクなど大規模コホート研究向き。
ダイナミック・コンセント（動的同意）		最初に包括同意し、その後の研究用途変更などをインターネットなどを使って双方向でやりとりする。

（「入門医療倫理Ⅲ：公衆衛生倫理」赤林 朗／児玉 聡　編（勁草書房、2015年）の表10−1（松井健志・田代志門作成）を参考に筆者作成。）

推定同意・見なし同意（presumed consent）とも呼ばれるが、拒否の意思表示をしない限り、同意したと見なされる。それと対の関係にあるオプト・イン方式は、通常の個別の同意取得を指す。

層別同意（tiered consent、layered consent）は段階的同意とも呼ばれるように、使用可能な一定の研究目的と範囲をあらかじめ設定した複数の選択肢の中から、同意したものについて将来の研究を特定しておく。

ダイナミック・コンセント（dynamic consent）は、2000年代初めに登場した同意の概念であるが、最初に包括同意を得ておき、さらに個別の研究目的に対し再同意を得る。その最大の特徴は、インターネットなど情報通信技術（ICT）を利用して同意内容の変更や同意撤回などを双方向のやりとりで継続的にできる点であろう。そこが包括同意、白紙同意のような一回限りの静的（static）な同意との対比で、動的同意なのである。

以上、同意の類型とその特徴を簡略に記したが、従来からの特定同意が今なお“正統的な”同意方式とされる。だが、医科学研究の進展にともない、研究内容の広がりと、次世代シークエンサーに代表される「未知の領域」の探索にともなう種々の発見が同意の形態を変えようとしている中で、研究用途変更に必要な再同意手続きを省く手法として、最初から白紙委任状態を認める包括同意をはじめとする形態（表３参照）が大きな流れになりつつあるという。

2012年時点で世界の主要な11のバイオバンクのうち９か所で包括同意が採用されているとの海外論文[6]もある。しかし、岡山大学大学院医歯薬総合研究科の森田瑞樹准教授によると、「この論文には、それにもかかわらず、どのようなインフォームド・コンセントが適切かという議論はあまり活発になされておらず、研究者の間でコンセンサスも得られていない」[7]。

森田氏自身はその中で、概略次のように記している。

「インフォームド･コンセントは十分に最適化されているとは言いがたい。そのあり方をとらえ直すことで、自分自身の医療・健康情報がどのように利用されるかを患者・一般市民がコントロールできる範囲が広がり、また医学研究への患者・市民参画の機会を増やすことができるだろう」。

ここに見る「患者・一般市民参画」との指摘は、医科学研究が市民社会との接点を持つだけでなく、研究のあり方や内容について非研究者の視点から“研究参加”する意味合いを含んでいるようにも思える。被験者用説明文書にしばしばみられる研究対象としての「研究参加」にとどまらない「参画」とは何か。

5　医科学研究発展と社会との関わり――市民の研究参画

個人のすべての遺伝情報を大規模に解析するパーソナルゲノム時代を迎えている。人類、文明が初めて経験する社会が、医科学研究をどのように進め、究極のセンシティブ情報とも呼ばれる個人の遺伝情報をどう扱い、守っていくのか、医科学研究に役立てられる範囲はどこまでなのか、制限はないのか。

解く鍵の一つは、分野を問わず研究全般にありがちな研究者本位の志向

――研究者がすべてをお膳立てし、「事前的」な１回限りの特定（限定）同意をするだけの被験者（提供者）――といった旧来型スタイルからの脱却ではないだろうか。表３に示したように同意のパターンは意想外に多く、運用もフレキシビリティに富んでいそうだ。

研究の目的と内容、社会に果たす役割に応じて被験者のイメージが湧き、意思が働くような選択肢を研究者側が用意することによって、被験者の権利も善意も守られるとともに、研究の多様性、豊饒性、何より信頼性が増すと考えられないだろうか。前出の森田氏が指摘する「患者・一般市民のコントロール範囲」の広がりと、「医学研究への参画の機会」の増加にもつながる可能性に期待したい。

ELSI（Ethical Legal and Social Implications＝エルシー）は、ヒトゲノムやゲノム研究一般に関する倫理的、法的、社会的諸問題の分析を目的に1990年にスタートしたプログラムであるが、近年、日本でも遺伝子解析研究の普及にともない、国、研究機関、多様な分野の研究者が参加する様々なレベルでのプロジェクトが多数進行してきた。その中で、本稿で取り上げてきた偶発的所見に対する開示のあり方、より実質的かつ合理的なインフォームド・コンセントのあり方などをめぐり広く深く議論されている部分も現れているようだ。

しかし、そのような流れが一般の人たちに単に知識を与える啓発的レベルで終わっていては意味がない。自律性に基づく自己決定権の尊重、人間の尊厳はいうまでもなく、「ゲノム解析が社会にもたらすメリットとデメリット」「新遺伝学は人間存在に危機となるのか」といった課題などを、社会科学、人文科学、自然科学の専門家が助言者としての役割を自覚しつつ掬（すく）い上げ、共に考え、社会、地域に還元（循環）する方向性の確立が大切だ。

その橋渡しを担うのが、新聞を中心とした放送などマスメディアである。SNSによっては活用できる媒体も少なくない。パーソナルゲノムの今日、針小棒大、紋切型批判、金太郎飴のような切り口を専らとする旧弊なパターンのジャーナリズムは終わりを告げようとしている。

キーワードはジェネティック・リテラシー。ゲノム医学・医療、バイオバンクの長所と短所を的確に理解し、過度の期待や無批判ではなく、可能性と限界を知った上での評価・判断ができる。そんなジェネティック・リテラシーを身につけた市民が、二重の意味の研究参加者になれば、これほど医科学研究者にとって心強いものもないのではないか。

結語　ゲノム指針が枷になるとの杞憂に対して

折しも個人情報保護法が2015年９月に改正され、２年以内に施行される。この改正で初めて、ゲノム情報を用いた医科学分野での実用化が打ち出される見通しだが、日本経済新聞16年１月31日朝刊によると、「研究者の間から、「法の縛りがきつ過ぎると、研究に不可欠なデータや情報を交換しづらくなる」といった悲観的な声も出ている。だが、むしろ法が研究者を守ってくれると考え、一般市民らを味方に引き込むチャンスのようにも思える。

行政倫理指針には法律のような強制力、拘束力はないにせよ、ゲノム指針、医学系指針を併せて読む限り、研究を進める上での支障がそうそうあるとは思えない。

他方、被験者サイドから見て、被験者・提供者の権利が軽く扱われていることもなさそうに思える。本稿を書くために両指針を読み返してみて、改めてそう思った。

2016年１月初旬、京都市で開催された第52回医学系大学倫理委員会連絡会議の冒頭特別講演で、生命倫理学の泰斗、位田隆一氏（京都大学名誉教授、滋賀大学学長）は、「倫理的に妥当であり、科学的に合理的な研究は、『研究の自由』が保障される」と述べた上で、「倫理審査は被験者保護を通じて研究者を守る機能を有している」と講演を結んだ。

「高い倫理の上に、質の高い研究が成り立つ」とも言い添えた。医科学研究発展の鍵は、まさにそこにある。

【参考資料】

1）Wilmut, I., et al., Viable offspring derived from fetal and adult mammalian cells. *Nature* 385: 810–813, 1997.

2）井上悠輔「ヒトゲノム解析に関する倫理指針の改正」*Organ Biology* 21(1): 24–32, 2014.

3）井上悠輔「人由来試料の収集・分譲計画（バイオバンク）への研究倫理指針の適用と課題」*Organ Biology* 22(2): 235–246, 2015.

4）井上悠輔「ヒト試料の取扱いと研究倫理」『医学のあゆみ』246(8): 545–551, 2013.

5）戸田聡一郎「大規模ゲノムコホート研究実施におけるELSI～偶発的所見、インフォームドコンセント、個別化医療～」『医薬ジャーナル』50(3): 61–63, 2014.

6）Master, Z., et al., Biobanks, consent and claims of consensus. *Nature Methods* 9: 885–888, 2012.

7）Morita, M. Patient-centerd medical and health information management and dynamic informed consent. *J. Infor. Proc. and Manage.* 5(1): 3–11, 2014.

III 資　料

1　研究用バイオバンク

①「手術等で摘出されたヒト組織を用いた研究開発の在り方について」 “医薬品の研究開発を中心に”（厚生科学審議会先端技術評価部会・ヒト組織を用いた研究開発の在り方に関する専門委員会報告書）【黒川報告】

（平成10年７月21日）

１．背景

○　新医薬品の研究開発において、薬物の代謝や反応性に関しヒト―動物間に種差があり、動物を用いた薬理試験等の結果が必ずしもヒトに適合しないことがある。ヒトの組織を直接用いた研究開発により、人体に対する薬物の作用や代謝機序の正確な把握が可能となることから、無用な臨床試験や動物実験の排除、被験者の保護に十分配慮した臨床試験の実施が期待できるとともに、薬物相互作用の予測も可能となる。また、このように新薬開発を効率化するだけでなく、直接的にヒトの病変部位を用いることによって、疾病メカニズムの解明や治療方法、診断方法の開発等に大きく貢献できるものと期待される。

○　諸外国では、既にヒトの組織を直接用いた研究開発が実施されており、その供給体制も含めた利用のための条件が整備されている。

○　我が国でも、医学・医療研究においては、基礎研究や診療も含めて、一定の要件のもとにヒト組織が研究に用いられてきたが、新医薬品の研究開発へのその利用は限られてきた。

○　ヒト組織を用いた研究開発を進めるためには、提供者の意思確認や倫理的側面の検討が不可欠であり、それらを含めてヒト組織の利用のための手続きを明確化する必要がある。

○　このような背景から、平成９年12月12日に厚生大臣から、厚生科学審議会に「手術等で摘出されたヒト組織を用いた研究開発の在り方について」が諮問され、厚生科学審議会先端医療技術評価部会の下に「ヒト組織を用いた研究開発の在り方に関する専門委員会」が設置された。

2．厚生科学審議会での検討経緯

○　専門委員会では、医薬品の研究開発における有効性・安全性評価のためにヒト組織を用いる場合について、また、欧米では主要な供給源である移植不適合の組織が我が国においては法令により使用不可能なことから、手術等で摘出されたヒト組織の利用について、検討を行うこととした。

○　しかしながら、専門委員会での検討結果は、ヒト組織を用いた他の研究にも関係すると思われることから、大学等の研究者が行う研究やヒト組織そのものを医薬品等の材料として用いる研究、また、例えば、死胎、移植不適合臓器等を用いる研究も視野に入れて検討を行い、ヒト組織の利用に係る普遍的な問題を洗い出すこととした。

○　専門委員会では、審議に先立って、平成７年９月の閣議決定「審議会等の透明化、見直し等について」に基づき、専門委員会の公開の在り方について議論を行い、議事録を公開するとともに、意見聴取する場合などについては、必要に応じて議事を公開していくとの結論に達した。

○　専門委員会では、平成10年２月に第１回委員会が開催され、計５回の審議を重ね、専門委員会報告書が取りまとめられた。その間、日本製薬工業協会、HAB協議会（Human & Animal Bridge Discussion Group：平成４年２月に医学、薬学の研究の場におけるヒト組織の有効利用の推進を目的に発足した任意団体）から意見聴取を行った。また、第４回専門委員会において作成した「手術等で摘出されたヒト組織を用いた研究開発の在り方について」の中間メモをインターネット上で公開し、広く国民一般からの意見を求め、得られた意見を参考に、さらに検討を行った。

○　平成10年８月21日には、専門委員会報告書をもとに、先端医療技術評価部会において議事を公開のうえ審議が行われ、さらに、平成10年12月15日には、厚生科学審議会総会において審議が行われた。

3．ヒト組織を用いた医薬品の研究開発の現状

○　米国では、新薬開発における「in vitro試験（試験管内など人工的な環境下における試験）の指針」においても、ヒト組織の使用が推奨されている状況である。研究開発に用いられるヒト組織は、移植不適合の臓

器に由来するものが中心であり、複数の非営利機関を通して、個々の研究者あるいは製薬企業等の民間企業に提供されている。其々の非営利機関では、病理検査や生化学的検査を実施し、入手希望者の研究内容を評価した上で、実費により提供している。また、英国では、非営利の独立法人であるナフィールド委員会（Nuffield Council on Bioethics）の報告書「ヒト組織（倫理的、法的問題）」において、その取り扱いの指針が示されている。

○　我が国では、HAB協議会が米国の非営利機関から移植不適合の臓器を輸入し、大学等の研究者に提供しているが、製薬企業等の民間企業に対しては、HAB協議会関連施設内における共同研究以外では、その利用を認めていない。また、HAB協議会の活動とは別に、肝ミクロソーム等が試薬として輸入販売されており、医薬品等の研究開発に用いられている。

○　このような状況の下で、我が国の製薬企業の中には、ヒト組織を用いた試験を海外に依頼している例もある。

4．医薬品の研究開発におけるヒト組織利用の必要性

○　現在、医薬品の研究開発においては、動物を用いた前臨床試験が行われ、その有効性や安全性が確認されたうえで、直接ヒトに薬物を投与する臨床試験が実施されている。しかし、薬物の代謝や反応性に関し、ヒト―動物間に種差が存在することから、動物実験では予期されなかった毒性が発現する例も知られている。この様な場合に、ヒト組織を用いた試験を行うことによって、動物実験では明らかにできなかった副作用を予測できるなど、被験者の一層の安全性の確保が期待できる。

○　医薬品の有効性や体内動態に関して人種差が存在することは良く知られている。したがって、我が国でのヒト組織を用いた医薬品の研究開発が行われることは、日本人にとってより有効性と安全性の高い医薬品の創製にとって必要とされる。

○　医療の現場では、患者に対して、単剤でなく、複数の薬物が同時に投与されることが多い。この際の薬物相互作用による人体への毒性発現に

ついては、その組合せが多数に及ぶことから臨床試験で全てを明らかにすることは困難であり、薬物が市販された後に、その危険性が明らかになることも少なくない。この様な場合においても、ヒト組織を用いて薬物の代謝や反応性を検討することにより、ある程度の薬物相互作用発現の予測が可能である。

○　医薬品の研究開発は、日米欧で共通の基準に沿って行われることとなっている。欧米では、既に医薬品の研究開発においてヒト組織を用いた有効性、安全性の評価が取り入れられていることから、我が国も同様にヒト組織を用いた研究開発を推進していく必要がある。

○　さらに、ヒト組織の研究開発を推進することは、ヒト蛋白質をヒト細胞に製造させたり、ヒトの正常組織そのものが、画期的な医薬品や人工臓器となりうるなどの可能性をもたらすことが期待されている。

○　以上のように、ヒト組織を研究開発に利用することは、保健医療の向上に必要不可欠なものであり、その利用については、公明で且つ厳正な一定の要件を確立することは当然であるが、我が国でも積極的な推進を図るべきである。

5．ヒト組織の提供について

○　ヒト組織の収集・提供にあたっては、人体の組織とか器官などの利用に対する日本人の感覚に配慮するとともに、ヒト組織の利用に対する不信感を持たれないような配慮を行いつつ、非営利の組織収集・提供機関によって製薬企業を含めた研究開発を行う者にヒト組織を提供することが望ましい。関係諸組織の協力の下に、この様なヒト組織の収集・提供を行う非営利の組織収集･提供機関の設置を前向きに検討すべきである。

○　医薬品の研究開発に利用するヒト組織の供給を今後も海外に頼っていくことは、国際的な責任を果たすという観点から決して好ましいことではない。最大限可能な範囲で、我が国自らが供給の確保にあたることが重要である。

○　使用されるヒト組織としては、欧米では移植不適合臓器が中心であるが、我が国においてはまず、量は少ないが、日本でも利用が可能な手術で摘出されたヒト組織を利用していくことから始めるべきである。

○　この手術で摘出された組織は、当該医療行為が適正に行われた上での利用が前提である。このため、術前に詳細な説明によって当該医療行為が適正に行われることについて、提供者の理解と同意を得る必要があるとともに、提供者やその家族等の要望に応じ、当該医療行為が適正に行われたことについて、情報を開示できるようにするべきである。

○　ヒト組織としては、手術で摘出された組織以外にも、生検で得られた組織、胎盤等も研究開発に利用できるが、その様な組織についても、適正な手続きを踏まえた上で、利用が図られるような体制の構築が必要である。

○　移植不適合臓器については、現行法上、研究開発に利用することは不可能であるが、臓器移植法の見直しの際には、諸外国と同様に、それらを研究開発に利用できるよう検討すべきである。

6．ヒト組織を研究開発に利用するために必要とされる要件

(1)　組織を摘出する際の説明と同意

○　どのような場合であれ、ヒト組織を研究開発に利用するためには、組織を摘出する施術者が、医療の専門家でない提供者にも理解ができるように十分な説明を行った上で文書による同意を得る必要がある。その際には、適正な医療行為による手術で摘出された組織の一部が研究開発に利用されること、そのために非営利の組織収集・提供機関に提供されること等についても説明し、同意を得る必要がある。なお、提供に対する患者の同意の有無が、当該手術の実施やその内容に影響することがあってはならない。また、患者にその旨を説明しなければならない。

○　なお、提供者からの同意は、基本的には医療行為の前に得るべきであるが、病変部位を摘出した後に当該病変部位の学問的重要性が明らかになった場合などは、その後に説明を行い、提供者の理解と同意が得られれば、当該組織を利用することができる。

○　子ども等の一般の成人と同様の扱いができないものについては、本報告書とは別にその在り方を検討する必要がある。

⑵　ヒト組織を用いた研究開発の事前審査・事後評価について

○　倫理委員会を医療機関、組織収集・提供機関、研究開発実施機関のそれぞれの機関において設置する必要があり、その倫理委員会の構成に当たっては、医学の専門家でないものの参画を求めることとする。

○　医療機関の倫理委員会においては、ヒト組織の提供を行うための提供者からの同意の取り方及びその文書・様式、研究計画などの倫理的妥当性について事前審査を行うとともに定期的に事後評価を行う。

○　組織収集・提供機関の倫理委員会は、倫理・審査委員会とし、研究開発実施機関の申請に基づき、倫理的、科学的妥当性について事前審査を行うとともに、定期的に研究の進行状況、研究結果などについて報告を求め、その妥当性について評価を行う。

○　研究開発実施機関の倫理委員会においては、倫理的妥当性について審査を行うとともに、科学的に意味のない研究が行われないように、研究目的、研究計画などの事前審査、研究の進行状況、研究結果などの定期的な事後評価を行う。

⑶　ヒト組織を用いた研究開発の経費負担の在り方について

○　ヒト組織の提供はあくまでも善意の意思による無償提供で行われるべきものであって、利益の誘導があってはならない。

○　しかしながら、手術で摘出された組織を適切な状態で収集・運搬し、検査・提供するには、かなりの負担がかかることから、そのための経費については、利用者負担とする。

⑷　ヒト組織に関する情報の保護及び公開

○　提供者個人が特定されうる情報については、厳に管理され、漏洩されるようなことがあってはならない。

○　病名、年齢、性別等の研究開発に必要な情報で且つ提供者個人が特定されない情報については、提供者からあらかじめ同意を得、研究開発を行う者に提供することができるものとする。

○　なお、ヒト組織を用いた研究開発によって得られた結果は、一定期間を経たのち、公表するものとする。

7．その他検討すべき事項

○　ヒト組織を有効に研究開発に利用するために、得られたヒト組織の保存方法、輸送方法や研究開発に利用できるかどうかの判定基準の作成のための研究が必要である。

○　また、ヒト組織を利用する研究者が研究開発を行なうにあたって、研究者の安全の確保が必要であり、ヒト組織の生物学的汚染等に関する情報提供については、本報告書とは別にさらに専門家による検討が必要である。

○　本報告書の検討対象としたヒト組織の研究開発利用については、科学的進歩や経験の蓄積は日進月歩であり、さらに、その時々の社会通念によってもその取り扱いが異なるべきものであることから、適宜見直すことが必要である。

②ヒト組織を利用する医療行為の倫理的問題に関するガイドライン

（平成14年８月２日作成、平成22年８月27日最終改訂）（日本組織移植学会）〈抄〉

Ⅰ．～Ⅵ．　〈略〉

Ⅶ．研究機関及び企業等における研究・教育・研修への利用及びその他の利用について

A．認定組織バンクは、移植への利用を主たる目的としてヒト組織の提供を受けるものである。しかしながら、ヒト組織を移植に用いることができない場合又は家族の希望がある事例において、家族の書面による承諾が得られた場合には当該ヒト組織を研究機関及び一般研究者（企業を含む）における研究・教育・研修等への利用目的のために提供することができるものとする。

B．研究とは、ヒューマンサイエンス振興財団、大学等の研究機関、医療機関もしくは企業の一般研究者等により行われ、又はこれらの者の協力により行われる疾病治療に役立つ医学研究とし、教育・研修はヒト組織の処理技術に係る研究並びに組織バンクの技術者の技術習得・向上を目的とした研修とすること。

C．認定組織バンクが、採取したヒト組織を移植医療に関する研究機関あるいは研究目的で企業に提供する際には、Ⅷ－H．に定める倫理委員会等において当該研究の内容の妥当性について確認し、提供の可否を判断すると共に、その判断の過程を明確にすること。

D．研究・教育・研修以外の目的でヒト組織の提供を受ける企業は、生物由来製品等の製造等を行う企業に限り、さらにその企業はⅦ－H．に定める諸要件を備えた企業であること。提供する際には、Ⅷ－H．に定める倫理委員会等において内容の妥当性について確認し、提供の可否を判断すると共に、その過程を明確にすること。

E．認定組織バンクより提供され、企業で用いられるヒト組織については、提供を受けた企業はその提供を受けた日時、提供を受けた機関名、利用目的等の記録を作成・保存すること。

F．認定組織バンクが、採取したヒト組織を企業に提供する際には、Ⅷ-H．に定める倫理委員会等において当該使用目的の妥当性について確認し、提供の可否を判断するとともに、取扱い主体、提供数の記録を作成・保存すること。

G．認定組織バンクは、採取したヒト組織を企業に提供する際にもⅥ-G．Ⅷ-J．に定める様に非営利・公的機関として、いわゆる「対価」とみなされないヒト組織の採取・保存及び移植等に係わる経費・費用以外は請求してはならない。

H．企業が備えるべき要件

1．日本組織移植学会が定める「ヒト組織を利用する医療行為の安全性確保・保存・使用に関するガイドライン」の為の要件を満たし、かつ日本組織移植学会からヒト組織の提供許可を受けていること。

2．「細胞組織利用医薬品等の取扱い及び使用法に関する基本的な考え方」旧厚生省医薬安全局、平成12年12月26日）の規定を遵守した運営がなされることを担保している企業であること。

3．日本組織移植学会に所属している企業であること。

Ⅷ．～　〈略〉

③ブレインバンク倫理指針

（2015年９月26日）（日本神経病理学会・日本生物学的精神医学会）〈抄〉

Ⅰ　ブレインバンクとは

Ⅰ－1　ブレインバンクの意義と目的

ブレインバンクは、研究の推進を通じて次の世代に「希望の贈り物[1]」をしたいという市民の意思を活動の基礎とする。ブレインバンクは、その意思を実現するため、提供された死後脳組織等を適切に管理し、こころと身体の健康の向上に向けた研究を促進する役割を担う。ここで扱われる対象はご遺体由来であり、ご遺族の篤志が支える点で、死の尊厳への畏敬の念が全てのプロセスに共通する。

Ⅰ－2　ブレインバンクが取り扱う対象

ブレインバンクとは、こころと身体の健康の向上に寄与する研究を目的に、下記の対象者から対象組織および情報の提供を受け、その集積と供給を行う機関をいう。

ａ）対象者

神経・精神疾患の罹患者および非罹患者。

ｂ）対象組織

死体解剖保存法および病理解剖指針に基づく解剖によって摘出された脳全体およびその一部（左右の大脳、小脳、脳幹等）、脊髄全体およびその一部、およびそれ以外の組織（末梢神経・筋、血液、脳脊髄液、肝臓等全身臓器、皮膚等）の一部。

ｃ）情報

提供者の生前の健康・医療状態に関する情報。生前登録の際に本人の同意に基づいて本人、主治医等から取得する臨床情報、提供の際に遺族等の同意に基づいて遺族等、主治医、医療機関等から取得する死因を含む生前情報の両方を含む。

Ⅱ　本指針の基本方針

従来、死後組織を対象とする医学研究は死体解剖保存法の「医学研究のため特に必要があるときに、遺族の承諾を得て、死体の全部又は一部を標本として保存することができる。」という規定に基づいて行われてきた。死後組織の研究使用やそのための同意の取得については、生検や手術により得られた組織とは異なる倫理的な配慮が必要で、死者の尊厳や遺族感情、社会通念に十分配慮した上での倫理的、技術的に妥当な取り扱いが必要とされる。そこで本指針は、ブレインバンク運営や死後脳組織の研究利用に関する手続きを死体解剖保存法の精神に則って行うための指針を示すことを目的として、策定された。なお、ブレインバンク事業に関する事項について、以下の点に留意するものとする。

Ⅱ－1　剖検を前提とすること

病理解剖（許可自治体においては一部行政解剖を含む）は、死亡した患者へ確定診断を与えることで本人への最後の奉仕を行うと同時に、神経・精神疾患罹患者の場合、遺族・介護者への貢献を行うことが前提である。本邦ブレインバンク事業は剖検を前提とする点で、正確な神経病理診断を行うことが必須事項である。

Ⅱ－2　ブレインバンク事業と死体解剖保存法

ご遺体の解剖を経てその一部を摘出し、保存する過程は、死体解剖保存法にいうところの「解剖」「保存」に該当するものとして扱い、同法の要件を遵守する必要がある。一方、標本としての「保存」以降の活動、すなわち試料としての二次的な加工、外部への試料の供給、研究者による利活用のあり方について、同法には明確な規定がない。法文上の「解剖」や「死体の一部」に関する要件を死体に由来するすべてに一義に拡張して適用することは実務上困難であり、事実、「標本が死体の僅少の部分に止まる」場合については、過去の厚生省の行政指導や病理解剖指針に示された方針においても、上記の規定の適用がないとする方針が示されてきた（昭和26年２月10日埼玉県知事あて厚生省医務局長回答・医収第77号、病理解剖指針［昭和63年厚生省健康政策局長通知・健政発第693号])。その一方、加工を経た試料も、これがご遺体に由来することに照らして、その使用については、遺族の同意を得ることはもちろん､礼意をもった取扱いをする等の社会的相当性を満たし､かつ公衆衛生上の観点から適切でかつ厳正な管理のもとにおくことが求められる。

Ⅱ－3　解剖と保存・保管の場所について

広く脳の集積を行う必要のあるブレインバンクでは、自施設以外の医療機関等で死亡した患者の死体を解剖し、その一部を保存・保管する手続きとして下記のいずれかをとる。a）死体をブレインバンクがある施設まで搬送し解剖を行う、b）患者が死亡した医療機関等において、ブレインバンクから派遣された者が解剖を行う、c）患者が死亡した医療機関等の解剖資格者が解剖して、摘出された対象組織をバンクに搬送する。これには、他ブレインバンクが運用する生前登録（Ⅴ参照）をもとに、他の機関が死体の解剖や、その一部の保存・保管に協力する場合も含まれる。死体解剖保存法17条が規定する大学または地域医療支援病院もしくは特定機能病院に設置されるブレインバンク、および、同法第18条が規定する死体の解剖をすることができる者が運営を行うブレインバンクでない場合、死体の全部または一部の保存について、死体解剖保存法19条に定める都道府県知事の許可を得ることが義務づけられる。なお、死体解剖保存法では、解剖が行われた医療機関等における死体およびその一部の保存までの規定がある一方、これらを他機関に搬送ないし移送し、ブレインバンクにおいて保管、供給することに対応した規定を備えていない。このような場合についても、解剖が実施された病院または解剖を行った解剖資格者が、ブレインバンクに対象組織の管理を委託する、または、共同で対象組織を保存・保管することが考えられる[2]。

Ⅱ－4　生前の診療情報の収集について

生前の診療情報の取り扱いに際しては､「人を対象とする医学系研究に関する倫理指針」（文部科学省・厚生労働省告示）に従う（なお、ゲノム・遺伝情報の取り扱いは上記二省および経済産業省による「ヒトゲノム・遺伝子解析研究に関する倫理指針」にも準拠する。以下、同様)。

Ⅲ　ブレインバンク倫理原則〈略〉

Ⅳ　標準的なブレインバンク運営の指針

Ⅳ-1　提供を受ける際の手続

Ⅳ-1-A　原則

1．候補者、遺族等は、こころと身体の健康の向上に寄与するというブレインバンクの趣旨に賛同する者とする。
2．組織等の提供を受ける際には、遺族等のインフォームド・コンセントを取得すること。
3．組織等の提供を受けることを検討する際には、候補者の生前の意思を尊重すること。
4．候補者が提供しない意思を登録していた場合には、組織等の提供を受けないこと。
5．遺族等は組織等の提供に関するインフォームド・コンセントをいつでも撤回できる。撤回の意思は、遺族等がいる限り、いつでも表示することができるが、その効果は遡及しない。すなわち、研究に使用された試料を返却したり、報告された研究結果を撤回したりすることは求められない。

Ⅳ-1-B　遺族等からのインフォームド・コンセントの手続

1．遺族等に対し組織等の提供に関する説明を行う際は、死後間もない遺族等のおかれている状況に鑑み、その心情に十分配慮する。任意性の確保に配慮し、説明を受けるかどうかを含めて遺族等に拒絶する権利があること、拒絶することによって遺族等が不利益を受けないことを明確に説明すること。
2．候補者が生前に提供意思を登録していた場合（Ⅴ参照）には、遺族等に対し生前登録者の意思内容について説明すること。提供しない意思が登録されていた場合には、その旨を遺族等および病院に伝え、提供がなされないことを確認する。
3．遺族等から組織等の提供に関する同意を受ける際には、下記の内容お

よび事項について書面を用いて口頭で説明し、書面で同意を得ること
①ブレインバンクの意義と概要（連絡先を含む）
②候補者が提供意思を登録している場合は、生前登録の趣旨と生前登録者の意思内容
③組織等の提供は任意であり、提供に同意しないことで不利益な対応を受けないこと。
④同意の撤回に関する事項
・組織等の提供の同意は、研究に利用される前であればいつでも撤回できること。
・撤回の方法
・撤回の場合の組織等の取扱いに関する方針
⑤提供を受ける組織の範囲、組織等の採取および取り扱いの方法
⑥提供を受ける情報の内容と取得の方法
⑦組織等の廃棄に関する方針
⑧組織等の使用、供給および移管に関する方針
⑨予想される使用目的の例
⑩提供の無償性、組織等に係る財産的権利に関する事項
⑪供給先に関する方針（提供された組織が使われる研究は倫理審査を受け承認されたものであること、等）
⑫個人情報等の保護に関する事項
⑬組織等の解析により得られた情報の開示に関する方針（偶然に遺族の健康に関わる情報が得られた場合における開示の可能性および限界について、等）
⑭情報公開の方法・連絡先
⑮国の研究倫理指針や各機関の倫理審査委員会が求めるその他の事項

4．遺族等から書面により同意を取得した場合には、説明内容の記載を含む同意書の写しを遺族等に渡すこと。

5．遺族等から同意の撤回がなされた場合、未使用の部分の脳や試料については、基本的にブレインバンク側が遅滞なく火葬等の適切な処置を行う。本人・遺族に対する説明において、予め、ブレインバンクの方針と

して、撤回があった場合にはバンクで適切な処置（火葬等）を行うことを、伝えておくこととする。撤回の作業が終了した時点で、遺族等にその旨を伝えること。一連の作業を通じて、個人情報等の適切な管理に留意すること。

Ⅳ－２　生前情報の取得

１．組織等の提供を受ける際には、遺族等、主治医、医療機関等を通じて、提供者の氏名・生年月日および下記の生前情報を取得する。
年齢、性別、身長、体重、利き手などの一般情報、発達歴、教育歴、家族歴、生活歴、嗜好品、乱用物質、既往身体疾患、死因、死亡直前の精神的・身体的状況、病歴、臨床症状、検査結果、神経放射線画像、治療歴、感染症の病歴等
２．生前情報の取得は、遺族等、主治医からの聞き取り、医療機関に保管された診療録等の閲覧の方法により行う。
３．遺族等から生前情報の聞き取りを行う際には、遺族等の心情に十分に配慮する。
４．主治医、医療機関から生前情報の提供を受ける際には、情報の取得に関する遺族等の同意書を提示する。提供者が生前に提供意思を表示していた場合は、必要に応じ、提供者の登録申請書をあわせて提示する。

Ⅳ－３　摘出と保存

１．解剖と保存の場所についての規定（Ⅱ－２、Ⅱ－３）も参考にする。
２．病理解剖の場合、剖検実施医療施設において定められた剖検同意書を用いて、ご遺族による書面での同意を得ることが必要である。

Ⅳ－４　死体、組織の搬送

死体をブレインバンクがある施設まで搬送し解剖を行う際、および、死体解剖保存法および病理解剖指針により定められた者が、死体解剖保存法により定められた場所で解剖を行った後、組織を保管するためにブレインバンクに搬送する際は、公衆衛生上の感染防止対策を守り、研究目的に合致した状

態を保つよう努力する。

Ⅳ－5　組織等の取扱い

a）組織・試料の処理と保管

1．組織・試料の処理および保管の際は、神経病理診断を含めた形態病理診断を行った上で、組織・試料を研究目的に合致した状態に保つよう留意する。

2．組織・試料は匿名化された状態で処理、保管、管理する。

3．組織・試料は、可能な限り長期にわたり保管するよう努める。組織等の集積・供給に係る研究計画の審査を受ける際に、組織・試料の保管期間を明記する場合は、10年を目安とし、当該期間の経過後も保管を行う予定であることを記載する。

4．品質管理の徹底を図るため、組織の摘出、組織・試料の処理、保管に係る品質管理責任者を設置する。関係機関と連携の上、組織の摘出、組織・試料の保管に携わる技術者に対する教育・研修を定期的に行う。

5．当該機関において、組織・試料を保管・管理することが困難である場合または他の機関においてより適切な保管・管理が可能である場合には、組織等を他のブレインバンクに移管するなどの方法により組織・試料が有効に用いられるよう配慮する。移管の際は、提供者または遺族等の意思に反しないことを確認し、組織・試料の適切な保管・管理を担保するため、移管先との間でMTA（material transfer agreement）を締結する。

b）情報の保管と管理

1．提供者に関する生前情報は、匿名化して保管する。

2．組織等の匿名化作業、匿名化作業にあたって作成した対応表の管理は、守秘義務を持つ個人情報管理者が責任をもって行う。

3．組織・試料を他のブレインバンクに移管する場合には、生前情報、対応表もあわせて移管する。移管の際は、生前情報、対応表の適切な保管・管理に関する事項をMTAに記載する。

c）組織等の廃棄

1．組織・試料の劣化、組織等の管理上の問題等により、やむなく廃棄する場合には、ご遺体由来であること、感染の防止および個人情報等の漏洩に配慮し、施設の定める適切な方法で行う。

Ⅳ-6　試料の供給

1．試料の供給は、明文化された基準に基づき公正に実施する。
2．試料の供給を行う際は、供給先機関から研究計画の提出を受け、以下の事項の確認が必要である。
①試料がこころと身体の健康の向上に寄与する研究のために用いられること。
②研究計画に倫理的・科学的妥当性があることを、ブレインバンクの第三者を含む学術審査委員会等において確認すること。
③当該研究計画について供給先機関の倫理委員会等の承認が得られていること。
④死者の尊厳、個人情報等の保護等の観点から、組織等の取扱いが適正になされる見込みがあること。
⑤バイオハザードに対応した研究構築がされていること。
⑥供給先機関は利用実績を定期的に報告することが原則である。試料を使用する見込みがなくなった場合は、試料をブレインバンクに返却する。
⑦リソース使用希望者は、生前登録を含むブレインバンク活動に反する活動を行ってはならない。
3．試料の供給を行う際には、試料の適正な利用を担保するため、供給先機関との間でMTAを締結すること。MTAには必要に応じて第三者への譲渡を制限または禁止する等の内容を含むこと。
4．試料を供給する際、研究目的に合致した状態を保つよう留意する。また提供死者及びご遺族への畏敬の念、公衆衛生的観点への配慮をする。
5．供給先、供給した試料の内容、提供者の臨床情報、解析結果に係る情報は、可能な限り長期に亘り保管すること。組織等の集積・試料の供給に係る研究計画の審査を受ける際に、これらの情報の保管期間を明記する場合は、10年を目安とし、当該期間の経過後も保管を行う予定であることを記載する。

6．ブレインバンクから提供された試料を用いた研究により発明がなされ、その発明を行った者がその発明について特許権等の知的財産権を取得しようとする時は、ブレインバンクの公共性と、篤志に基づく無償性の性格を考慮して、ブレインバンクとの協議を前提とする。

7．ブレインバンクから提供された試料を用いた研究期間の終了後、あるいは、研究者らが目的とする一定の研究成果をあげ発表を行った後、得られた情報をブレインバンクに提供し、ブレインバンク、および、ブレインバンクの利用者がその情報を2次利用できるようにすることが望ましい。

Ⅳ-7　ブレインバンクの運営体制　〈略〉

Ⅴ　ブレインバンク生前登録の手続

1．ブレインバンクを社会との調和の中で持続的に展開する観点から、生前登録システムの導入が推奨される。生前登録は、原則として、その主旨を理解した上で、自ら判断し同意する能力のある人を対象とする[3]。候補者に対し生前登録に関する説明を行う際には、任意性の確保に配慮し、説明を受けるかどうかを含めて候補者に拒絶する権利があること、拒絶することによって候補者が不利益を受けないことを明確に説明すること。自ら判断し同意する能力の有無についての判断を慎重に行うため、インフォームド・コンセント取得の過程には、原則として主治医以外のコーディネーター等が関わることとする。

2．生前登録の候補者から組織等の提供を行う意思の登録申請を受ける際には、下記の内容および事項について書面を用いて口頭で説明し、書面で申請を受けること

①ブレインバンクの意義と概要（連絡先を含む）

②提供意思ないし提供しない意思の登録は任意であり、登録するか否かによって、得られる治療上の利益が変わることはないこと。

③提供の際には遺族等の同意が必要であること。提供意思の登録があっても、遺族等の不同意や医学的な理由等によって提供が行われない場合があること。

④生前登録の撤回に関する事項

・候補者の申請に基づいてなされた意思登録は、いつでも撤回または変更できること。

・撤回、変更の方法

⑤生前登録の際の臨床情報の取得に関する事項

・提供意思の登録の際には、候補者、主治医、医療機関等から臨床情報の提供を受けること。

・提供を受ける情報の内容と取得の方法

⑥提供を受ける可能性のある組織の予定範囲、組織等の採取の方法とその取り扱い

⑦生前情報の取得に関する事項

・死後に、遺族等、主治医、医療機関等から臨床情報の提供を受けること。

・提供を受ける情報の内容と取得の方法

⑧組織等の取り扱いと廃棄に関する方針

⑨組織等の使用、供給および移管に関する方針

⑩予想される使用目的の例

⑪提供の無償性、組織等に係る財産的権利に関する事項

⑫供給先に関する方針（提供された組織が使われる研究は倫理審査を受け承認されたものであること、等）

⑬個人情報等の保護に関する事項

⑭組織等の解析により得られた情報の開示に関する方針（偶然に健康に関わる情報が得られた場合における開示の可能性および限界について、等）

⑮情報公開の方法・連絡先

3．提供意思の生前登録を受ける際には、候補者、主治医、医療機関等を通じて、候補者の氏名・生年月日・連絡先に加え、あらかじめ下記の臨床情報が死後必要となることのコンセンサスを得る努力を行う。

年齢、性別、身長、体重、利き手などの一般情報、発達歴、教育歴、家族歴、生活歴、嗜好品、乱用物質、既往身体疾患、死因、死亡直前の精神的・身体的状況、病歴、臨床症状、検査結果、神経放射線画像、治療歴、感染症の病歴等

Ⅲ 資　　料

Ⅵ　見直し〈略〉

Ⅶ　用語の定義

遺族等：このガイドラインにおける遺族の定義、および遺族の範囲の解釈については、「臓器の移植に関する法律」の運用に関する指針（ガイドライン）（平成９年10月８日制定、平成24年５月１日一部改正版）に示された親族の定義を参考にしつつ、「人を対象とする医学系研究に関する倫理指針」（平成26年12月22日告示）および「人を対象とする医学系研究に関する倫理指針ガイダンス」（平成27年３月31日改訂）をも参考にして、各機関の倫理審査委員会が総合的に判断する。

組織：試料として研究者に供給するための加工・調整を経る前段階のもの。ブレインバンクの性質上、主として脳組織を示すが、研究用途に応じて他の臓器や脊髄、髄液、体液、末梢臓器等が広く含まれうる。

試料：ブレインバンクから具体的な研究計画に応じて研究者に供給され、使用されるもの。一般的には、組織の一部を切除・抽出したり、固定したりするなど、個々の研究用途に応じて加工・調整がなされ、使用段階にあるものを指す。

注釈

注１　「Gift of Hope」は多くの国でブレインバンクの趣旨を示す標語として用いられている。

注２　文部科学省脳科学研究戦略推進プログラム「精神・神経疾患克服のための研究資源（リサーチリソース）の確保を目指した脳基盤の整備に関する研究」法倫理委員会検討結果。

注３　本ガイドラインは、患者本人（又は判断能力に応じて意思決定を代行する者）の理解と協力のもと、各機関における倫理委員会の承認と監督を受けて行われる、生前の段階からの症例収集と登録を制約するものではない。この場合でも、解剖や組織・試料の取扱いは遺族等の同意を前提とする。

Ⅷ　施行期日〈略〉

2　死体解剖保存法

①死体解剖保存法

（昭和24年法律第204号。最終改正：平成26年法律第83号）〈抄〉

第１条　この法律は、死体（妊娠４月以上の死胎を含む。以下同じ。）の解剖及び保存並びに死因調査の適正を期することによつて公衆衛生の向上を図るとともに、医学（歯学を含む。以下同じ。）の教育又は研究に資することを目的とする。

第２条　死体の解剖をしようとする者は、あらかじめ、解剖をしようとする地の保健所長の許可を受けなければならない。ただし、次の各号のいずれかに該当する場合は、この限りでない。

一　死体の解剖に関し相当の学識技能を有する医師、歯科医師その他の者であつて、厚生労働大臣が適当と認定したものが解剖する場合

二　医学に関する大学（大学の学部を含む。以下同じ。）の解剖学、病理学又は法医学の教授又は准教授が解剖する場合

三　第８条の規定により解剖する場合

四　刑事訴訟法（昭和23年法律第131号）第129条（同法第222条第１項において準用する場合を含む。）、第168条第１項又は第225条第１項の規定により解剖する場合

五　食品衛生法（昭和22年法律第233号）第59条第１項又は第２項の規定により解剖する場合

六　検疫法（昭和26年法律第201号）第13条第２項の規定により解剖する場合

七　警察等が取り扱う死体の死因又は身元の調査等に関する法律（平成24年法律第34号）第６条第１項（同法第12条において準用する場合を含む。）の規定により解剖する場合

２　保健所長は、公衆衛生の向上又は医学の教育若しくは研究のため特に必要があると認められる場合でなければ、前項の規定による許可を与えてはならない。

3　第１項の規定による許可に関して必要な事項は、厚生労働省令で定める。

第３条～第６条　〈略〉

第７条　死体の解剖をしようとする者は、その遺族の承諾を受けなければならない。ただし、次の各号のいずれかに該当する場合においては、この限りでない。

一　死亡確認後30日を経過しても、なおその死体について引取者のない場合

二　２人以上の医師（うち１人は歯科医師であつてもよい。）が診療中であつた患者が死亡した場合において、主治の医師を含む２人以上の診療中の医師又は歯科医師がその死因を明らかにするため特にその解剖の必要を認め、かつ、その遺族の所在が不明であり、又は遺族が遠隔の地に居住する等の事由により遺族の諾否の判明するのを待つていてはその解剖の目的がほとんど達せられないことが明らかな場合

三　第２条第１項第３号、第４号又は第７号に該当する場合

四　食品衛生法第59条第２項の規定により解剖する場合

五　検疫法第13条第２項後段の規定に該当する場合

第８条　政令で定める地を管轄する都道府県知事は、その地域内における伝染病、中毒又は災害により死亡した疑のある死体その他死因の明らかでない死体について、その死因を明らかにするため監察医を置き、これに検案をさせ、又は検案によつても死因の判明しない場合には解剖させることができる。但し、変死体又は変死の疑がある死体については、刑事訴訟法第229条の規定による検視があつた後でなければ、検案又は解剖させることができない。

2　前項の規定による検案又は解剖は、刑事訴訟法の規定による検証又は鑑定のための解剖を妨げるものではない。

第９条　死体の解剖は、特に設けた解剖室においてしなければならない。但し、特別の事情がある場合において解剖をしようとする地の保健所長の許可を受けた場合及び第２条第１項第４号に掲げる場合は、この限りでない。

第10条　身体の正常な構造を明らかにするための解剖は、医学に関する大学において行うものとする。

第11条　死体を解剖した者は、その死体について犯罪と関係のある異状があ

ると認めたときは、24時間以内に、解剖をした地の警察署長に届け出なければならない。

第12条～第16条　〈略〉

第17条　医学に関する大学又は医療法（昭和23年法律第205号）の規定による地域医療支援病院、特定機能病院若しくは臨床研究中核病院の長は、医学の教育又は研究のため特に必要があるときは、遺族の承諾を得て、死体の全部又は一部を標本として保存することができる。

2　遺族の所在が不明のとき、及び第15条但書に該当するときは、前項の承諾を得ることを要しない。

第18条　第２条の規定により死体の解剖をすることができる者は、医学の教育又は研究のため特に必要があるときは、解剖をした後その死体（第12条の規定により市町村長から交付を受けた死体を除く。）の一部を標本として保存することができる。但し、その遺族から引渡の要求があつたときは、この限りでない。

第19条　前２条の規定により保存する場合を除き、死体の全部又は一部を保存しようとする者は、遺族の承諾を得、かつ、保存しようとする地の都道府県知事（地域保健法（昭和22年法律第101号）第５条第１項の政令で定める市又は特別区にあつては、市長又は区長。）の許可を受けなければならない。

2　遺族の所在が不明のときは、前項の承諾を得ることを要しない。

第20条　死体の解剖を行い、又はその全部若しくは一部を保存する者は、死体の取扱に当つては、特に礼意を失わないように注意しなければならない。

第21条　〈略〉

第22条　第２条第１項、第14条又は第15条の規定に違反した者は、６月以下の懲役又は３万円以下の罰金に処する。

第23条　第９条又は第19条の規定に違反した者は、２万円以下の罰金に処する。

②医学及び歯学の教育のための献体に関する法律【献体法】

（昭和58年法律第56号。最終改正：平成11年法律第160号）〈抄〉

（目的）

第１条　この法律は、献体に関して必要な事項を定めることにより、医学及び歯学の教育の向上に資することを目的とする。

（定義）

第２条　この法律において「献体の意思」とは、自己の身体を死後医学又は歯学の教育として行われる身体の正常な構造を明らかにするための解剖（以下「正常解剖」という。）の解剖体として提供することを希望することをいう。

（献体の意思の尊重）

第３条　献体の意思は、尊重されなければならない。

（献体に係る死体の解剖）

第４条　死亡した者が献体の意思を書面により表示しており、かつ、次の各号のいずれかに該当する場合においては、その死体の正常解剖を行おうとする者は、死体解剖保存法（昭和24年法律第204号）第７条本文の規定にかかわらず、遺族の承諾を受けることを要しない。

一　当該正常解剖を行おうとする者の属する医学又は歯学に関する大学（大学の学部を含む。）の長（以下「学校長」という。）が、死亡した者が献体の意思を書面により表示している旨を遺族に告知し、遺族がその解剖を拒まない場合

二　死亡した者に遺族がない場合

第５条以下　〈略〉

③疑義照会に対する回答

1）生体より分離した前膊部、下腿部及び臓器等保存に関する件（昭和25年医収第67号）（茨城県知事あて厚生省医務局長回答）

照会

死体解剖保存法第17条乃至第20条の規定に基き死体の全部又は一部は適法に保存できるが、手術又は分娩等の結果得られた生体より分離した標記物件等の保存については、当該医療関係者が任意保存してもよいでしょうか。いささか疑義が生じましたので折り返し御回示願いたく照会いたします。

回答

客年11月５日付医発第385号で貴県衛生部長から照会の標記の件については、手術等により生体から分離された肢体の一部又は流産した４月未満の死胎等の保存その他の処理に関しては、現行法上特別の規定がなされていないので、一般の社会通念に反しないように処置されれば差し支えないと考える。

2）死体解剖保存法第18条及び第19条の規定に基く死体の全部又は一部の処理方法について（昭和26年医収第77号）（埼玉県知事あて厚生省医務局長回答）

照会

死体解剖保存法第18条及び第19条により死体の全部又は一部を標本として保存することができるが、この保存した標本を廃き、するときはいかに処理すべきか左記事項至急お伺いする。

記

1　法附則第７項の法律施行の際現に標本として保存された死体で許可を受けたとみなされたものの処理方法

2　法第19条により許可を受け死体の全部又は一部を保存したものの廃きするときの手続

3　保存許可を受け許可書は法第13条第２項の死体交付証明書と同様の効力あるものと認め埋葬許可証又は火葬許可証とみなしてよろしいか

4　廃きするとき遺族に対しその保存に標本を還付することも考えられる

が、この場合の埋葬許可証又は火葬許可証の交付はいかになるか
5　遺族の所在不明のときは、保存許可を受けた者が埋火葬するものと考えられるが、埋火葬許可証の交付はいかになるか

回答

昨年12月26日25衛収第８、151号で照会の右のことについて左記の通り回答する。

記

1　死体解剖保存法施行の際現に標本として保存されていた死体を廃きする場合には、その死体の遺族が判明している場合には遺族に交付し、判明していない場合には、その標本の保存者が、墓地埋火葬等に関する法律の規定に従って埋火葬すべきものである。但し、その標本が死体の僅少の部分に止まる場合には、刑法の規定をも考慮し、一般社会通念に反せず、且つ、公衆衛生上遺憾のないように適宜処置して差し支えないものと解する。
2　１と同様であるがこの場合には、許可を受けた都道府県知事に届け出る等の手続が望ましい。
3　保存についての許可書は、埋葬許可証又は火葬許可証とみなすことはできない。
4　遺族が埋火葬許可証の交付を受くべきものである。
5　保存許可を受けた者が埋火葬許可証の交付を受くべきものである。

④臨床医学の教育及び研究における死体解剖のガイドライン

（平成24年４月）（日本外科学会・日本解剖学会）〈抄〉

１．はじめに

外科手術に対する医療安全の見地から、遺体を用いた手術手技実習が海外で行われている。我が国の現行法でも、死体解剖保存法において医学（歯学を含む、以下同じ）の教育又は研究を目的とした解剖については、所定の要件の下で実施できることとされている。しかし、外科手術手技等の教育及び研究は、死体解剖保存法における「解剖」の枠内であるかの基準がなく、広く普及し、医療安全に貢献するには至らない現状である。本ガイドラインの目的は、遺体を用いた手術手技研修の社会的正当性を確保するためのルールと考え方を示すとともに、実施に際して遵守すべき要項を提示し、現行法上においても、このガイドラインに示すような手続とルールの下で行われる遺体を用いた手術手技研修については、適法に施行されることを明確にし確認するところにある。なぜなら刑法190条の死体損壊罪は、「社会的に見て正当な」遺体の使用を罰するものではないからである。

平成20年度厚生労働科学研究「医療手技修練のあり方に関する研究」では、外科系の24学会に対して手術手技研修の実態調査を行い、「複雑な解剖の知識が求められる部位」「動物と人体で大きく異なる部位」に対する手術手技研修には遺体を使用した手術手技研修（cadaver training）が有用であり、実施が求められていることを示した[1)]。

この結果を引き継いだ平成21年度厚生労働科学研究「サージカルトレーニングのあり方に関する研究」では、全国の大学病院の外科系診療科（口腔外科を含む）と全国の医学部・歯学部の解剖学教室に対するアンケート調査を行った[2)]。平成20年度厚生労働科学研究の結果を踏まえた上で、「複雑で難解な解剖の領域では遺体を使用した手術手技実習が有効であり、日本においても実施することが求められている」という現状について、外科系診療科の87％が「理解している」と回答し、広く遺体を用いた医療手技研修のニーズがあることを示した。一方、全国の解剖学教室に対する同じ質問では、94％が現状を「理解している」と回答している。さらに、「医学生に対する解剖実習以外に献体を使用した活動の実績はありますか？」との設問に対して、回答が得られた解剖学教室99教室のうち、42教室が「医師の手術手技実習にも使用している」と答え、臨床医学の教育、研究のための死体解剖を行うに至った経緯と実習内容について詳細な報告が得られた。また、その実施については、医学教育、研究の一環として死体解剖保存法の範疇で実施し、献体者には事前に内容を告知し、同意を得る等の特段の注意を払っていることが報告された。これらの結果をふまえ、高度な手術手技に対する遺体を使用した手術手技研修は、医療安全効果により国民の福祉への貢献が大きいが、その実施においては法的、倫理的な問題を解決する必要があることから、平成22年度厚生労働科学研究「サージカルトレーニングのあり方に関する研究」において総括研究報告としてまとめられたガイドライン案[3)4)]を基盤として、日本外科学会と日本解剖学会は、関連各学会、諸団体ならびに行政機関と協議を重ねた結果、それらの合意のもとに現行法での遺体による手術手技研修等の実施要項をガイドラインとして公表することとした。

本ガイドラインの目的は、あくまでも現行法の中で、医師（歯科医師を含む）が手術手技研修等を実施するに必要な要件を提示し、現在行われている医学教育、研究の一環としての手術手技研修を混乱なく実施できるようにすることである。本ガイドラインの公表後、各大学の状況に応じて、関係する学内組織間の同意の上、専門委員会等を立ち上げ、必要な人的あるいは施設・設備的整備を行った上で手術手技研修が実施されることが望ましい。

さらに、今後起こりうる医療を取り巻く社会状況の変化や、関連する法律の改正などに対しては、日本外科学会、日本解剖学会ならびに関連する団体により構成される常設のガイドライン検討委員会を設置して対応していくこととする。

2．遺体による手術手技研修の実施の目的と必要性

近年、医療安全への社会的な関心が高まり、手術手技の修練もいきなり患者で行うのではなく、OJT（on the job training）による臨床経験を積んだ上で、さらに模型や動物等を使用して十分な練習を行うことが求められている。しかし、より先進的で高度な手術手技はOJTの機会が少なく、複雑な解

剖学的構造を有する部位の手術のトレーニングは人体との解剖学的差異から模型や動物等を用いることが難しい場合もある。海外では手術手技向上のための遺体使用（cadaver training）が幅広く行われているが、国内においてはその環境が整っておらず、遺体を用いた手術手技実習は法律の枠内での基準が定められていないため、広く普及し医療安全に貢献するという状況にない。

臨床医学の教育、研究における遺体使用は、基本的な医療技術から高度の手術手技を含む医師の卒後教育、生涯教育を目的としたものから、新規の手術手技、医療機器等の研究開発を目的としたものまで様々な例がある（表1）。特に遺体による手術手技研修は、障害や生命の危険があるために生体では確認ができない部位や、詳細な確認が不可能である部位の解剖学的知識の学習が可能となり、手術手技を習得するのに優れた教育手段である。

本ガイドラインでは、遺体による手術手技研修等の実施に際して、①手術手技の向上を通じて医療安全の向上をはかり国民福祉への貢献を目指すものであること、②医学教育、研究の一環として死体解剖保存法、献体法の範疇で実施すること、③献体者には事前に内容を告知し同意を得ることを必須とし、倫理観、死生観、宗教観にも配慮すること、④実施にあたり大学の倫理委員会等に諮り実施内容を十分に検討し承認を得ていることを要件とした（表2）。

表1　臨床医学の教育及び研究における遺体使用の例

①基本的な医療技術
・臨床研修医等を対象にした、安全な医療技術の習得に必要な解剖学的知識の教育を目的とした遺体使用等
②基本的な手術手技、標準手術
・OJT（on the job training）や動物を用いたトレーニングが可能であるが、手術手技の習得に必要な解剖の教育を目的とした遺体使用等
③確立した手技であるが、難度が高く、高度な技術を要する手術手技
・先進的であるためにOJTの機会が少ない手術手技や、人体との解剖学的差異から動物を用いたトレーニングが難しい手術手技の習得に必要な解剖の教育や研究を目的とした遺体使用等
④新規の手術手技、医療機器等の研究開発
・研究段階の手術手技や、新たな手術器具の開発に必要な人体での研究を目的とした遺体使用等

表２　臨床医学の教育及び研究における遺体使用の実施条件

①臨床医学の教育及び研究を通じて医療安全の向上をはかり、国民福祉への貢献を目的とするもの
②医学教育、医学研究の一環として、医科大学（歯科大学、医学部・歯学部を置く大学）において、死体解剖保存法、献体法の範疇で実施するもの
③使用する解剖体は、以下を満たすものであること。１．死亡した献体登録者が生前に、自己の身体が学生に対する解剖教育に加えて、医師（歯科医師を含む）による手術手技研修等の臨床医学の教育及び研究に使用されることについての書面による意思表示をしていること。２．家族がいる場合には、家族からも理解と承諾を得られていること。
④実施にあたり、大学の倫理委員会に諮り、実施内容を十分に検討し承認を得ていること

３．実施に必要な条件（表２）

遺体による手術手技研修等の実施には、下記の条件を順守すべきである。

１）明確な目的のための実施であること

遺体による手術手技研修等の実施は、医療安全の向上と国民福祉への貢献を目的とするものである。実施にあたっては、事前に大学の倫理委員会（またはそれに準ずる機関）に諮り、実施内容が臨床医学の教育及び研究を目的とし、倫理的に認められるものであるかについて、十分に検討した上で承認を得る必要がある。さらに実施後も研修の内容とその評価を倫理委員会等に報告しなくてはならない。献体制度の理念に反する営利を目的とした手術手技研修等の実施は決して行うべきではない。手術手技研修等の実施者は運営経費と利益相反状態を倫理委員会等に報告し、透明性及び公明性を担保する。

２）献体登録者および家族の理解と承諾が得られた遺体を用いること

遺体を手術手技研修等に使用するにあたり、学生の正常解剖実習への使用とは別に、医師（歯科医師を含む）による手術手技研修等の臨床医学の教育及び研究での使用について献体登録者に状況説明をした上で、献体登録者から承諾を書面で得る必要がある。さらに、献体登録者に家族がいる場合には、家族からも理解と承諾を得る必要がある。

3）献体受付、遺体管理は解剖学教室に一元化されていること

献体実務と遺体管理は、大学医学部、歯学部の解剖学教室の責任下において一元的に行う必要がある。なぜなら献体実務の窓口が多様化すると、献体登録者、家族との間に誤解やトラブルが生じる可能性があり、また献体登録者・家族と大学との間に第三者が介在すると、遺体を悪用される余地を残し、献体システムの信用を損なうリスクが高まる。また現時点で大学の解剖実習室等の専用施設以外で解剖を行うことは、モラルの低下を招き社会から信用を失うと思われ、決して行うべきではない。生前同意による献体以外の途で解剖体を得ることは倫理的な問題を生じやすい。したがって、現在においてもまた将来的にも手術手技研修のために行う解剖は、献体による遺体を用いることを前提とする。海外からの輸入等の手段を持って得られた遺体の使用は避けるべきである。さらに現状では大学の解剖専用施設以外に、遺体に対する礼意を確保しつつ解剖を行える場所を実現することは、きわめて困難であるため、遺体による手術手技研修は医科大学（歯科大学、医学部・歯学部を置く大学）内の施設で実施するべきである。

なお、実施にあたっては日本解剖学会の提示する見解を参考にし、解剖学教室に過度の負担がかからないような配慮が求められる[4)]。

4．運用上の留意点　〈略〉

文　　献

1）平成20（2008）年度　厚生労働科学研究費補助金　地域医療基盤開発推進研究「外科系医療技術修練の在り方に関する研究」主任研究者　近藤　哲
2）平成21（2009）年度　厚生労働科学研究費補助金　地域医療基盤開発推進研究「サージカルトレーニングのあり方に関する研究」主任研究者　近藤　哲
3）平成22（2010）年度　厚生労働科学研究費補助金　地域医療基盤開発推進研究「サージカルトレーニングのあり方に関する研究」主任研究者　七戸俊明
4）「臨床医学の教育及び研究における死体解剖のガイドライン」に対する解剖学会の見解『解剖学雑誌』87(2): 25–26, 2012

3　臓器移植法

①臓器の移植に関する法律【臓器移植法】

（平成９年法律第104号。最終改正：平成21年法律第83号）〈抄〉

（目的）

第１条　この法律は、臓器の移植についての基本的理念を定めるとともに、臓器の機能に障害がある者に対し臓器の機能の回復又は付与を目的として行われる臓器の移植術（以下単に「移植術」という。）に使用されるための臓器を死体から摘出すること、臓器売買等を禁止すること等につき必要な事項を規定することにより、移植医療の適正な実施に資することを目的とする。

（基本的理念）

第２条　死亡した者が生存中に有していた自己の臓器の移植術に使用されるための提供に関する意思は、尊重されなければならない。

２　移植術に使用されるための臓器の提供は、任意にされたものでなければならない。

３　臓器の移植は、移植術に使用されるための臓器が人道的精神に基づいて提供されるものであることにかんがみ、移植術を必要とする者に対して適切に行われなければならない。

４　移植術を必要とする者に係る移植術を受ける機会は、公平に与えられるよう配慮されなければならない。

第３条～第４条　〈略〉

（定義）

第５条　この法律において「臓器」とは、人の心臓、肺、肝臓、腎臓その他厚生労働省令で定める内臓及び眼球をいう。

（臓器の摘出）

第６条　医師は、次の各号のいずれかに該当する場合には、移植術に使用されるための臓器を、死体（脳死した者の身体を含む。以下同じ。）から摘出することができる。

一　死亡した者が生存中に当該臓器を移植術に使用されるために提供する意思を書面により表示している場合であって、その旨の告知を受けた遺族が当該臓器の摘出を拒まないとき又は遺族がないとき。

二　死亡した者が生存中に当該臓器を移植術に使用されるために提供する意思を書面により表示している場合及び当該意思がないことを表示している場合以外の場合であって、遺族が当該臓器の摘出について書面により承諾しているとき。

2　前項に規定する「脳死した者の身体」とは、脳幹を含む全脳の機能が不可逆的に停止するに至ったと判定された者の身体をいう。

3　臓器の摘出に係る前項の判定は、次の各号のいずれかに該当する場合に限り、行うことができる。

一　当該者が第１項第１号に規定する意思を書面により表示している場合であり、かつ、当該者が前項の判定に従う意思がないことを表示している場合以外の場合であって、その旨の告知を受けたその者の家族が当該判定を拒まないとき又は家族がないとき。

二　当該者が第１項第１号に規定する意思を書面により表示している場合及び当該意思がないことを表示している場合以外の場合であり、かつ、当該者が前項の判定に従う意思がないことを表示している場合以外の場合であって、その者の家族が当該判定を行うことを書面により承諾しているとき。

4　臓器の摘出に係る第２項の判定は、これを的確に行うために必要な知識及び経験を有する２人以上の医師（当該判定がなされた場合に当該脳死した者の身体から臓器を摘出し、又は当該臓器を使用した移植術を行うこととなる医師を除く。）の一般に認められている医学的知見に基づき厚生労働省令で定めるところにより行う判断の一致によって、行われるものとする。

5　前項の規定により第２項の判定を行った医師は、厚生労働省令で定めるところにより、直ちに、当該判定が的確に行われたことを証する書面を作成しなければならない。

6　臓器の摘出に係る第２項の判定に基づいて脳死した者の身体から臓器を摘出しようとする医師は、あらかじめ、当該脳死した者の身体に係る前項

　の書面の交付を受けなければならない。

第６条の２～第７条　〈略〉

（礼意の保持）

第８条　第６条の規定により死体から臓器を摘出するに当たっては、礼意を失わないよう特に注意しなければならない。

（使用されなかった部分の臓器の処理）

第９条　病院又は診療所の管理者は、第６条の規定により死体から摘出された臓器であって、移植術に使用されなかった部分の臓器を、厚生労働省令で定めるところにより処理しなければならない。

第10条以下　〈略〉

②臓器の移植に関する法律施行規則【施行規則】

（平成９年厚生省令第78号。最終改正：平成22年厚生労働省令第80号）〈抄〉

（内臓の範囲）

第１条　臓器の移植に関する法律（平成９年法律第104号。以下「法」という。）第５条に規定する厚生労働省令で定める内臓は、膵臓及び小腸とする。

第２条～第３条　〈略〉

（使用されなかった部分の臓器の処理）

第４条　法第９条の規定による臓器（法第５条に規定する臓器をいう。以下同じ。）の処理は、焼却して行わなければならない。

第５条～　〈略〉

③臓器の移植に関する法律の運用に関する指針（ガイドライン）の制定について【ガイドライン】

（平成９年健医発第1329号。平成24年一部改正）〈抄〉

第１～第13 〈略〉

第14　組織移植の取扱いに関する事項

法が規定しているのは、臓器の移植等についてであって、皮膚、血管、心臓弁、骨等の組織の移植については対象としておらず、また、これら組織の移植のための特段の法令はないが、通常本人又は遺族の承諾を得た上で医療上の行為として行われ、医療的見地、社会的見地等から相当と認められる場合には許容されるものであること。

したがって、組織の摘出に当たっては、組織の摘出に係る遺族等の承諾を得ることが最低限必要であり、遺族等に対して、摘出する組織の種類やその目的等について十分な説明を行った上で、書面により承諾を得ることが運用上適切であること。

④脳死体からの移植用臓器摘出の際の研究用組織等の提供について（国会審議）

１）第140回国会衆議院厚生委員会議事録第10号（平成９年４月１日）〈抜粋〉

大口委員　次に、脳死を人の死とするということになりますと、これは、脳死者というのは死体である、そういう考えに立ちますと、例えば、この前、朝日新聞三月二十七日の朝刊に、臓器移植のために提供された肝臓をアメリカから日本に受け入れていく、こういうような記事が載っておりました。要するに、医薬品の研究のために使われるとか、あるいは死体解剖保存法による人工呼吸器をつけたままの病理解剖ですとか組織解剖というものをすることになるのではないか、あるいはウイルスの培養や血液の製造等に使われはしないかと、こういう医の倫理の問題があると思うわけです。

脳死を死としないという場合は、これは生ということでその患者の人権というものをかなり配慮するわけで、かなりこういうことについて抑制的になってまいります。しかしながら、脳死を死とした場合については、そのあたりについて医学の進歩ということの兼ね合いにおいてかなり積極的にとらえていこうという考えになるのではないか。そのあたりについてお伺いしたいと思います。

福島議員　脳死体の病理解剖、そしてまた、さまざまな人体実験への利用についてどうなのかという御質問かと思います。

まず、病理解剖等につきまして現行はどういう規定になっているかということでございますが、第一義的には、死体解剖保存法等の各個別法の趣旨に従って、そしてこの解剖というものは行われるものであるというふうに考えております。実際に人工呼吸器をつけたまま病理解剖を行うとか、また組織解剖を行うというようなことは、通例医療の現場におきまして考えられることではないというふうに考えます。

そしてまた、脳死体がさまざまな薬物の実験に使われるとか、また、摘出された臓器がさまざまな研究に使われるとかという事態が懸念されるということでございますけれども、本法案につきましてはそういった使用というものは認めていないところでございます。

2）第140回国会参議院臓器の移植に関する特別委員会議事録第４号（平成９年６月２日）〈抜粋〉

衆議院議員（五島正規君）　中山案におきましては、この臓器移植の目的にのみ臓器の摘出を認めているところでございます。したがいまして、それ以外の目的でもって利用するということについては認められないというふうに考えております。

また、今、議員御質問のように、脳死の判定後、通常は48時間ぐらい、あるいは72時間ぐらいで心停止に至るわけでございますが、それをあえてさまざまな措置をとって長期間心臓の稼働を促進して、そして人体実験に使うということにつきましては、当然これは各大学の生命倫理委員会等々において検討されるべきことではあると考えますが、この法案の直接関与するところではございませんが、そのようなことは人道上許されないものであると私自身は考えております。

委員以外の議員（朝日俊弘君）　人道上許されないという意見は全くそのとおりでありますが、残念ながら私自身は、フランスの例ばかりでなく、この日本においてもそういう事態はあり得ると考えざるを得ません。そういう土壌が日本の医学、医療界にはこれまでもあったし、現在もあるというふうに考えざるを得ません。

したがって、とりわけ脳死を人の死とする場合については、そのままでいけば問われるのはせいぜい死体損壊罪にとどまるわけでありまして、より明確にこのような人体実験あるいはそれに類する利用の仕方についての禁止規定が必要だというふうに考えます。

⑤公衆衛生審議会成人病難病対策部会（平成９年３月29日）議事録〈抜粋〉

杉村委員　第４条のところに、使用しなかった臓器は焼却しなきゃいけないと書いてあるんですよ。焼却しなきゃいけないというのは、例えばホルマリンに保存するとかいうことじゃいけなくて、焼却しなきゃいけないわけね。それはなぜでしたかね。

貝谷室長　これは、腎臓につきましても従来からこのような規定が設けられております。趣旨はやはりその臓器というものは移植のために提供された趣旨と。そういう趣旨を踏まえまして、ご意思を踏まえまして、遺族への感情的な配慮といったことから、ホルマリン漬けで残すということではなくて、使われなかった部分は部分としてキチンと処理といいますか、丁重に扱っていくという趣旨が従来から設けられておりまして、今回もそれを踏まえてこういった規定を整備しているということでございます。

杉村委員　じゃあ、何かの理由でしばらく保存されてないと困ることはないの？

貝谷室長　医学的に、当該臓器が必要かどうか、移植に適するかどうかという検査はもちろん、いろいろな検査が必要だと思いますけども、結果的にその臓器が使われなかったという場合には、その段階でいろいろな意味での医学的な研究ということももちろん現場の声としてはあるようでございますけれども、私どもとしては、そこはこれまでの経過なりそれから遺族への感情その他を考えますと、焼却ということでこの場合には対応していただきたいと考えております。この点につきましては、実は専門委員会でもさまざまな意見がございまして、最終的にはこのような規定に落ち着いているということでございます。

太田委員　臓器そのものは焼却ということでやむをえないかと思いますけども、現在、実際に使う場合に、前もってバイオプシーをして組織を調べておりまして。それを一応ブロックで置くとか、プレパラートになっているとか、そういうものについても焼却しなくちゃいけませんか。そのへんはどうでしょうか。

貝谷室長　事前に、その臓器が移植に適するかどうか、いろいろな検査をします。いま先生がおっしゃいましたような検査を。それは当然やりますけれども、それは用が済めばといいますか、それが終われば同じように処理をしていただくということが必要であろうと、私どもは考えております。
太田委員　写真を撮って残す以外に方法はないわけですね。

あとがき

事務局　鈴木　聡

わが国におけるヒト組織の有効利用に関する行政対応は、1997年に厚生科学審議会先端医療技術評価部会の専門委員会として設置された「ヒト組織を用いた研究開発の在り方に関する専門委員会」（黒川清委員長）（通称：黒川委員会）に始まる。同委員会では数回の慎重な検討の結果、1998年７月21日に「厚生科学審議会先端医療技術評価部会・ヒト組織を用いた研究開発の在り方に関する専門委員会報告書」(以下、黒川答申。本書の「Ⅲ　資料１−①」)を公表した。以下に黒川答申の要点を列記する。

●現在、医薬品の研究開発においては、動物を用いた前臨床試験が行われ、その有効性や安全性が確認されたうえで、直接ヒトに薬物を投与する臨床試験が実施されている。しかし、薬物の代謝や反応性に関し、ヒト—動物間に種差が存在することから、動物実験では予期されなかった毒性が発現する例も知られている。この様な場合に、ヒト組織を用いた試験を行うことによって、動物実験では明らかにできなかった副作用を予測できるなど、被験者の一層の安全性の確保が期待できる。

●医薬品の有効性や体内動態に関して人種差が存在することは良く知られている。したがって、我が国でのヒト組織を用いた医薬品の研究開発が行われることは、日本人にとってより有効性と安全性の高い医薬品の創製にとって必要とされる。

●医療の現場では、患者に対して、単剤でなく、複数の薬物が同時に投与されることが多い。この際の薬物相互作用による人体への毒性発現については、その組合せが多数に及ぶことから臨床試験で全てを明らかにすることは困難であり、薬物が市販された後に、その危険性が明らかになることも少なくない。この様な場合においても、ヒト組織を用いて薬物の代謝や反応性を検討することにより、ある程度の薬物相互作用発現の予測が可能である。

- ●医薬品の研究開発は、日米欧で共通の基準に沿って行われることとなっている。欧米では、既に医薬品の研究開発においてヒト組織を用いた有効性、安全性の評価が取り入れられていることから、我が国も同様にヒト組織を用いた研究開発を推進していく必要がある。
- ●さらに、ヒト組織の研究開発を推進することは、ヒト蛋白質をヒト細胞に製造させたり、ヒトの正常組織そのものが、画期的な医薬品や人工臓器となりうるなどの可能性をもたらすことが期待されている。
- ●以上のように、ヒト組織を研究開発に利用することは、保健医療の向上に必要不可欠なものであり、その利用については、公明で且つ厳正な一定の要件を確立することは当然であるが、我が国でも積極的な推進を図るべきである。

このように、黒川答申は医薬品開発、保健医療、そして３極の承認申請の見地等から議論され、厚生科学審議会に答申された。

黒川答申に続き、1998年12月には日本製薬工業協会が「これからの医薬品の研究開発と承認審査」と題したシンポジウムを開催した。産業界からは武田薬品工業株式会社武田國男社長、官界からは厚生省大臣官房土井修審議官らがシンポジストとして参加し、アカデミアからの演者とともにヒト組織を用いた研究開発の重要性を産学官の立場から議論した。

これらの報告、提言などを踏まえて、厚生省は1998年にヒューマンサイエンス振興財団内に研究資源バンク（HSRRB）を設置し、13の医療機関と共同して手術等で摘出された組織を収集し研究転用する環境を整備した。さらに、第24回厚生科学審議会先端医療技術評価部会でも本主題が検討され、2000年には「組織バンク事業を通じたヒト組織の移植等への利用の在り方について（案）」がまとめられた（『バイオバンク構想の法的・倫理的構想』〔上智大学出版、2009年〕321頁）。さらに、日本学術会議の「ヒト由来試料・情報を用いる研究に関する生命倫理検討委員会」により、2007年に、「（案）要望　ヒト由来試料・情報を用いる研究に関する生命倫理―人由来試料・情報を用いる研究の適切な発展のために―」がまとめられた。これら両報告書案とも、ヒト由来試料の有用性、バンク構築と関連する生命倫理規範の緊急の必要性を提案している。

黒川答申以来2007年までは、ヒト由来試料を用いた研究の重要性とわが国におけるあり方を考えるための萌芽期ともいえる時代で、研究者は日本人の組織を研究に供せるようになるような行政的環境整備を期待した。しかし、これらの報告書は公表されることなく、またHSRRBのヒト組織収集・供給事業は期待した程進展しなかった。その結果、今日までわが国におけるバイオバンク事業は成長期を迎えることなく、研究者はヒト組織を海外に依存するようになった。

2014年10月12日から開催したHAB研究機構人試料委員会では、このような国内の現状を解析し、さらに、内資、外資の製薬会社の委員からヒト組織利用の現状について説明を受けた。内資の薬物代謝研究所では、欧米から輸入されたヒト凍結肝細胞を購入して日常業務に使用しており、さらに国内で出来ない試験研究は海外の自社研究所もしくは委託業者に外注している事がわかった。また、外資では昨今のPrecision Medicineへの対応から、米国の自社内に大規模なバイオバンクを設置してヒト試料・情報を収集・管理し、研究者のニーズに応じてヒト試料が供給できる環境を整備していることが明らかとなった。３人の委員からの報告の結論として、ヒト組織は創薬研究に欠かせぬ研究試料となっていることがわかった。

昨今、がんなどの難治性疾患に対する奏効率の高い分子標的薬が次々と上市されているが、そのほとんどが海外で開発されたものであり、わが国の創薬研究環境の空洞化が如実に示されている。最近になって、いくつかの大学ではがん切除組織をバンキングする体制を整備し始めている。また、2015年４月１日に発足した日本医療研究開発機構（AMED）内にも、バイオバンク事業部が設置され、様々な疾病患者の組織や健常人血液のバンキングが開始されている。しかしながら、ヒト正常組織は、移植不適合臓器の転用でしか入手することができない。上述の黒川答申では、「移植不適合臓器については、現行法上、研究開発に利用することは不可能であるが、臓器移植法の見直しの際には、諸外国と同様に、それらを研究開発に利用できるよう検討すべきである。」と提案しているものの、2010年７月の臓器移植法の改正時には研究転用について検討されなかった。

人試料委員会は、2014年10月12日から2015年12月20日まで10回にわたって開催された。そこでは移植不適合臓器の研究転用に関して法的、科学的見地から活発な議論を重ねて、2016年には報告書と意見書をまとめることができた。本委員会での議論が、今後わが国におけるヒト組織を用いた研究利用の指針になることを期待したい、さらに、今後、移植不適合臓器の研究転用を進める上での礎として役立つならば幸甚である。

委員の先生方はいずれも公務ご多忙のため、委員会は日曜日に開催した。本叢書は委員各位の活発なご議論の賜物であり、衷心より感謝申し上げる。

編著者一覧（執筆順）

雨宮　浩（あめみや・ひろし）
HAB研究機構名誉会長、国立小児病院小児医療研究センター名誉センター長
専門：移植外科
主要著書・論文
『バイオバンク構想の法的・倫理的検討』（上智大学出版、2009年）〔町野朔と共編〕
『移植の曙』（千葉大学第二外科、2011年）〔深尾立、落合武徳と共編〕

奥田純一郎（おくだ・じゅんいちろう）
上智大学法学部教授
専門：法哲学
主要著書・論文
「死における自己決定―自由論の再検討のために―」国家学会雑誌 113(9・10): 883-940, 2000.
『医科学研究の自由と規制』（上智大学出版、2011年）〔分担執筆〕

深尾　立（ふかお・かたし）
HAB研究機構理事長、筑波大学名誉教授
専門：移植外科
主要著書・論文
『大動物臓器移植実験マニュアル』（日本医学館、2003年）〔編集〕
Yuzawa, K., et al., National survey of laparoscopic live donor nephrectomy in Japan from 2002 to 2008. *Transplant Proc.* 42(3): 685-688, 2010.
Yuzawa, K., et al., Outcome of laparoscopic living donor nephrectomy in 2007: national survey of transplantation centers in Japan. *Transplant Proc.* 41(1): 85-87, 2008.

大河内信弘（おおこうち・のぶひろ）
筑波大学 消化器外科・臓器移植外科教授
専門：消化器外科・臓器移植
主要著書・論文

Platelet and liver regeneration: Tissue regeneration（edited by Davies J), InTech (Rijeka, Croatia), p. 109–144, 2012.

Therapy for hepatocellular carcinoma: Etiology and treatment（edited by Ohkohchi N), Nova Science Publishers (New York), 2014.

中村幸夫（なかむら・ゆきお）
理化学研究所バイオリソースセンター細胞材料開発室・室長
専門：細胞バンク事業
主要著書・論文

『バイオバンク構想の法的・倫理的検討』（上智大学出版、2009年）〔分担執筆〕

Andrews, P. W., et al., Points to consider in the development of seed stocks of pluripotent stem cells for clinical applications: International Stem Cell Banking Initiative (ISCBI). *Regenerative Medicine.* 10: 1–44, 2015.

堀井郁夫（ほりい・いくお）
ファイザー株式会社、東京理科大学客員教授
専門：薬物動態学、毒性学
主要著書・論文

「新薬開発にむけた臨床試験（第Ⅰ～Ⅲ相臨床試験）での適切な投与量設定と有効性／安全性評価」（サイエンス&テクノロジー株式会社、2013年）〔分担執筆〕

Taki, K., et al. Microarray analysis of 6-mercaptopurine-induced-toxicity-related genes and microRNAs in the rat placenta. *J Toxicol Sci.* 38(1): 159–167, 2013.

「創薬に向けたヒト細胞・組織の利用：Precision Medicineへの展開」レギュラトリーサイエンス学会誌　6(1): 71–79, 2016.

森脇俊哉（もりわき・としや）
武田薬品工業株式会社薬物動態研究所リサーチマネージャー
専門：薬物動態学
主要著書・論文

Moriwaki, T., The role of discovery DMPK scientists in industry: where do we go from here? *Drug Metab. Pharmacokinet.* 27: 169–170, 2012.

「医薬品の探索段階における薬物間相互作用のクライテリア設定の実際 シトクロムP450およびP糖タンパク質阻害を例として」ファルマシア 48: 755–760, 2012.

Ebihara, T., et al., Characterization of Transporters in the Hepatic Uptake of TAK-475 M-I, a Squalene Synthase Inhibitor, in Rats and Humans. *Drug Res.* 66: 316–323, 2016.

泉　高司（いずみ・たかし）
公益財団法人木原記念横浜生命科学振興財団、第一三共株式会社
専門：薬物動態学
主要著書・論文

Izumi, T., et al., Stereoselectivity in pharmacokinetics of rivoglitazone, a novel peroxisome proliferator-activated receptor agonist, in rats and monkeys: Model-based pharmacokinetic analysis and in vitro-in vivo extrapolation approach. *J. Pharm. Sci.* 102: 3174–3188, 2013.

Honda., et al., Alpha-Amylase Inhibitor, CS-1036 Binds to serum amylase in a concentration-dependent and saturable manner. *Drug Metab. Dispos.* 42: 326–333, 2014.

Inaba, S., et al., Pharmacokinetics and disposition of CS-0777, a sphingosine 1-phosphate receptor modulator, in rats and monkeys. *Xenobiotica* 45: 1063–1080, 2015.

猪口貞樹（いのぐち・さだき）

東海大学医学部救命救急医学教授

専門：救命救急医学

主要著書・論文

Amino, M., et al., Does antiarrhythmic drug during cardiopulmonary resuscitation improve the one-month survival: The SOS-KANTO 2012 Study. *J Cardiovasc Pharmacol.* 68(1): 58–66, 2016.

Morita, S., et al., The fatal fire accident of the Japanese high-speed railway lines (Shinkansen). *Burns.* 42(1): 232–233, 2016.

Suzuki, K., et al., Comparative effectiveness of emergency resuscitative thoracotomy versus closed chest compressions among patients with critical blunt trauma: A nationwide cohort study in Japan. *PLoS One.* 11(1): 1–12, 2016.

福嶌教偉（ふくしま・のりひで）

国立循環器病研究センター病院移植医療部部長

専門：臓器移植

主要著書・論文

Fukushima N, Donation after cardiac death for heart transplantation. Marginal Donors, Editors: Asano T, Fukushima N, Kenmochi T, Matsuno N, Schpringer Japan 2014: 29–14.

Sato, T., et al., Risk stratification for cardiac allograft vasculopathy in heart transplant recipients - Annual Intravascular Ultrasound Evaluation. *Circ. J.* 80(2): 395–403, 2016.

Ichibori, Y., et al., Optical coherence tomography and intravascular ultrasound evaluation of cardiac allograft vasculopathy with and without intimal neovascularization. Eur. Heart J. Cardiovasc. *Imaging* 17(1): 51–8, 2016.

明石優美（あかし・ゆうみ）
藤田保健衛生大学医療科学部看護学科講師
専門：組織移植、移植コーディネーション
主要著書・論文
『熱傷治療マニュアル改訂２版』（中外医学社、2013年）〔分担執筆〕

野崎亜紀子（のざき・あきこ）
京都薬科大学教授
専門：法哲学
主要著書・論文
『「法」における「主体」の問題』（叢書・アレテイア）（御茶の水書房、2013年）〔分担執筆〕
「法は人の生lifeを如何に把握すべきか―Martha Minowの関係性の権利論を手がかりとして」千葉大学法学論集 21(1): 1-62, 2006. 21(2): 1-60, 2006. 21(3): 101-142, 2006. 21(4): 45-109, 2007.

米村滋人（よねむら・しげと）
東京大学大学院法学政治学研究科准教授
専門：民法、医事法
主要著書・論文
『医科学研究の自由と規制』（上智大学出版、2011年）〔分担執筆〕
『不法行為法の立法的課題』（別冊NBL）（商事法務、2015年）〔分担執筆〕
『医事法講義』（日本評論社、2016年）〔単著〕

佐藤雄一郎（さとう・ゆういちろう）
東京学芸大学教育学部准教授
専門：医事法学
主要著書・論文
『医と法の邂逅　第１集』（尚学社、2014年）〔小西知世と共編〕
「高齢者の意思能力および行為能力」（法律時報2013年６月号）

近藤　丘（こんどう・たかし）
東北大学名誉教授、東北医科薬科大学附属病院院長
専門：呼吸器外科、肺移植
主要著書・論文
『呼吸器外科ハンドブック』（南江堂、2015年）〔編著〕
『呼吸器疾患診療の最先端』（先端医療技術研究所、2015年）〔杉山幸比古、中西洋一、奥村明之進と共編〕
Watanabe, Y., et al., Right lower lobe autotransplantation for locally advanced central lung cancer. *Ann Thorac Surg.* 99(1): 323-326, 2015.

手嶋　豊（てじま・ゆたか）
神戸大学大学院法学研究科教授
専門：民法、医事法
主要著書・論文
『救急医療』（丸善出版、2013年）〔有賀誠と共編〕
『医事法判例百選・第二版』（有斐閣、2014年）〔甲斐克則と共編〕
『医事法入門・第四版』（有斐閣、2015年）〔単著〕

塚田敬義（つかた・ゆきよし）
岐阜大学大学院医学系研究科医学系倫理・社会医学分野教授
専門：生命倫理学・医事法学
主要著書・論文
『移植医療のこれから』（信山社、2011年）〔共著〕
『生命倫理・医事法』（医療科学社、2015年）〔前田和彦と共編〕

町野　朔（まちの・さく）
上智大学名誉教授
専門：刑法、医事法、環境法、生命倫理と法
主要著書・論文
『生命倫理の希望』（上智大学出版、2013年）〔単著〕

『生と死、そして法律学』（信山社、2014年）〔単著〕
「ヒト細胞・組織の研究利用の倫理的・法的基礎」レギュラトリーサイエンス学会誌　6(1): 71–79, 2016.

大西正夫（おおにし・まさお）
医事ジャーナリスト、埼玉医科大学客員教授、元読売新聞記者
専門：生命倫理、研究倫理、医療社会学、医学教育
主要著書・論文
『性なる医療』（牧野出版、2006年）〔単著〕
『放射線医療　CT診断から緩和ケアまで』（中公新書、2009年）〔単著〕
『ワクチン鎖国ニッポン―世界標準に向けて』（明治書院、2012年）〔単著〕

＊事務局
鈴木　聡（すずき・さとし）
HAB研究機構事務局長
専門：生化学
主要著書・論文
Ito, T., et al., Mesobiliverdin IXα enhances rat pancreatic islet yield and function. *Front pharmacol.* 23(4): 1–8, 2013.
Suzuki, S., Human tissue bank in Japan—Demand of intact human tissue and cells—. *Organ Biology.* 22(2): 45–50, 2015.

ライフサイエンスと法政策
バイオバンクの展開
—人間の尊厳と医科学研究—

2016年12月20日　第１版第１刷発行

共　編：奥　田　純一郎
　　　　深　尾　　　立

発行者：髙　祖　敏　明
発　行：Sophia University Press
　　　　上 智 大 学 出 版
　　　　〒102-8554　東京都千代田区紀尾井町7-1
　　　　URL：http://www.sophia.ac.jp/

制作・発売　㈱ぎょうせい
〒136-8575　東京都江東区新木場1-18-11
TEL　03-6892-6666　FAX　03-6892-6925
フリーコール　0120-953-431
〈検印省略〉　URL：http://gyosei.jp

印刷・製本　ぎょうせいデジタル㈱
ISBN978-4-324-10194-0
(5300257-00-000)
[略号：(上智) バイオバンク展開]
NDC 分類328

Sophia University Press

上智大学は、その基本理念の一つとして、
「本学は、その特色を活かして、キリスト教とその文化を研究する機会を提供する。これと同時に、思想の多様性を認め、各種の思想の学問的研究を奨励する」と謳っている。

大学は、この学問的成果を学術書として発表する「独自の場」を保有することが望まれる。どのような学問的成果を世に発信しうるかは、その大学の学問的水準・評価と深く関わりを持つ。

上智大学は、⑴　高度な水準にある学術書、⑵　キリスト教ヒューマニズムに関連するすぐれた作品、⑶　啓蒙的問題提起の書、⑷　学問研究への導入となる特色ある教科書等、個人の研究のみならず、共同の研究成果を刊行することによって、文化の創造に寄与し、大学の発展とその歴史に貢献する。

Sophia University Press

One of the fundamental ideals of Sophia University is "to embody the university's special characteristics by offering opportunities to study Christianity and Christian culture. At the same time, recognizing the diversity of thought, the university encourages academic research on a wide variety of world views."

The Sophia University Press was established to provide an independent base for the publication of scholarly research. The publications of our press are a guide to the level of research at Sophia, and one of the factors in the public evaluation of our activities.

Sophia University Press publishes books that (1) meet high academic standards; (2) are related to our university's founding spirit of Christian humanism; (3) are on important issues of interest to a broad general public; and (4) textbooks and introductions to the various academic disciplines. We publish works by individual scholars as well as the results of collaborative research projects that contribute to general cultural development and the advancement of the university.

Challenges Evoked by Biobanks in Japan:
Through Medical Research on Human Dignity

published by
Sophia University Press

production & sales agency : GYOSEI Corporation, Tokyo
ISBN978-4-324-10194-0
order : http://gyosei.jp